LE CHASSEUR

AU CHIEN D'ARRÊT.

IMPRIME CHEZ PAUL RENOUARD,
rue Garanciere, n. 5.

LE
CHASSEUR
AU CHIEN D'ARRÊT.

CONTENANT

LES HABITUDES, LES RUSES DU GIBIER,
L'ART DE LE CHERCHER ET DE LE TIRER, LE CHOIX DES ARMES,
L'ÉDUCATION DES CHIENS, LEURS MALADIES, ETC.

PAR ELZÉAR BLAZE.

4e ÉDITION, CORRIGÉE.

AVEC UNE VIGNETTE D'APRÈS DEBUCOURT,

PARIS,

CHEZ L'UN DES ÉDITEURS, AU DÉPOT DE LA COLLECTION CULINAIRE DE CARÈME,
RUE THÉRÈSE, N. 11, PRÈS LE PALAIS-ROYAL.

TRESSE, PROPRIÉT^{re} DES OUVRAGES DE BLAZE, PALAIS-ROYAL, GALERIE DE CHARTRES, N. 2 et 3.

1846.

AVIS DE L'ÉDITEUR.

Nous avons rattaché cette 4e édition du *Chasseur au chien d'arrêt*, puis le *Chasseur au chien courant*, le *Chasseur aux filets*, le *Chasseur conteur*, à un ouvrage charmant sur le confort de la vie de Paris la plus étudiée, — aux *Classiques de la table* (1). — « Ces écrits, dit une des meilleures revues de l'Angleterre, forment une aimable collection où la science s'unit à la gaieté, l'art de courir et de tuer les oiseaux à tous les petits secrets qui conservent notre santé : c'est là une source de joies pour une bonne demeure. L'hygiène et la gastronomie délicate sont la cause de ces joies, — et par la gastronomie, j'entends parler de cet art mesuré de la fine et habile cuisine à laquelle Carème a donné des règles. Cet art de vivre délicat et brillant a bien des vertus; il est le privilége, il est l'esthétique des temps avancés, celui d'une société dont les mœurs sont

(1) Troisième édition : à Paris, rue Thérèse, 11. Chez Tresse, galerie de Chartres, Palais-Royal, et chez Dentu, galerie d'Orléans, Palais-Royal.

douces et polies. La fortune ne suffit pas pour créer ces mœurs-là; il faut posséder avant tout, un goût pur et des sentiments bienveillants. »

Que de gaieté, de verve, de traits incisifs, d'anecdotes semées dans ces récits piquants de M. Elzéar Blaze! que d'aimables peintures de la campagne, des bois, des courses à pied! Quelle animation dans cette vie que sa spirituelle plume a si bien retracée! — La vie heureuse nous est enseignée dans ces deux ouvrages, celle qui trompe les chagrins par l'exercice du corps et en jetant dans l'esprit la cause des plus douces pensées.

« La Cynégésie, c'est en définitive la course, c'est le mouvement énergique après le repos forcé; elle détend nos muscles, et, bien comprise, elle est la meilleure des hygiènes; elle éteint les soucis, peut nous détacher un moment de tout et rétablir le jeu de l'organisme. Ses exercices nous rendent dans toute leur fraîcheur nos impressions émoussées; elle sait apaiser le sentir et le souffrir, diviser l'excitation, la jeter çà et là, prévenir ces maladies obscures qui naissent d'un repos trop profond, de l'ennui ou de l'épuisement de nous-mêmes, de méditations trop poursuivies. — Cette hygiène-là ranime l'ardeur du sang.

Recherchons la chasse qui crée ces vives distractions, — et diminue nos souffrances physiques; — recherchons la table saine, judicieuse, élégante, qui nous conserve avec nos forces et nos illusions. Qui dit la table dit la conversation, toutes les communi-

cations polies et affectueuses des esprits ; — qui dit
la table fine, dit les jouissances judicieuses. — La
Chasse et la *table*, voilà les derniers agréments de la
vie, les points de halte des années sérieuses, ceux où
notre vue est plus lucide, où quelque calme s'établit autour de nous, où nos goûts sont nos sentiments
les plus vifs.

Cela étant, les spirituels traités de M. Blaze ac-
compagneront parfaitement les *Classiques de la table*, —
ces écrits étincelants de MM. Brillat Savarin, Cussy,
de Lareynière, Berchoux, etc. — Ces *Classiques*
sont la bibliothèque d'une maison des champs,
d'une maison où l'on a peu de livres, où l'on se repose au coin du feu ou sous la charmille, au milieu
de ses fleurs : on ne les lit pas d'une haleine ; on les
quitte, on les reprend, on les médite, pour les
laisser encore à un chapitre que l'on relira. Voilà le
privilége de ces écrits rapides, pleins de sens et de
goût délicat, faits avec toute l'expérience du monde
par des esprits gracieux. Ces esprits n'ont pas tracé
de longs chapitres, ils ont mieux fait que cela, ils ont
choisi dans leurs souvenirs, avivé ce qu'ils avaient à
dire, et jeté leurs sentiments dans quelques pages
spirituelles et colorées. Cette charmante concision
est une preuve de leur supériorité, mais on ne possède qu'à la fin de la vie ce secret de tout peindre avec
quelques traits délicats.

Les écrits de cette collection ne sont pas sans
gravité ; mais je n'admets la gravité de ces *Classiques*
que lorsque nos affaires sont terminées, lorsque en

s'éloignant du travail le sourire revient sur les lèvres, la sérénité sur le front. Alors si la fortune a été facile, s'il y a eu solution de continuité dans nos actes, elle a éveillé en nous ces sens exceptionnels que la pensée développe seule, qu'elle seule spiritualise. Parmi ces sens, je compte les goûts inspirés d'une table élégante et variée, la conversation dans une jolie salle à manger, car, pour les maîtres, celle-ci ne se quitte pas : on cause mal au salon, le froid nous y gagne, l'esprit y perd sa verve.

Je me résume : la chasse, — de courtes, d'agréables lectures, — la chasse et une table fine et hospitalière, cette gloire de Paris, — la table et des causeurs animés, voilà ce qui charme les dernières années de la vie, voilà les véritables félicités de la richesse, voilà ce que l'on cultive par la science et le goût quand le repos, la critique et l'observation, quand les jets fins et étincelants de la conversation sont devenus nos premiers besoins, nos bons plaisirs.

« Nous nous arrêtons volontiers à cette limite; nous nous y arrêtons comme le promeneur fatigué s'arrête au coin du sentier en sortant de la forêt, pour contempler une tranquille et riche campagne sur laquelle se jouent les reflets adoucis du soleil; il écoute le bruit de la cité d'un lieu où les tourments de la vie civilisée ne le suivent pas; il est mélancolique, parce que son repos est doux et complet, bien que son cœur ressente jusqu'ici cette vague continuelle qui nous bat sans cesse le sang. — Sur cette orée du bois, ou le soir dans sa chambre, lorsque le vent secoue les grands arbres, il écoute volontiers ces charmants professeurs, Horace, Chaulieu, Saint-Évremond, Brillat-Savarin, Cussy, Grimod de Lareynière, Berchoux, — ces spirituels *Classiques de la table* ou l'auteur du *Chasseur au chien d'arrêt*, ces maîtres faciles, aux petits chapitres, aux petites pages qui ont jeté en courant les règles de l'art d'être heureux, — car cet art existe pour quelques années dans les limites indiquées par le goût et nos forces. Sans doute toute cette pratique ne peut pas être employée, mais on peut y puiser ce qui convient. Plus le lecteur appartient dans le monde à ces plaisirs choisis, et plus il a la certitude de recueillir ici d'heureux aperçus. Les *Classiques de la table* — sont ceux de la fin de la vie; ils sont plus aimables que ceux du premier âge; ils sont sans épines. Toute leur philosophie est bienveillance, courtoisie, conversation (1).

(1) Les *Classiques de la table*, 3ᵉ édition, avec planches, 15 fr.; planches bistrées, 20 fr.; sur chine, 30 fr.; coloriées, 40 fr.

Le *Chasseur au chien d'arrêt*, 4ᵉ édition, 1 vol. in-8, par ELZÉAR BLAZE, 7 fr. 50.

Le *Chasseur au chien courant*, 2 vol., par le même, 15 fr.

Le *Chasseur aux filets*, 1 vol. *Id.* 7 fr. 50.

Le *Chasseur conteur*, 1 vol. *Id.* 7 fr. 50.

L'*Histoire du chien*, 1 vol. *Id.* 7 fr. 50.

Causeries de gourmets et de chasseurs. 1 vol. in-24. 2 fr.

PRÉFACE.

—

Venandi studium cole.
OVIDE.

Jacques Du Fouilloux dédiant sa *Vénerie* à Charles IX,
lui dit : « Il m'a semblé, sire, que la meilleure science que
« nous pouvons apprendre (après la crainte de Dieu), est se
« tenir joyeux, usant d'honnestes exercices : entre lesquels
« je n'en ai trouvé aucun plus louable que l'art de vénerie. »
Jacques Du Fouilloux a raison.

Lycurgue avait fait une loi pour obliger les jeunes gens à
s'exercer à toutes les espèces de chasse; il n'en exemptait
que ceux occupant des emplois publics. Pour faire revivre
chez les Athéniens le goût de la chasse, qu'ils avaient perdu
pendant la guerre du Péloponèse, Xénophon composa les
Cynégétiques. Plutarque dans son traité sur l'éducation des
enfants dit : « une vie molle, efféminée ou trop délicate alté-

rerait bientôt l'esprit et corromprait le cœur de cette tendre jeunesse; il faut donc dresser les enfants à lancer les javelots, à tirer de l'arc et à chasser. Ces exercices leur forment un tempérament vigoureux et capable des 'plus grandes et des plus difficiles entreprises. » Les Lacédémoniens ne permettaient aux jeunes gens de se mettre à table avec les hommes que lorsqu'ils avaient fait leurs premières armes à la guerre, ou qu'après avoir tué un sanglier. Michel Ange Blondus, auteur d'un livre de chasse, dit à François Ier dans son épître dédicatoire, « que par la chasse on a de bons sol- « dats, et qu'avec de bons soldats on conserve sa liberté (1).» Cette dédicace fut écrite après le retour du roi des prisons de Madrid.

Alphonse X, législateur de l'Espagne, celui que ses contemporains ont surnommé le Sage, surnom consacré par la postérité, non-seulement conseillait la chasse comme une distraction nécessaire, mais il la prescrivait comme un devoir. « Le roi doit être adroit à la chasse : *el re deve ser manoso en caçar*, » dit-il dans la loi xx, t. v, et il ajoute : « La chasse aide à dissiper les chagrins et la mauvaise humeur..... Mais sans cela, elle procure la santé, car la fatigue qu'on y prend, si elle n'est pas portée à l'excès fait et bien manger et bien dormir, ce qui est la meilleure chose de la vie de l'homme. »

Louis XIV, dans les instructions qu'il donnait à Philippe V, s'exprimait ainsi : « Il n'y a pas de plaisir plus innocent que la chasse et le goût de quelque maison de campagne, pourvu que n'y fassiez pas trop de dépense. »

Avant d'être un plaisir, la chasse fut une nécessité pour l'homme. Il fallait se nourrir, se vêtir, ou se débarrasser des animaux incommodes; l'industrie naquit du besoin : l'arc et la flèche furent inventés. On dirait vraiment que cette arme est naturelle à l'homme; tous les sauvages ont été trouvés

---

(1) *De canibus et venatione*. Romæ, 1543.

armés de l'arc : à de grandes distances, sans communication, tous les hommes ont inventé cette arme.

Nemrod, Ismaël, Esaü, celui qui paya si cher un plat de lentilles, étaient grands chasseurs. Nabuchodonosor était aussi un grand chasseur, puisque le prophète Daniel le félicite du pouvoir que Dieu lui a donné sur les animaux de la terre, sur les oiseaux du ciel et sur les poissons de la mer. Diane fut la patrone de la chasse ; Chiron, qui galopait si bien à cheval sans éperons, était son élève. Pollux dressait les chiens, et Castor les chevaux. Dans les temps héroïques, les Grecs étaient déjà grands chasseurs. C'est à la chasse que les plus illustres héros de l'antiquité doivent le commencement de leur renommée. Dans les récits de la vie aventureuse de ces messieurs, on parle toujours d'une hydre, de quelque dragon ou d'un serpent qu'ils ont mis à mort. Homère nous dit qu'Ulysse fut blessé par un sanglier qu'il chassait ; Mithridate, dans sa jeunesse, chassa sept ans de suite, couchant toutes les nuits à la belle étoile ; Darius fit écrire sur son tombeau qu'il avait été chasseur. Sylla, Sertorius, Pompée, Jules César, Cicéron, Marc Antoine, etc., etc., étaient bons chasseurs.

La chasse était la plus grande passion des Germains. Les Francs qui préféraient la venaison à toute autre nourriture (1), apportèrent cette passion dans les Gaules. A l'arrivée de César, il existait une loi qui condamnait à l'amende les jeunes gens devenus trop gras faute de s'exercer ; on les forçait par ce moyen à fréquenter les forêts (2). En étendant leurs conquêtes, les Francs s'attribuèrent exclusivement le droit de chasser : ce fut une loi générale que tout ce qui n'était pas militaire ne chassât point. Cette loi s'étendit aux diacres, aux prêtres, aux abbés, aux évêques ; il leur fut défendu d'avoir ni chiens de chasse ni faucons (3).

(1) TACITE. *De moribus Germanorum.*
(2) *Commentaria Cæsaris.*
(3) Le concile de Tours, convoqué par Charlemagne en 813, dé-

Si Pépin-le-Bref fut élu roi des Français, s'il devint la souche des Carlovingiens, il le dut encore plus à sa renommée de chasseur intrépide qu'à l'honneur d'être fils de Charles-Martel. Pépin pourfendit un lion monstrueux, et du même coup son glaive entama le taureau que ce lion étranglait. Pépin, quoique bref, n'en avait pas moins le bras vigoureux, et c'est avec raison qu'on grava les deux vers suivants sur son tombeau :

> Pépin nommé de petite stature,
> Et grand de cueur, plein de toute droicture.

Cet acte de force et de courage imprima le respect aux nobles qui l'accompagnaient; dès ce moment, la déposition de Childéric fut résolue. Nos aïeux furent toujours grands amateurs de la chasse : *Vix ulla in terris natio quæ in hâc arte Francis possit equiparari*, dit Éginard.

Au moyen âge, la chasse était une espèce de franc-maçonnerie; elle avait ses initiations mystérieuses, ses signes de reconnaissance, sa langue à part. Un chasseur *passé maître* était partout bien accueilli, logé, nourri. Voyageant six

---

fend aux ecclésiastiques d'aller à la chasse, au bal, à la comédie.

Les ordonnances de 1515, 1597 et 1600, leur interdisent la chasse d'une manière absolue. « Et d'autant que plusieurs religieux, prêtres et autres ecclésiastiques, contre la décence de leur profession, au lieu de vaquer au service divin, s'adonnent au fait de la chasse, nous voulons qu'ils soient punis de pareilles peines et amendes que les laïques et séculiers sans qu'ils puissent se prévaloir de leurs tonsures et priviléges. » Il paraît que malgré les ordonnances, les moines chassaient toujours, et même qu'ils braconnaient sur les terres du roi, car on ajouta plus tard ce qui suit : « Avons ordonné que si aucun clerc, prêtre, ou moine ou religieux attentoit contre nosdites ordonnances qu'il leur seroit défendu de demeurer à quatre lieues autour d'icelles forêts, et s'ils étoient coutumiers de ce faire, leur sera défendu de demeurer à vingt lieues desdites forêts, etc. »

La déclaration du 27 juillet 1704 les oblige de commettre quelqu'un pour chasser à leur place.

mois, un an, chassant toujours, il était sans soucis, car il avait des amis en tous lieux. Et de même qu'aujourd'hui, dans nos villes, les ouvriers compagnons rencontrent partout une *mère*, les chasseurs d'alors trouvaient un *père* qui les hébergeait. Organisés en confrérie, ils avaient leurs bannières, leurs couleurs, des places marquées à l'église, un rang dans les processions. En Allemagne, ces confréries existent encore; dans toutes les cités, on voit une *schissehaus*, maison du tir, où les chasseurs s'exercent tous les jours; à certaines époques, on y distribue avec solennité des prix aux plus adroits.

L'invention des armes à feu, celle du menu plomb, dans le xviie siècle, ont fait oublier la fauconnerie, et c'est grand dommage. Ce devait être un bien noble plaisir que celui de la chasse à l'oiseau. Je suis toujours étonné qu'il ne se trouve pas quelque prince, ou quelque membre de l'aristocratie financière, pour ressusciter cette chasse dont la description, dans les vieux livres, et récemment dans Walter Scott, a fait si souvent battre le cœur des disciples de saint Hubert.

La chasse au faucon était le suprême plaisir des conquérants du moyen âge. Une loi défendait aux Lombards de donner un épervier ou leur épée pour rançon : cela prouve l'importance qu'on attachait à cet oiseau.

En France, un noble homme ne marchait jamais sans avoir ses armes, ses chiens et l'oiseau sur le poing. Les Capitulaires de Charlemagne défendaient de s'en dessaisir pour quelque cause que ce fût. Dans la guerre contre les Normands, les chevaliers chargés de la défense de Paris, voyant qu'ils ne pouvaient plus conserver une porte confiée à leur garde, mirent leurs oiseaux en liberté, pour n'avoir point la honte de les voir tomber entre les mains des ennemis.

Accipitres loris permisit ire solutis (1).

Les veneurs et fauconniers palatins faisaient la partie de

(1) ABBON. *De obsessa a Normanis Lutetia.*

la cour la plus nombreuse. Ils avaient à leur tête quatre
grands veneurs, et un grand fauconnier qui leur transmet-
taient les ordres du roi. Sur douze grands officiers de la couronne, cinq étaient uniquement occupés de la vénerie et de
la fauconnerie (1).

Les princes et les prélats aimaient cette chasse avec fureur; ils transportaient partout leurs oiseaux, même dans
les églises. On les plaçait, pendant la messe, sur les marches des autels, au bord des chaires. Les dames suivaient la
chasse, portant le faucon sur le poing. C'était un plaisir de
plus pour elles; aujourd'hui les chasseurs les laissent à la
maison, et souvent c'est tant pis pour eux.

Mais c'est en Asie surtout que la chasse à l'oiseau se faisait avec magnificence. Tamerlan avait à son service vingt
mille fauconniers. Froissard dit que Bajazet, mécontent de
l'allure d'un de ses faucons, fut au moment de faire décapi-
ter deux mille fauconniers. Vous voyez que Bajazet ne plai-
santait pas.

Tous nos rois, ou du moins presque tous, ont aimé la
chasse. L'art d'élever des chiens et des oiseaux était la partie
principale de l'éducation des princes : le blason la complé-
tait. Les seigneurs de campagne en faisaient leur seule occupation ; de là les sobriquets de *gentilshommes à lièvres,* de
hobereaux. Beaucoup de ces messieurs forçaient leurs vas-
saux à vivre de gibier certains jours de la semaine, sous la
condition expresse qu'ils viendraient l'acheter au château.
Ce commerce, qui ne dérogeait pas, était même le principal
revenu de plusieurs petits souverains allemands.

L'empereur Frédéric II, Manfrède, son fils, roi de Sicile,
ont écrit sur la chasse. Maximilien Ier a mis en vers les
aventures extraordinaires de sa vie de chasseur. Charles IX,
roi de France, est auteur de *la Chasse royale.*

(1) *Les Origines,* par La Tour-d'Auvergne; La Haye, 1789.
C'est le même La Tour-d'Auvergne qui, plus tard, fut connu sous
le nom de premier grenadier de la république.

Les premières ordonnances restrictives du droit de chasse sont de 1318, sous Philippe-le-Long; cependant il est probable qu'il en existait avant cette époque, puisqu'on lit dans Froissard, qu'en 1272 le sire Enguerrand de Coucy fit pendre deux jeunes gentilshommes pour avoir chassé sur ses terres. Cet assassinat eut lieu sous le règne du plus humain de nos rois, de Louis IX, de saint Louis! Les anciennes coutumes du Beauvaisis, rédigées en 1283, portent que ceux qui déroberont des lapins, s'ils sont pris de nuit, seront pendus, et si c'est de jour, ils seront punis d'une amende.

Nous avons eu le courage et la patience de lire toutes les ordonnances sur la chasse, et leur nombre s'élève à près de trois cents; nos lecteurs plus heureux en trouveront ici l'analyse.

Philippe-le-Long condamnait les délinquans à la prison, et voulut qu'ils y fussent punis *asprement* (1).

Charles VI était meilleur prince; il ordonnait la confiscation des engins, *sans aucune répréhension* (2).

Sous Louis XI, sous Charles VIII, la peine de mort fut plusieurs fois appliquée. Claude de Seyssel nous apprend qu'alors, *il estoit plus remissible de tuer ung homme, que ung cerf ou ung sanglier.*

François Ier, fâché « qu'on le frustre du déduit et passe-« temps qu'il prend à la chasse, et tant lui qu'autres seigneurs « et nobles de sondit royaume, à qui et non à autres appar-« tient soi récréer à chasser pour éviter oisiveté, et soi exer-« cer auxdites chasses » (3), ordonne pour la première fois :

(1) Ordonnance de 1318.

(2) Ordonnance de 1396.

(3) Michel-Ange Blondus dit avec naïveté, que la chasse est pour les rois et les grands seigneurs : quant aux autres hommes, leur affaire est de travailler. *Propterea arbitramur quod venatio pertineat ad imperatorem, ad regem, ducem, marchionem, comitem, ad nobilem virum, et egregium civem. Aliorum autem hominum officium est domi propriis artibus venari.*

MICH.-ANG. BLONDUS. *De canibus et venatione,* fol. XXVII.

une amende de deux cent cinquante livres tournois. *Et ceux qui n'auront de quoi payer, seront battus de verges sous la custode, jusqu'à effusion de sang.* Pour la seconde fois : *Ils seront battus de verges autour des foréts où ils auront délinqué* (1). Quand on fustigeait les pauvres braconniers autour des forêts de Fontainebleau, de Compiègne ou de Saint-Germain, ils devaient trouver la promenade un peu longue. *Pour la tierce fois ils seront mis aux gallères, et s'ils enfreignent leur ban, seront punis du dernier supplice* (2). Les mêmes peines sont applicables aux *receptateurs* du gibier.

Henri II établit un *maximum* pour le gibier. On ne pouvait vendre un lièvre, un héron, une perdrix, que douze deniers tournois ; un levraut, un héronneau, un perdreau, que six deniers, le tout sous peine de dix livres d'amende. Il était permis de prendre à ce prix tout le gibier étalé chez les marchands (3). Le but de cette ordonnance était de dégoûter les braconniers par la modicité du prix.

Charles IX, le premier, défendit aux gentilshommes de chasser sur les terres ensemencées ou dans les vignes, sous peine de payer aux laboureurs des dommages et intérêts (4). Henri III, considérant *qu'un chacun, même les gens méchaniques, roturiers et autres, n'ayant droit de chasse, se sont licentiez de chasser, lui tollissans le plaisir qu'il prend à la chasse,* ordonne la destruction des chiens couchants, et accorde quatre écus par tête de chien (5).

Trois ans après, le même roi demandait la tête des chasseurs : *Et quant aux roturiers et non nobles, nous leur faisons défense sur peine de la hart, de contrevenir à nos-*

---

(1) C'était pour se conformer à cet ancien axiome de droit, *Qui non habet in œre solvat in cute.*

(2) Ordonnance de 1515.

(3) Ordonnance de 1549.

(4) Ordonnance de 1560.

(5) Ordonnance de 1578.

*dites ordonnances, ni de s'entremettre du fait des chasses
en aucune sorte que ce soit, ni moins porter arquebuses,
arbalètes, tenir furets ni autres engins quelconques ser-
vants au fait desdites chasses* (1). Dans le *considérant* de
cette ordonnance, j'ai trouvé cette phrase, qui m'a paru tant
soit peu drôle : « De manière que d'heure en heure, et de
« moment en moment, l'on n'entend que des coups d'arque-
« buse faisant grand meurtre de pigeons, lesquels étant fra-
« pez, viennent mourir dans les colombiers, *à cause de quoi*
« *les petits ne pouvant plus être nourris, meurent aussi,*
« etc. » Henri IV enchérit encore sur les ordonnances de
François Ier ; les verges et la peine de mort, tout s'y trouve.
*N'entendons toutefois que les peines inflictives du corps
soient exécutées, sinon sur les personnes viles et abjectes,
et non autres* (2). Il défend la chasse aux chiens couchants
comme *chasse cuisinière*, destructive des cailles et des perdrix, sous peine de trente-trois écus un tiers d'amende, du
double pour la seconde fois, et du triple pour la troisième. A
défaut de paiement, les verges, le carcan, le bannissement,
etc., etc. (3).

Les parlements avaient le droit de modifier les ordonnances en les enregistrant; ils en usaient quelquefois pour conserver les priviléges des villes et des provinces. Celui de Toulouse maintint les seigneurs et toutes les personnes autres que
laboureurs et artisans, dans le droit de chasse aux chiens
couchants (4).

Louis XIII fit beaucoup d'ordonnances sur la chasse,
qui ne changèrent rien aux principales dispositions en
vigueur.

Louis XIV supprima la peine de mort, sans rien changer
aux autres peines; il maintint l'interdiction des chiens cou-

(1) Ordonnance de 1581.
(2) Ordonnance de 1600.
(3) Ordonnance de 1601.
(4) Registres du parlement de Toulouse.

b.

chants, et défendit de tirer au vol, *à trois lieues près des plaisirs du roi* (1). Cette ordonnance défend aussi de faucher les prairies avant la St-Jean, sous peine de confiscation de la récolte, et d'*amende arbitraire ;* le tout pour ne pas déranger les couvées de perdrix et de cailles.

Louis XIV obligea les paysans d'acheter des épines et de les mettre en terre, à raison de cinq par arpent, immédiatement après la moisson, pour protéger le gibier qui dévorait les récoltes. Deux déclarations des 11 juin 1709 et 12 mai 1710, PERMETTENT *d'arracher en tout temps les chardons et autres mauvaises herbes des blés, sauf aux officiers des chasses à veiller que sous ce prétexte on ne vole les œufs de perdrix.* Ce qui prouve qu'un homme qui trouvait et prenait un nid de perdrix dans les blés qu'il avait semés sur sa propre terre était un voleur.

Croira-t-on que le grand roi, « ayant reconnu l'empesche-
« ment notable qu'apportent à ses plaisirs les échalats qui
« sont dans les vignes, fait très expresses deffenses aux pro-
« priétaires de ne laisser aucuns échalats dans lesdites vi-
« gnes, sous peine d'amende et de confiscation (2) ? »

Croira-t-on que : « Sa Majesté étant informée que plusieurs
« particuliers ayant des enclos près Paris, chassent journelle-
« ment dans lesdits enclos, et tirent impunément des perdrix
« qu'elle fait conserver soigneusement pour son plaisir, fait
« très expresses inhibitions et deffenses à toutes personnes

---

(1) Ordonnance de 1669. On appelait *Plaisirs du Roi*, non-seulement les domaines et les forêts de la couronne, mais encore les terrains réservés dans les environs des places fortes ; ainsi les glacis, les champs de manœuvres, faisaient partie des plaisirs du roi. Tous ces terrains n'étaient pas utilisés : en attendant qu'on s'en servît pour des fortifications, ils se couvraient de hautes herbes ou de broussailles, et le gibier s'y réfugiait. Le roi seul avait le droit d'y chasser, mais il donnait ordinairement cette permission aux gouverneurs des villes.

(2) Ordonnance de 1660.

« d'avoir aucuns fusils n'y autres armes dans leurs maisons,
« sous peine d'amende et confiscation (1)? »

Les capitaineries avaient été érigées par François Ier pour
n'avoir plus rien à démêler avec les parlements; elles ju-
geaient les délits de chasse, et les appels de ces jugements
étaient portés au conseil du roi.

Pour avoir droit de chasse, il fallait posséder un fief. Un
simple particulier, quelque étendue de terre qu'il eût, ne
pouvait chasser, si ses terres étaient roturières (2).

« La jurisprudence française et allemande abandonne le
« droit primitif de chasse au seul souverain, en sorte que tous
« les autres le tiennent de lui par féodation, ou par conces-
« sion, ou par privilége. Tout seigneur peut chasser noble-
« ment, c'est-à-dire à force de chiens et d'oiseaux, dans ses
« forêts, buissons, garennes et plaines, pourvu que ce soit à
« une lieue au moins des plaisirs du roi; et quand ils sont à
« trois lieues, il est maître de chasser chevreuil et sanglier;
« il peut aussi tirer sur toute sorte de gibier, excepté le cerf,
« le faon et la biche (3). »

Grâce à la révolution de 1789, toute cette jurisprudence
nous paraît fabuleuse. Aujourd'hui *charbonnier est maître
chez lui.* Le propriétaire d'un are de terre peut tuer les
animaux qui mangent sa récolte, et les manger eux-mêmes (4).

Tous les anciens livres sur la chasse traitent de la vénerie, de la fauconnerie, de la grande chasse, celle que font
les rois et les grands seigneurs. A l'exception de quelques
hautes notabilités de la finance, il existe aujourd'hui peu
d'hommes à qui ces livres conviennent. La division des propriétés, le droit de chasser chez soi, que chacun possède,

(1) Ordonnance de 1661.
(2) Arrêt du parlement de Toulouse, 18 mars 1729.
(3) *Traité de vénerie et de chasse,* par Goury de Chamgrand. Paris, 1769.
(4) A la fin du volume on trouvera la loi sur la police de la chasse.

ont infiniment augmenté le nombre des chasseurs. Les dix-neuf vingtièmes au moins chassent au chien d'arrêt ; c'est pour eux que j'écris.

La chasse au chien d'arrêt, à mon goût, est la plus amusante de toutes les chasses ; et je suis en droit de le dire, car depuis le moineau jusqu'au cerf et au sanglier, j'ai fait toutes les chasses possibles.

Dans les chasses à la grosse bête, le premier venu peut monter à cheval et suivre les chiens qui forcent un cerf. Dans les chasses au chevreuil, au chien courant, vingt tireurs se promènent dans un bois toute la journée : celui qui se trouve bien placé tire (quand il tire), tue le chevreuil (quand il le tue), et les dix-neuf autres reviennent mouillés, fatigués, ennuyés. A la chasse au chien d'arrêt, on s'amuse toujours, on trouve toujours quelque chose à faire : on manœuvre, on voit manœuvrer son chien, et ce n'est pas un petit plaisir.

En effet, cette intelligence du chien qui prend le vent, qui marche avec précaution, qui chatonne, est une chose admirable. Médor, mon fameux Médor me rapportait un lièvre ; chemin faisant, il tombe en arrêt sur un perdreau : Médor est immobile, la patte en l'air, le lièvre à la gueule ; le lièvre, le chien, le perdreau, rien ne bouge. Quel tableau plus ravissant, quel spectacle plus suave peut jamais inonder l'âme d'un chasseur de jouissances plus positives ! Quand on voit un trait pareil, on nourrirait son chien avec des écus de six livres, si l'on en pouvait trouver encore.

Autrefois il fallait une bien grande adresse pour tuer une perdrix au vol avec une flèche. Dans l'île de Lemnos, Philoctète ne vivait que de gibier. Virgile vous a transmis les noms de plusieurs bons tireurs, Hippocoon, Mnestheus, Eurytion. L'empereur Commode avait appris chez les Parthes l'art de tirer la flèche. Une panthère tenait un homme entre ses griffes, et allait le dévorer, Commode la tua sans toucher l'homme, il abattit cent lions avec cent javelots, sans manquer une seule fois. Hérodien, témoin oculaire, rapporte la chose. Ce que faisaient ces illustres chasseurs avec une flèche, peu d'entre nous le feraient aujourd'hui avec une balle, quoique, à mon avis, une balle soit plus facile à diriger qu'une flèche.

> *Jam vacuo lœtam cœlo speculatus, et alis*
> *Plaudentem, nigra figit sub nube columbam.*
> *Decidit exanimis, vitamque reliquit in astris*
> *Aëriis, fixamque refert delapsa sagittam.*

Pour rendre le coup plus sûr, les anciens avaient l'habitude d'empoisonner leurs flèches (1) ; c'est prouvé par ces deux vers d'Ovide :

> *Aspicis et mitti sub aduncto toxica ferro,*
> *Et telum causas mortis habere duas.*

En enlevant avec un couteau la chair autour de la blessure, le gibier était bon à manger, Pline dit même qu'il était plus tendre (2).

Dès que l'arquebuse fut inventée, on s'en servit à la guerre et à la chasse. Martin du Bellay, en parlant de la ligue de Charles Quint et de Léon X contre François Ier, et du siége de Parme en 1521, dit : « De cette heure-là furent inventées « les harquebouses qu'on tiroit sur une fourchette. » Cependant on doit croire leur origine plus ancienne, puisque l'ordonnance de François Ier, en 1515, que nous avons déjà citée, parle de *haquebutes* et *echopetes,* comme armes de chasse. Le Musée d'artillerie possède plusieurs *poitrinals* à mèche qui remontent au règne de Louis XI. Mais l'arbalète était toujours l'arme du plus grand nombre ; plus portative, plus facile à manier, l'habitude en rendait l'usage plus avantageux. En 1554, l'arquebuse reçut des perfectionnements du

______

(1) Si vous voulez connaître la recette, lisez le chapitre VIII du livre d'Espinar, *Arte de Ballesteria y Monteria.* Madrid, 1644, in-8°.

(2) *Circumcisoque vulnere, teniorem sentiri carnem affirmant.* PLIN., lib. XXV.

sire d'Andelot, général de l'infanterie française; mais ce n'est
que vers la fin du xvie siècle que l'on connut le fusil à silex
et à batterie. Alors la pierre à feu remplaça la mèche, et
cette arme devint d'un usage général à la chasse. La pierre
et la mèche furent longtemps employées ensemble à l'armée. On fabriquait encore des mousquets à mèche vers 1680,
puisque au Musée d'artillerie on en voit un sur lequel se
trouve gravée la prise de Bouchain, en 1672. A la bataille
de Steinkerque (1692), les Français jetèrent leurs mousquets
pour se servir des fusils pris aux ennemis. Alors Vauban
imagina le fusil mousquet, où la mèche sert à défaut de la
batterie.

Avant l'invention du fusil à pierre, il est certain qu'on ne
pouvait chasser qu'à l'affût; et encore cette mèche brûlant
toujours, devait empêcher le gibier de venir au chasseur.
Ce n'est que vers le commencement du xviie siècle qu'on s'est
avisé de tirer au vol. Claude Gauchet, dans *le Plaisir des
champs* (1), parle de ses parties de chasse, et dans tout ce
qu'il raconte, rien n'indique une pièce tuée au vol, à la
course.

Il tire des perdrix à l'affût.

> En ayant choisi sept, en troupe je les tire,
> De sept j'en frappe trois.

Plus loin c'est un sanglier,

> Qui aux raies de la lune à *quinze pas s'arreste*,
> Alors je couche en joue et tire vistement.

Ou bien :

> Non loing de moi ravi le chevreuil bondissant
> *Qui s'arreste assez près;* alors plus ne m'amuse,
> Ains vistement en main je prends la harquebuze.

(1) Paris, 1583. CLAUDE GAUCHET, curé de Danmartin, aumônier de
Charles IX, a glissé par-ci par-là, dans son poëme, des vers qui feraient rougir nos vieux grenadiers.

Ailleurs :

> A joue il a toujours jointe la harquebuze,
> Attendant pour tirer *que la beste s'amuse*
> *A escouter*.

Enfin le chasseur guette un renard qui vient de prendre un lièvre :

> Or *le voyant tarder* pour mieux charger sa proye,
> Je le tire et le paye en pareille monnoye.

Espinar, auteur cynégétique espagnol, dans les gravures de son livre (1) représente des chasseurs qui tirent *posé*, le canon appuyé soit sur une fourchette, soit sur l'épaule d'un valet.

De tout cela je conclus qu'à cette époque on ne tirait que posé ; car si Claude Gauchet, qui nous vante ses prouesses, avait tué quelque pièce à la course, ou bien au vol, il n'aurait pas manqué de nous le dire. Son poëme eut une seconde édition en 1604, et ces passages sont exactement les mêmes.

Le fusil ne fut une arme commode et facile à manier que vers l'année 1620. Ce n'est qu'en 1750 que parurent les premiers fusils doubles, c'est-à-dire les fusils doubles avec deux canons parallèles, comme ceux dont nous nous servons aujourd'hui. Car on a fait des fusils à deux, à quatre, et même à huit coups, à des époques bien plus reculées ; mais ces armes n'ont probablement jamais été qu'un objet curieux pour orner les cabinets des amateurs. On avait encore bien du chemin à faire pour arriver aux fusils à marteau.

Un père de famille doit diriger les goûts de son fils vers la chasse. Cet exercice développe les facultés physiques d'un jeune homme, et le rend propre à supporter les grandes fatigues. Si ce goût se change en passion, tant mieux ; ses idées se portant toutes du côté de la chasse, opéreront une

______

(1) *Arte de Ballesteria y Monteria*. Madrid, 1644, in-8°.

diversion utile, ce sera du temps de gagné ; plus tard, l'autre passion sera moins dangereuse, car le jeune homme aura plus d'expérience et pourra mieux choisir. « Un violent exer-« cice étouffe les sentiments tendres. Dans les bois, dans les « lieux champêtres, l'amant, le chasseur, sont si diverse-« ment affectés, que sur les mêmes objets ils portent des ima-« ges toutes différentes (1). »

« Or, je prouveray comment bon veneur ne peut avoir « nuls des sept péchez mortelz. Car quand on est oiseulx et « négligent, sans travail, et on est occupé à faire aucune « chose, si on demeure en son lit ou en sa chambre, c'est « une chose qui tire à ymagination du plaisir de la chair. Car « il n'a cure de demourer en ung lieu, sans penser en or-« gueil, en avarice, en ire, en paresse, en goule, en luxure « ou en envie (2). »

Saint Jérôme a beau dire : *Venatorem nunquam inveni-mus sanctum ;* saint Hubert, saint Eustache, saint Martin, saint Germain-l'Auxerrois, saint Norbert, et une infinité de saints qui ne sont pas de ma connaissance, prouvent chaque jour le contraire aux habitants du ciel.

Saint Norbert, fatigué du monde et de la cour, cherchait un lieu retiré pour y fonder une abbaye, ou peut-être pour pouvoir chasser plus à son aise. Ayant appris qu'un dragon désolait la contrée, il se fit indiquer le gîte de la bête : un paysan le conduisit si bien que notre saint marcha sur la queue du dragon. Sans s'émouvoir, il le tua, puis se retour-nant vers son guide, il lui dit : *Tu me l'as de près montre.* Sur ce lieu même il bâtit un couvent qui devint la métropole de l'ordre des *Prémontrés.* Ce nom resta ; ce qui prouve que le calembourg n'est pas aussi moderne qu'on pourrait le croire.

(1) J.-J. Rousseau, *Émile,* liv. iv.
(2) *Le Miroir de Phébus, des deduits de la chasse,* etc., par Gaston Phébus de Foix, comte de Béarn.

.´ . . . Monseigneur saint Hubert
Et saint Eustache qui fut veneur expert,
En bien chassant firent à Dieu service,

dit Gaston Phébus, aussi bon poëte qu'excellent prosateur.
Notre ami Du Fouilloux dit aussi : « Saint Hubert était ve-
« neur avec saint Eustache, dont il est à conjecturer que les
« bons veneurs les ensuivront en paradis, avec la grâce de
« Dieu. » Notez que les bons veneurs iront seulement en paradis, les mauvais iront je ne sais où ; donc vous ferez bien
de devenir bons veneurs. Ainsi, de conséquence en conséquence, je puis facilement arriver à cette conclusion : Pour
gagner le Ciel, lisez mon livre. Et ce n'est point un livre ordinaire ; il vous enseigne l'art de vous amuser, il vous donne
un plaisir de tous les jours, la joie, le bonheur, la santé dans
ce monde : et par-dessus le marché, la vie éternelle dans
l'autre : c'est ce que je *nous* souhaite. *Amen.*

LE CHASSEUR
AU CHIEN D'ARRÊT.

CHAPITRE PREMIER.

LE COMPAGNON DU CHASSEUR.

—

Incipiam......

Virgile.

Le bon chien fait le bon chasseur, le bon chasseur fait le bon chien. Cette grande vérité, mieux démontrée par l'expérience que la ligne droite en géométrie, n'a pas besoin de preuves; vous aurez donc la bonté de la recevoir comme un axiome incontestable : ce sera notre point de départ.

Vous tous, brillants fashionables, armés du fusil garni d'argent, qui vous précipitez hors des murs de la capitale, dans un élégant tilbury tout-à-fait en harmonie avec votre costume pittoresque, heureux résultat des plus savants calculs, c'est pour vous que j'écris. Méditez mes leçons, suivez mes conseils; bientôt rentrant chez vous par le plus court chemin, vous éviterez un honteux détour par les rues populeuses de la halle, et vos visites chez le marchand de perdreaux n'exciteront plus le sourire des cuisinières du quartier.

Le bon chien fait le bon chasseur; commencez donc par vous procurer un bon chien; choisissez-le beau, de race pure, et ne le payez point sans l'avoir essayé plusieurs fois. Vous devez voir s'il quête à vingt pas de son maître, s'il sait prendre le vent, s'il ne court pas après le gibier ni sur le coup de fusil d'un autre chasseur, s'il obéit au commandement, et s'il tombe franchement en arrêt. Ces qualités essentielles, jointes à celle de bien rapporter toute chose sur terre et dans l'eau, constituent un bon chien. Une fois ceci reconnu, payez et ne marchandez pas; non-seulement beaucoup de patience fut nécessaire pour en arriver là, mais encore il a fallu nourrir cet animal au moins deux années, le sauver de la maladie; et les deux ou trois cents francs qu'on vous demande ne sont que le juste salaire de tant de soins.

Vous n'avez jamais tiré de lièvres à la course ni de perdrix au vol; le poil et la plume vous sont inconnus, je le suppose; vous n'avez tué que de malheureux petits oiseaux qui, perchés sur les branches, attendent avec une patience admirable et vous laissent prendre à l'aise toutes les dispositions qui

doivent leur donner la mort. Ennuyé de ces meurtres inutiles, vous voulez devenir bon chasseur; le
récit des exploits de vos voisins a souvent fait battre
votre cœur : il renferme des cordes qui vibrent aux
mots, cailles, lièvres, perdrix; vos rêves sont, carnassières pleines, faisans et lapins; eh bien! je les
réaliserai. Votre dos pliera sous le poids du gibier,
vous deviendrez fameux à votre tour, et cependant
il ne vous en aura coûté qu'une pièce de sept francs
cinquante centimes. « Vous venez à Paris pour y
faire l'amour? disait Louis XV à je ne sais quel lord
anglais.—Non, sire, je l'achète tout fait. » Le grand
seigneur breton trouvait cela plus commode : il
évitait ainsi tous les préliminaires en soupirs et bil-
lets doux. Vous êtes comme lui, que dis-je? bien
plus heureux que lui; car ce n'est point à bon marché qu'on se procure l'amour tout fait dans un certain style, et vous, en achetant de l'expérience pour
sept francs cinquante centimes, vous avez eu le plaisir de trancher du grand seigneur.

Vous aimez la chasse, et vous avez grandement
raison : c'est un des plus agréables plaisirs de ce
monde sublunaire, c'est celui qui coûte le moins
cher, c'est le seul qui donne la santé sans laisser de
regrets. La duchesse de Longueville n'était pas de
cet avis. On lui disait un jour : « Mon Dieu, madame, l'ennui vous ronge, ne voudriez-vous pas
quelque amusement? il y a des chiens ici et de
belles forêts : ne voudriez-vous pas chasser?—Non,
dit-elle, je n'aime pas la chasse. — Voudriez-vous
1.

de l'ouvrage? — Je n'aime pas l'ouvrage. — Voudriez-vous vous promener ou jouer à quelque jeu? — Je n'aime ni l'un ni l'autre. — Que voudriez-vous donc? — Que voulez-vous que je vous dise? je n'aime pas les plaisirs innocents. » Xénophon dit que les chasseurs conservent la vue et l'ouïe plus longtemps que les autres hommes; que, chez eux, la vieillesse commence plus tard; et Xénophon joignait l'inestimable qualité de chasseur à celle de grand historien et de général habile. La chasse est encore le seul amusement qui fasse diversion complète aux peines, aux chagrins, aux affaires; le seul délassement sans mollesse; le seul qui donne un plaisir vif, sans langueur et sans mélange. Pour jouir de soi-même, pour se dérober à l'importunité des autres, l'homme a besoin de solitude; et quelle solitude plus variée que celle de la chasse? quel exercice plus sain pour le corps? quel repos plus agréable pour l'esprit?

Vous entrez en plaine, et déjà les chagrins s'effacent; votre chien rencontre, ils sont oubliés; il tombe en arrêt, l'univers n'existe plus pour vous, ou plutôt il est tout entier sous vos yeux. Rien ne pourrait obtenir une de vos pensées : elles sont réunies sur le lièvre gîté, sur le lapin blotti, sur la caille ou le perdreau qu'un brin d'herbe dérobe à vos regards. En chassant, le corps prend une énergie nouvelle, l'âme se retrempe; les soucis auront moins de prise au retour, car le sommeil, suivant de près un bon dîner, saura bien les empêcher de troubler votre cerveau. Qui diable pourrait songer à l'infidélité d'une maîtresse, lorsque son noble chien triomphant lui rapporte, avec un sérieux plein de dignité, le lièvre culbuté raide mort à cinquante pas?

Un de mes amis était fou d'amour, mais fou dans toute l'acception du mot; sa maîtresse, après mille serments, avait manqué de mémoire, cela se voit quelquefois; un autre plus heureux, parce qu'il était plus riche, avait épousé, cela se voit encore; mon pauvre diable se désolait, ne mangeait point, pleurait, gémissait, ne dormait plus. Ce régime n'engraisse pas; aussi notre homme maigrissait, il fallait voir. La situation devenait alarmante, la consomption était à craindre; tous nos plus beaux discours glissaient sans mordre; il n'entendait rien, ne comprenait rien. Je le surprends un jour.... il lisait *Werther!* Goëthe est sans doute un grand écrivain, mais la vue de son détestable livre me fit l'effet de mon ami mort sur le plancher. Je parle, je prie, je supplie; bref, j'enlève le malade, et le conduis à la campagne. Moitié gré, moitié force, je l'entraîne à la chasse. Il n'a pas de fusil et me regarde faire. La journée était belle, le gibier abondant, ma récolte fut bonne. Le lendemain il demande un fusil, nous partons. Quand il tire, je tire avec lui; c'est toujours son coup qui tue. Nous déjeûnons; je me suis muni d'une bouteille de champagne : la bouteille de champagne est un excellent spécifique, elle produit un bon effet. Les jours suivants nous recommençons. Le malade tue quelques pièces. Le mois n'é tait pas fini que la guérison fut complète. Il mangeait comme quatre, buvait comme six, dormait comme un bienheureux, et les pages de *Werther* furent toutes roulées en bourres de fusil.

Mais entrons en matière. Vous avez un chien, il faut le caresser, l'accoutumer à votre voix, lui donner vous-même à manger. Louis XIV ne dédaignait pas de prendre ce soin. A présent, je vais vous armer, vous habiller, choses d'une haute importance, auxquelles je consacrerai les deux chapitres suivants.

CHAPITRE II.

ARMEMENT DU CHASSEUR.

—

> Il ne tua pas plus de gibier qu'un beau
> monsieur de la ville, dont le fusil resplendit
> au soleil par son canon garni d'or et son bois
> incrusté d'argent.
>
> *Traduction d'une vieille légende allemande.*

L'arc est au fusil à mèche (1) comme le fusil à mèche est au fusil à pierre, comme le fusil à pierre est au fusil à percussion. Sommes-nous arrivés au dernier terme de cette proportion continue? c'est ce que le temps nous apprendra.

Depuis trente ans à peu près, le mercure ful-

(1) Fusil vient du mot *focile*, qui signifie en italien *pierre à feu*. Le fusil proprement dit fut inventé en France en 1630 et employé en 1671, comme arme de grenadiers, à raison de quatre par compagnie. Ce n'est qu'en 1703 qu'il devint l'arme de l'infanterie française. Avant cette époque, on avait des mousquets.

minant ou le fulminate de mercure a remplacé le *silex* dans les armes de chasse ; aussi nous ne parlerons pas plus des fusils à pierre que de ceux à rouet ; ils sont bons à mettre dans les musées pour marquer le pas immense fait dans l'art des armes à feu (1).

Lorsque les premiers fusils à marteau parurent en France, chaque armurier inventa son système d'amorce. A tout instant il en paraissait un nouveau : celui du jour faisait oublier celui de la veille ; les fusils passaient, de semaine en semaine, chez un nouvel armurier qui leur appliquait son invention, dont le succès durait l'espace du matin. Enfin les cheminées à capsules de cuivre prévalurent ; aussitôt que Prélat les eut trouvées, tout le reste fut oublié.

> D'abord il s'y prit mal, puis un peu mieux, puis bien :
> Puis enfin, il n'y manqua rien.

La même chose est arrivée aux fusils à culasse mobile ; du moment que M. Pauly les eut inventés, tous les armuriers voulurent marcher sur ses traces ; chacun prit son brevet d'invention, chacun voulut clouer son nom à quelque nouveau système. Il serait trop long de détailler tous les perfectionnements et les dérangements qu'a subis le fusil-*Pauly*, tous les

_____

(1) « Les armes à feu font si peu d'effet, sauf l'étonnement des « oreilles, à qui désormais chacun est apprivoisé, que j'espère qu'on « en perdra l'usage. »   Montaigne.

On voit que Montaigne s'est trompé sur les armes à feu, comme madame de Sévigné sur Racine et le café.

systèmes qui, sans cependant se rattacher au sien, n'en sont pas moins une conséquence, la suite d'une idée-mère. L'art est en travail, il faut le laisser faire; et quand, sous le rapport de la mobilité des culasses, il sera parvenu définitivement au même point où Prélat fit arriver les amorces, alors nous nous déciderons, et chaque chasseur, sans hésiter, adoptera le système qui doit enterrer tous les autres. Après l'apparition des capsules en cuivre, la lutte cessa partout d'un commun accord; chacun reconnut l'énorme supériorité de l'invention : armuriers et chasseurs, tout le monde trouva la chose parfaite, et tout le monde a persisté. Mais aujourd'hui chaque système de culasse mobile en fait éclore deux autres qui se subdivisent avec des variantes à l'infini. Si vous achetez un fusil, et si demain vous allez chez plusieurs armuriers, séduit par le beau langage de ces messieurs, vous aurez, dans chaque magasin, l'envie d'échanger votre arme en donnant du retour, ce qui vous réduirait bien vite à zéro.

Tôt ou tard, de toutes ces combinaisons mélangées, il sortira quelque chose qui satisfera tout le monde; un peintre fit le portrait de Vénus, en prenant à cent femmes différentes ce que chacune avait de plus beau. Certainement le fusil à culasse mobile détrônera le fusil à marteau, comme celui-ci détrôna le fusil à pierre; mais quand? je l'ignore. La chaudière est en ébullition, en attendant qu'elle refroidisse, je reste fidèle à la baguette; car enfin je ne veux pas acheter un fusil tous les huit jours, imitez-moi.

Cependant si vous n'avez point la patience d'attendre le moment où le grand œuvre aura vu le jour, vous trouverez ici les avantages et les inconvénients des fusils à culasse mobile, tels qu'ils existent, en les comparant aux fusils improprement appelés à piston, et qu'on doit nommer fusils à marteau (1).

Avantages des fusils à culasse mobile.

On les charge infiniment plus vite, et c'est de quelque importance dans les chasses en battue, dans celles au lapin avec le furet, dans celles aux perdrix rouges. Comme ordinairement les perdrix de cette espèce ne partent pas ensemble, on peut tirer les premières et charger encore pour tirer les autres. A la chasse au marais, on tire souvent bien des coups de fusil, et, dans ce cas, il est agréable d'être bientôt prêt.

Pour les charger, on n'a pas besoin de poser la crosse à terre, par conséquent elle ne se salit point de boue quand il pleut, et l'épaule du chasseur n'en reçoit point les éclaboussures. Dans la chasse au marais, lorsqu'on est dans l'eau jusqu'aux genoux, la charge ne se fait pas d'une manière incommode et pénible ; car, dans ce cas, si l'on tient un fusil ordinaire presque horizontalement, la poudre et le plomb

(1) Le nom de *fusil à piston* vient du système *Potet*. Cet armurier avait fait des platines dont le marteau revenait sur lui-même, après avoir embrasé l'amorce. C'était réellement un piston. Aujourd'hui que tous les fusils à baguette s'enflamment par une cheminée couverte d'une capsule, nos fusils sont des *fusils à marteau*.

se posent en *sifflet*, par conséquent l'opération est
mal faite.

Ils se salissent beaucoup moins ; la baguette ne
refoule pas la crasse en dedans, au contraire chaque
coup en jette une partie au-dehors. On peut les nettoyer avec un linge, sans qu'il soit jamais nécessaire
de les laver. C'est d'une haute importance les jours
d'ouverture où l'on tire souvent. Tous les chasseurs
savent quelle différence il existe entre les coups tirés
le matin et ceux tirés le soir, quand le fusil est sale.

On est certain de ne jamais introduire une double
charge dans le canon, inconvénient grave des fusils
à baguette, surtout chez les commençants. C'est toujours désagréable de recevoir un soufflet ; quelquefois on n'en est pas quitte à si bon marché.

On peut à chaque instant changer la charge du
fusil sans le tirer, sans recourir au tire-bourre ; de
cette manière vous pouvez, suivant la circonstance,
mettre du plomb d'un numéro plus fort ou plus faible. En revenant de la chasse, on retire les cartouches, et le fusil se trouve déchargé sans que les
dames soient effrayées par les détonations.

Avec les fusils à baguette, il est souvent arrivé
qu'après avoir tiré d'un seul côté, sans abattre le
chien qui n'a point fait feu, le chasseur a rechargé
son arme, et la secousse qu'il a donnée en bourrant,
ou toute autre cause, ayant fait agir la détente, il a
perdu sa main droite ou son nez, ce qui n'est pas
du tout agréable.

Dans la chaleur de l'action, on oublie quelquefois

la baguette dans le canon ; si vous tirez, elle se brise ou se perd, ce qui revient au même, et l'on est obligé de retourner chez soi.

Lorsqu'on a tiré plusieurs coups de suite du même côté, si l'on oublie d'assurer la charge dans le canon qui n'est point parti, la commotion fait avancer la bourre, le plomb suit par son propre poids, un vide se forme, et le fusil crève. Ces trois accidents ne sont point à craindre avec les fusils à culasse mobile.

Inconvénients.

Le feu de l'amorce doit traverser le papier de la cartouche pour embraser la poudre ; on charge l'amorce d'une plus grande quantité de poudre fulminante ; mais si l'opération n'a pas été bien faite, si vous chassez par un temps pluvieux, si votre giberne, dans ce cas, n'est point exactement fermée, le papier devient humide, et le fusil rate.

Je sais bien qu'on fait à présent des fusils *à brochette*, et même *sans brochette,* dont la cartouche est amorcée ; ils se chargent par conséquent encore plus vite ; mais la brochette a deux inconvénients que je signalerai plus tard.

Les canons se ferment bien, mais par cette raison il s'opère un frottement ; s'ils frottent, ils doivent s'user ; s'ils s'usent, on aura du jour, un peu d'air, ce qui peut-être fera *cracher* le fusil. Les armuriers qui les fabriquent assurent que c'est sans danger ; c'est possible et je le crois, mais l'expérience seule peut le démontrer ; d'ailleurs l'invention de ces fusils est trop moderne pour que ce cas se soit déjà présenté.

Et puis il faut des cartouches (1), et si votre provision est épuisée, vous ne pouvez plus chasser, tandis qu'avec les fusils ordinaires vous renouvelez vos munitions dans tous les villages. Si vous partez pour une chasse à vingt lieues de Paris ou de toute autre grande ville, il faut emporter une caisse de cartouches. Si quelque accident les enflamme ou les mouille, vous devez expédier un courrier pour en avoir d'autres. Je sais bien qu'on peut les faire soi-même; ce n'est pas difficile, mais c'est peu divertissant. Il ne s'agit pas de savoir faire des cartouches, il faut encore avoir des *culots* en cuivre. Je sais aussi qu'on peut charger ces fusils par en haut, et l'on porte une baguette dans la carnassière, pour s'en servir au besoin; mais cette baguette à charnière ou bien à vis doit être apprêtée, vissée et dévissée chaque fois, chose passablement ennuyeuse. Dans ce cas, au lieu de charger plus vite, l'opération devient infiniment plus lente, et de plus, il est nécessaire de placer au fond du fusil, en guise de culasse, un *culot* en cuivre; sans cette précaution, les deux coups partiraient à la fois.

Mais, dira-t-on, vous pouvez faire mettre une baguette à votre fusil? Oui, sans doute; mais je suis parti pour la chasse avec une giberne; je n'ai ni pou-

---

(1) Les cartouches ne sont connues que depuis 1690. On s'en est servi pour la première fois, en France, dans la guerre de 1744.

drière, ni bourre, ni sac à plomb, et je ne puis pas porter un arsenal complet sur mon dos.

Avec les fusils à brochette, la charge est encore plus prompte, mais l'inconvénient des cartouches est complet. Ici la baguette est inutile, car le fusil n'ayant point de cheminées, il serait impossible de l'amorcer.

Cette brochette faisant saillie hors du canon, et ne bouchant pas hermétiquement la lumière, l'eau doit pénétrer. Quand il pleut, la brochette sert de conducteur, et la cartouche est mouillée; même par un beau temps la poudre conserve toujours un peu d'humidité, le fer de la brochette placé dans la capsule s'oxyde, et le fusil rate.

Dans les deux cas, les cartouches sont toutes faites sur le même modèle; ce sont des femmes, des enfants, qui les fabriquent par milliers. On peut se tromper et se tromper exprès; on peut vouloir gagner sur la quantité de poudre et de plomb, et vous pouvez vous trouver en plaine avec une giberne garnie de demi-charges; un bon chasseur aime à savoir ce qu'il met dans son fusil. Et puis il existe bien des circonstances où l'on doit augmenter ou diminuer la charge, par exemple, lorsqu'il pleut ou qu'il fait très chaud; et vous concevez qu'avec des cartouches toutes préparées, cela devient impossible.

Pour parer à ces inconvénients, on peut avoir une douzaine de douilles en métal qui s'adaptent parfaitement aux canons, elles sont chargées et quand on les a tirées on les recharge soi-même suivant la mé-

.thode ordinaire, vous graduez par là votre charge suivant vos besoins et vous n'avez pas à la fin de l'année des rebuts de cartouches avariées qui ne peuvent plus vous servir.

Bien des gens n'apprécient pas grandement l'importance de charger si vite. Il est rare que deux minutes influent beaucoup sur la journée d'un chasseur; quand il a tiré, le gibier n'est plus là, les perdreaux sont à la remise, il peut charger à son aise, sauf les exceptions que j'ai signalées plus haut.

De tout cela je conclus que lorsqu'on n'a qu'un fusil, on doit l'avoir à baguette; mais si vous pouvez sacrifier un billet de 500 fr. sans nuire à la balance de votre budget, si le renouvellement de cette dépense dans un temps éloigné, peut-être prochain, ne vous effraie point, achetez un fusil à culasse mobile, achetez-en plusieurs de différents systèmes, vous verrez à l'usage lequel sera le meilleur. Ces fusils nouveaux vous serviront pour chasser dans les environs de Paris, ou de toute autre ville, où vous pourrez facilement faire vos provisions de cartouches. Le fusil à baguette servira pour les excursions lointaines.

Depuis quelque temps beaucoup de chasseurs ont adopté le fusil à gros calibre, ils se servent de canons qui portent triple charge et dont la détonation ressemble à celle d'une pièce de 4. Ce serait fort bien dans un pays où l'on voudrait détruire tout le gibier, car avec un fusil calibre de 8 il n'est pas rare, dans la primeur, de tuer cinq à six perdreaux d'un coup. Que résulte-t-il de cela? le lendemain il n'y a plus rien, le reste de la compagnie est blessé, si quelques-uns survivent, à peine si par ci, par là, on peut les revoir encore. Ce serait bien de chasser ainsi dans un pays où l'on resterait quinze jours, mais chez soi, c'est une folie; il me semble voir un fermier qui, au mois de mai, couperait ses blés pour avoir une plus grande quantité de fourrage. Adoptez le calibre de 20, il est suffisant, si vous tirez bien vous tuerez assez; nos pères chassaient avec le calibre de 28 et ils mangeaient des perdreaux plus que nous.

Quel que soit le système que vous adopterez, l'essentiel est que les canons soient solides; ceux à rubans offrent plus de garantie. Les canons damassés sont trouvés plus jolis par quelques personnes, ils sont même plus chers sans être meilleurs; au reste, ils sont aussi bons, cela dépend des goûts. Il faut que le tonnerre soit étoffé, le bois uni, le coude dans le sens du fil du bois : cet endroit est le côté faible de l'arme; s'il s'y trouve un nœud, le moindre choc peut le casser. Examinez l'intérieur des platines, voyez si toutes les pièces sont bien finies, bien ajustées, si les ressorts jouent franchement, sans arrêt ni mollesse, avec un bruit net et légèrement sonore. Choisissez le fusil avec lequel vous mettrez le plus lestement en joue, celui qui s'adaptera le mieux à votre épaule, celui dont votre œil trouvera plus vite le point de mire. Je ne puis vous donner aucun conseil là-dessus; cela dépend de votre conformation, si vous êtes grand ou petit, gros ou mince, si vous avez les bras et le cou longs ou courts.

Pour essayer la solidité, mettez une double charge de poudre, bourrez bien, et posez une balle au-dessus.

Cette épreuve doit avoir lieu deux fois, car la première pourrait ébranler le canon sans le crever, ce qui, dans ce cas, arriverait en répétant l'expérience. Il est inutile de dire qu'il ne faut pas tirer le fusil avec le doigt, mais de loin avec une ficelle, et qu'il faut se placer à l'abri des événements. Au reste, tous les fusils achetés chez les bons armuriers ont été essayés, et vous pouvez vous en servir avec confiance; ensuite il faut éprouver la portée. On prend une planche de sapin de 15 millimètres d'épaisseur, on la recouvre d'une feuille de papier; le fusil chargé de la quantité de poudre ordinaire et du plomb n° 2, doit être tiré de quarante pas au centre de la feuille. S'il porte bien, le papier recevra la moitié des grains de plomb contenus dans la charge, et la planche sera percée. Le n° 2 est nécessaire, un plomb plus petit n'aurait pas assez de force.

Ne faites pas attention aux sculptures, aux ornements, ils servent presque toujours à cacher quelque défaut. Tous ces colifichets ne doivent avoir aucune influence sur votre détermination. A mérite égal, à prix égal, je préférerai toujours l'arme la plus simple, pourvu qu'elle soit parfaitement finie. Dans une réunion solennelle, les professeurs regardent avec un sourire de pitié, presque de mépris, celui qui se présente avec un fusil sculpté, ciselé, garni d'argent ou d'or. Il a besoin de faire preuve de grande adresse pour qu'on lui pardonne un luxe tout à fait réprouvé des vrais amateurs.

Si le fusil que vous avez choisi repousse, il est possible que ce soit votre faute ; vous ne l'avez peut-être pas assez fortement appuyé contre votre épaule ; essayez encore, et cette fois, s'il persiste dans ses mauvaises habitudes, et si vous en ressentez les effets malgré vos précautions, choisissez-en un autre, quand même celui-là vous conviendrait sous tous les autres rapports. Vous reviendriez de la chasse la joue et l'épaule meurtries, et puis on tire avec crainte, avec hésitation, et cela nuit à la justesse du coup d'œil.

On rencontre des gens qui vendent des fusils à rubans faux ; sur un canon ordinaire, ils dessinent des rubans avec un mordant quelconque ; il est facile de ne pas être dupe d'une telle friponnerie. On passe une lime douce, on étend par dessus une goutte d'eau forte, et si le canon est à ruban, on verra bien la spirale.

Songez que le plus léger fusil se trouve rarement le meilleur. Il vaut mieux porter 1 kilogr. de fer en plus, que de rentrer avec un bras en écharpe. C'est un vieux proverbe qui, depuis longtemps, court les plaines et les bois : il faut écouter la sagesse des nations. Méfiez-vous des fusils de 100 fr., de 150 fr.; un bon fusil de maître, un fusil soigné, vaut au moins le double. Achetez chez un armurier à réputation méritée, payez cher le nom gravé sur le tonnerre; il ne l'a mis qu'après s'être assuré de la bonté de l'arme. Songez qu'il s'agit de vos bras, de votre vie, et qu'un billet de 500 francs ne peut pas entrer en comparaison.

On trouve à Paris un grand nombre de bons armuriers qui raisonnent leur art, et tiennent à conserver une réputation acquise par de longs et pénibles travaux; s'ils vous trompent, ce ne sera que sur le prix, chose de légère importance, car on n'achète pas un fusil tous les jours.

Il serait bien, en commençant à chasser, de se servir d'une béquille. La béquille est un champignon en bois, semblable à ceux des porte-manteaux. Elle est recouverte d'une plaque de fer, sur laquelle sont appuyés les canons du fusil, à 20 centimètres environ en avant des platines. Si les canons éclatent, la béquille garantit la main, et c'est quelque chose de conserver une main quand on n'en a que deux.

Beaucoup de chasseurs ont encore une bien meilleure habitude; ils tiennent la main gauche à la sousgarde : si le canon crève, cela ne les concerne pas. J'ai voulu faire comme eux, mais n'en ayant pas l'habitude, mon fusil ne gardait pas son aplomb et je manquais tous mes coups. Or, vous qui, sortant du collége, brûlez de faire vos premières armes, mettez une béquille à votre fusil, ou bien habituez-vous à placer votre main gauche sous la platine.

Il existe plusieurs manières de porter les capsules fulminantes. Les uns se servent de leurs poches, c'est

2.

facile; mais les poches d'un chasseur ne sont pas toujours d'une propreté recherchée. Le plus petit corps étranger qui vient se placer dans le tube de cuivre empêche l'embrasement instantané de la charge, le fusil fait long feu, plus souvent il rate, chose fort désagréable en toute circonstance. D'autres chasseurs portent un amorçoir, on en trouve de plusieurs sortes dans le commerce; suspendu par un cordon, cet instrument garni d'une grande quantité de capsules est fort commode: du moment qu'une amorce est posée, une autre la remplace; c'est le rameau d'or de notre ami Virgile :

. . . . . Primo avulso non deficit alter.

Mais cet amorçoir devient partie de l'équipement, qu'il est bon de réduire à la plus simple expression; d'ailleurs on peut l'oublier au moment du départ; vous traversez un taillis, une branche casse le cordon, vous perdez vos capsules, et adieu la chasse; il faut retourner sur vos pas, à moins que le hasard ne vous fasse rencontrer un chasseur qui veuille bien partager sa provision avec vous. La boîte métallique à ressort, incrustée dans la crosse du fusil, me paraît préférable. Les capsules y sont placées à sec, sous la main, et on ne risque ni de les perdre ni de les oublier; du moment qu'on a son fusil, on les porte avec soi.

Depuis vingt ans je fais usage de cette boîte et je m'en trouve bien. Des chasseurs vous diront que cette méthode a l'inconvénient de gâter le bois élégant de leur fusil, qui perdrait de sa valeur s'ils voulaient le vendre : faible objection , un amateur ne vend pas son fusil.

Il est aujourd'hui prouvé que les anciens connaissaient la poudre et que les modernes l'ont seulement réinventée. A ce sujet je veux vous raconter une petite histoire.

Un homme va voir un de ses amis ; le domestique le prie d'attendre, parce que son maître est occupé dans son cabinet avec un étranger. Le fils de la maison, jeune enfant de dix ans, survient et babille avec le visiteur. Après bien des paroles oiseuses sur la pluie et le beau temps, l'enfant fit cette question :

— Pourriez-vous me dire, monsieur, à quelle époque on inventa la poudre?

— Mais.... je crois que c'est vers le commencement du xive siècle.

— Et.... savez-vous le nom de l'inventeur?

— Les uns disent que c'est un moine (1), d'autres disent que.... Mais, mon petit ami, pourquoi donc ces questions qui me paraissent extraordinaires à votre âge?

— C'est que papa dit souvent que vous ne l'avez pas inventée.

(1) En ce temps et trop malheureux an, ung trez-méchant et subtil Alleman, fust moine, ou lay, par art diabolique en son esprit inventa la praticque d'entremesler les salpestres et soulphres auec vin aigre et en faire les pouldres pour ruyner par son artillerie par lui forgiée, en fureur et brairie mainte cité, maint chasteau et muraille qui resistoyent aux assaults de bataille. *Miroir d'éternité*, par Robert Le Rocquez (Manuscrit du xive siècle).

Quand cette anecdote est venue se placer sous ma plume, je vous disais que les anciens connaissaient la poudre. Virgile nous dit que Salmonée imitait le tonnerre; il périt victime de ses expériences, et ces messieurs d'alors, qui voulaient à toute force du merveilleux partout, racontèrent aussitôt que Jupiter l'avait foudroyé.

Vidi et crudeles dantem Salmonea pœnas,
Dùm flammas Jovis et sonitus imitatur Olympi.

Dion dit à peu près la même chose de Caligula, qui trouva l'art d'imiter le tonnerre et les éclairs, par des machines qui lançaient des pierres.

Philostrate, parlant des Indiens, dit que lorsqu'ils étaient attaqués par les ennemis, jamais ils ne sortaient de leurs murailles, mais ils les repoussaient à coups d'éclairs et de tonnerres.

Voilà bien des autorités pour prouver que les anciens connaissaient la poudre.

« Ce qui met cette question hors de doute est un passage clair et positif d'un auteur appelé Marcus Græcus, dont on voit un ouvrage manuscrit à la Bibliothèque du roi à Paris, intitulé : *Liber ignium* (1). L'auteur y décrit plusieurs moyens de combattre l'ennemi en lançant des feux sur lui, et entre autres il propose celui-ci : *De mêler une livre de soufre vif, deux livres de charbon de saule et six livres de salpêtre,*

(1) Le titre du manuscrit porte : *Incipit liber ignium a* Marco Græco *præscriptus, cujus virtus et efficacia est ad comburendum hostes tam in mari quam in terrá.*

et de réduire le tout ensemble en une poudre très fine dans un mortier de marbre. Il ajoute qu'en mettant une certaine quantité de cette poudre dans une enveloppe longue, étroite et bien foulée, on la fait voler, ce qui est bien la fusée, et que l'enveloppe au contraire avec laquelle on veut imiter le tonnerre doit être courte et grosse, à moitié pleine et fortement liée d'une ficelle, ce qui est exactement la description du pétard. Il donne ensuite différentes méthodes de préparer la mèche, et enseigne aussi le moyen de faire lancer une fusée en l'air, en renfermant l'une dans l'autre. Enfin il parle, comme on le voit, aussi clairement de la composition et des effets de la poudre à canon, que le pourrait faire un artificier de nos jours. J'avoue qu'il ne m'a pas été possible de déterminer bien précisément le temps où vivait cet auteur; mais ce qui me paraît fort probable, c'est qu'il devait exister avant le médecin arabe Mesué, qui a paru au commencement du xıx^e siècle, puisque celui-ci le cite (1). *

La poudre que la régie débite dans des boîtes de fer-blanc est excellente. Elle porte bien, mais sa grande force fait quelquefois trop écarter le plomb. Pour que la poudre soit bonne, elle doit être couleur d'ardoise. Quand on l'expose au soleil, rien n'y doit briller; le brillant prouve que le salpêtre n'est pas assez écrasé, ni mélangé suffisamment avec le soufre et le charbon.

(1) Dutens, *Origine des découvertes attribuées aux modernes,* tome ii, page 86. Paris, 1776.

Voici comment on s'y prend pour essayer la qualité de la poudre. On en jette une pincée sur une
feuille de papier blanc, puis on y met le feu. Quand
elle est bonne, elle s'enflamme subitement sans laisser sur le papier ni noirceur, ni flammèches, qui le
brûlent, mais seulement une tâche ronde couleur
gris de perle.

> *Atque has ut certis valeas dignoscere signis,*
> *Tale dabunt specimen, tu longo ex ordine grana*
> *Sparge solo, atque super flammam injice : si rapit ignem*
> *Protinùs, et nullus signat vestigia nigror :*
> *Hic tibi, cum patriæ tendes bellator in hostem,*
> *Cum spumantem aprum, aut celerem venabere damam,*
> *Præsto aderit, tu nunquam, illo fallente, dolebis*
> *Ereptam e manibus prædam, nec se tibi campis*
> *Impune armato contra ferat obvius hostis* (1).

La mauvaise poudre brûle ce qu'elle touche, parce
que le salpêtre et le soufre s'attachent au papier·
Quand elle a trop de charbon, elle laisse des taches
noires ; les taches sont-elles jaunes, elle a trop de
soufre. S'il reste sur le papier de petits grains en
forme de têtes d'épingles, mettez-y le feu ; s'ils s'enflamment, c'est du salpêtre, et la poudre est mal
battue et mal façonnée ; s'ils ne s'enflamment pas,
c'est du sel, et le salpêtre n'a point été bien raffiné.

Je puis vous donner encore une bonne méthode :
mettez une pincée de poudre dans un verre d'eau

______

(1) Ces vers sont extraits d'un fort joli poëme sur la poudre à canon.
Pulvis pyrius, auctore FRANC. TABILLON, societ. Jesu. Il se trouve dans
un recueil. *Varia de variis argumentis carmina a multis e societate
Jesu.* Paris, 1696, in-12.

claire; en se précipitant au fond tout de suite, sans rien laisser à la surface, elle prouve sa bonne qualité; sinon, non.

La poudre commune a moins de force que la poudre superfine, aussi le coup de plomb est beaucoup plus serré; mais elle crasse fort, le fusil est bientôt sale. Lorsque le gibier part de près dans le commencement des chasses, je préfère la poudre commune ; mais quand perdrix et lièvres ont vu le feu, qu'il faut tirer de loin, alors l'autre qualité devient indispensable. On peut aussi, dans tous les temps, chasser avec ces deux poudres soigneusement mélangées; je l'ai fait plusieurs fois, et j'ai trouvé les résultats excellents.

Si, dans le choix du fusil, votre préférence est tombée sur le système à culasse mobile, vous n'avez besoin ni de poudrière, ni de bourres, ni de sac à plomb. Il vous faut une giberne, des cartouches, une griffe ou crochet de fer pour enlever le petit culot en cuivre qui reste dans le canon quand le coup est parti, et un lingot de plomb pour le faire tomber lorsque le crochet n'y parvient pas, ce qui arrive souvent quand on a beaucoup tiré. Mais si vous avez un fusil à baguette, je vais vous indiquer les pièces qui doivent compléter votre équipement.

Il vous faut une poudrière; celle à coude, à genouillère offre plusieurs inconvénients que je vais vous dire. En bouchant l'orifice pour faire tomber la poudre, vous introduisez, plus ou moins, votre doigt, et la charge n'est jamais égale. Si vous suez, la poudre s'attache à votre doigt et se perd; si vous la jetez dans le canon, elle communique de l'humidité dans l'intérieur, et c'est encore pire; et puis, si par malheur un atome de papier enflammé se trouve dans le canon, le feu prend à la charge, se communique à la poudrière, tout part..... et alors...! Cela s'est vu quelquefois.

On fait à présent des poudrières à charges détachées, qui ne peuvent causer aucun accident : je les conseille à tous les chasseurs. La poudrière suspendue, avec son orifice en bas, tient toujours sa charge à votre disposition; en pressant un ressort, le dé garni de la quantité nécessaire vous reste dans la main, et l'opération, quoique moins prompte qu'avec la poudrière *Gosset*, ne peut devenir funeste; car si la charge s'enflammait, ce serait la charge seule, et vous en seriez quitte pour la peur ou quelques cheveux brûlés.

Jusqu'à ce jour, je m'étais servi de la poudrière *Gosset;* elle est extrêmement commode. Vous introduisez le bout dans le canon; en pressant un ressort, la charge tombe, elle est toujours égale. C'est fort bien, mais un atome de gravier, une centième partie de grain de sable qui se trouverait dans le magasin pourrait, par le frottement, produire une détonation; le feu pourrait prendre aussi comme à la poudrière à coude, dès lors il faut la rejeter. En chassant, toutes les précautions possibles sont nécessaires : le superflu lui-même est indispensable.

On fait des sacs à plomb dans le système Gosset,

ce sont les plus commodes, ils ne présentent aucun inconvénient.

On fait aujourd'hui d'excellentes bourres en papier-carton, épaisses, élastiques, résistantes; elles offrent tous les avantages qu'on peut désirer.

Ne vous servez, dans aucun cas, de bourres faites avec de la bourre, du chanvre et autres matières à filaments quelconques; les plus graves accidents pourraient en résulter. D'abord ces bourres s'enflamment toujours; si l'herbe est sèche, elles peuvent y mettre le feu qui se communique aux arbres : on a vu des parties de forêts brûlées de cette manière. Le vent peut les jeter sur une chaumière, dans une basse-cour, dans un grenier, le plus grand dommage peut s'ensuivre, et les compagnies d'assurances vous chercheraient querelle, et puis les périls que j'ai signalés en parlant de la poudrière à coude seraient bien plus fréquents, parce qu'il restera plutôt dans le canon un poil de bourre, un filament de chanvre, qu'un morceau de papier. Je sais fort bien que tous ces cas sont rares; mais n'arriveraient-ils qu'une fois en dix ans, ce serait bien assez; les chasseurs qui ont été blessés de cette manière vous diront que c'est beaucoup trop.

Le fusil doit être lavé souvent, toutes les fois qu'on a tiré quinze ou vingt coups; servez-vous d'une baguette de bois ou de fer terminée par une éponge, un morceau de linge ou de la filasse. Il faut le laver à l'eau chaude, le bien essuyer, et passer ensuite à l'extérieur un linge huilé. Mais auparavant, posez toujours vos capsules pour éviter qu'une parcelle d'huile ne s'introduise dans les cheminées. Ce linge huilé doit être passé de tous les côtés sur le bois et sur les platines qu'il faut démonter, visiter, nettoyer de temps en temps. Il est nécessaire d'ôter les cheminées chaque fois qu'on lave le fusil ; on doit bien les essuyer, et frotter la vis avec un peu de suif ; le suif est ici préférable à l'huile, car elle suinterait dans l'intérieur du canon, et les premiers coups rateraient.

Je vous fais grâce des ennuyeux détails pour vous apprendre à démonter et remonter une platine de fusil ; si vous ne le savez pas, un compagnon armurier vous instruira mieux dans cinq minutes, les pièces à la main, que je ne pourrais le faire en écrivant quatre pages.

Lorsqu'on va chasser par un temps humide, brumeux, ou qu'on craint la pluie, il faut avoir soin de souder le canon au bois du fusil avec du suif. Cette précaution empêche l'eau de pénétrer, elle glisse ; au retour, on démonte l'arme, on essuie en tout sens à plusieurs reprises, en terminant l'opération par le linge huilé.

La carnassière doit être en bonne peau, garnie à l'intérieur de plusieurs poches ; il ne faut pas qu'elle soit aussi grande que celle de M. Des Achards.... Vous voudriez bien savoir l'histoire de cette carnassière. Je ne demande pas mieux que de vous la dire, ainsi vous voyez que nous sommes d'accord.

M. Des Achards était frère de l'évêque de Cavaillon ; un jour, en chassant aux grives, il voit quelque chose de noir remuant derrière une haie ; il s'approche à petits pas, retenant son haleine : le quelque chose est immobile. C'est une grive posée ; il a grand soin de viser en dessous, il tire.... et tue.... un mulet.

Le quelque chose était ce précieux animal issu de l'âne et de la cavale, dont les oreilles, par une illusion d'optique, avaient présenté l'image d'une grive à l'apprenti chasseur. Le mulet fut payé, le propriétaire promit de garder le secret ; mais, dans une petite ville, un secret est-il possible ? Le lendemain le chasseur va faire sa visite accoutumée à monseigneur l'évêque ; il trouve Sa Grandeur entourée de plusieurs femmes cousant deux draps ; des bretelles d'énorme dimension vont être adaptées au sac gigantesque. Notre homme regarde.... à quoi tout cela peut-il servir ? D'où vient que Monseigneur a des ouvrières dans son cabinet ?... Ne pouvant le deviner, il le demande ; c'était la meilleure manière pour le savoir.

— Mon frère, lui répond l'évêque, c'est pour vous qu'on travaille ; vous tuez du gibier de telle dimension, qu'une carnassière ordinaire ne peut vous suffire ; j'en fais fabriquer une à votre taille ; il faut que le contenant soit au moins aussi grand que le contenu.

Nous avons dit que la carnassière devait être garnie de plusieurs poches ; on en destine une au petit portefeuille renfermant le port-d'armes et les permissions de chasse. Une autre contient le tourne-vis, les cheminées de rechange, un tire-bourre pour suppléer celui de la baguette, qui rarement est assez fort; le couteau, le gobelet pliant en cuir, et le petit paquet de capsules pour servir de parc de réserve. Les bourres de papier doivent être placées dans la grande poche en quantité suffisante pour en prendre tout de suite sans chercher. On met le gibier dans un filet à l'extérieur; une peau le recouvre pour le préserver du soleil et de la pluie.

Quand la chaleur sera grande, je vous engage à vous servir de la carnassière italienne. C'est un panier d'osier fort léger d'une forme oblongue, convexe d'un côté, concave de l'autre, de manière à s'adapter parfaitement sur le corps. Le gibier ne se trouve pas pressé comme dans les carnassières en peau, l'air circule à travers les brins d'osier, perdreaux et lièvres s'y trouvent fort à l'aise. Plusieurs chasseurs ont adopté la mode italienne, ils s'en trouvent très-bien.

Par un temps chaud, il arrive souvent que le gibier tué le matin est gâté le soir, s'il est resté toute la journée à l'ardeur du soleil. On fera bien, quand ce sera possible, de s'en débarrasser plusieurs fois, en l'envoyant au point de réunion pour être déposé dans un endroit frais. Dans le cas où ceci présenterait quelques difficultés, il existe un moyen de conserver le gibier dans la carnassière. Au moment où vous venez de tuer une pièce, ayez soin de lui enlever les boyaux, vous éviterez une prompte décomposition. On introduit *quelque part* un petit morceau de bois en pointe, on saisit le boyau, l'écheveau se dévide, et le gibier, débarrassé de matières d'où se dégagent certains gaz délétères, se conserve encore plusieurs jours.

Vous êtes armé de toutes pièces, il ne vous manque plus qu'un sifflet de cinquante centimes, que vous suspendrez au cou par un cordon. Il vous sera nécessaire pour rappeler votre chien s'il s'écarte trop.

CHAPITRE III.

HABILLEMENT DU CHASSEUR.

—

> L'homme bien vêtu qui tire mal ou ne
> tire pas, le limier qui s'arrête, le chien
> d'arrêt qui court, le lévrier qui dort, sont
> quatre bêtes inutiles.
>
> *(Traduction d'une vieille légende espagnole.)*

Pour se déguiser en chasseurs, les élégants n'épargnent rien. Semblables aux coquettes, ils ont des négligés qui coûtent plus cher que des toilettes de bal, et cela dans l'espoir que les dames en perdront le repos et l'appétit, que leur teint se fanera, qu'elles en mourront peut-être, comme il arrive tous les jours, ainsi que chacun sait. Et puis quand ils ont vu les ravages causés par leur costume, quand au rose de deux belles joues a succédé la couleur hâve et plombée, ces messieurs triomphent.... Oh! les scélérats! Pauvres femmes, que je vous plains!

Les plus beaux à la chasse sont toujours les moins adroits : les plus belles carnassières sont toujours à peu près vides : c'est le résultat de mille observations. Règle générale : il faut que le chasseur soit parfaitement libre dans ses mouvements, qu'il ne soit gêné d'aucune manière ; cette condition remplie, il peut choisir la forme et la couleur de ses vêtements. Toutefois, je me permettrai quelques conseils, ma longue expérience m'en donne le droit.

Commençons par les souliers. Ils doivent être forts, souples, assez grands pour que le pied soit bien à l'aise. Il faut que la semelle ait une saillie de 9 ou 11 millimètres qui dépasse l'empeigne ; de cette manière, les cailloux que l'on rencontre en marchant vite sont repoussés ; on n'a pas besoin de choisir la place où posera le pied, on va toujours sans jamais se blesser.

La guêtre en peau de veau doit bien emboîter la jambe et le pied ; il faut que chacun la fasse confectionner pour soi ; rarement une guêtre faite d'avance va bien. Elle doit monter jusqu'à la naissance du mollet chez les chasseurs à mollets, ou jusqu'à sa place chez ceux qui n'en ont pas. Quand on chasse dans des taillis pleins d'épines, ou dans des landes, la grande guêtre montant sur le genou devient indispensable.

Le pantalon de toile ou de drap, suivant la saison, tombant sur la guêtre, si le temps est sec, ou ployé dans la guêtre, s'il pleut ; car, dans ce cas, le pantalon flottant ramasse beaucoup de boue, ce qui rend la marche lourde et fort désagréable.

Le gilet de flanelle sur la peau, quelque temps qu'il fasse ; plus il fait chaud, plus il devient nécessaire. C'est une règle d'hygiène qu'on ne regrettera point d'avoir suivie ; elle empêche les rhumes, les fluxions de poitrine, et donne la faculté de se reposer sous un arbre sans crainte de se refroidir.

La chemise de bonne et forte toile, moins facile à s'imprégner de sueur que celle en percale, en calicot, résiste mieux aux grands mouvements des bras, ne se déchire jamais, se colle moins sur la peau ; trois avantages que n'ont point les tissus de coton, surtout quand ils sont mouillés.

Les bretelles en caoutchouc blanc ou bien en coton blanc ; cette couleur est préférable pour que la chemise ne soit point marquée d'une croix peinte sur le dos. Les bretelles avec élastiques de cuivre doivent être toujours rejetées. Le cuivre s'oxyde par la sueur, et la chemise est teinte au vert de gris.

La cravate légère, flottant autour du cou sans être serrée, ou, ce qui vaut encore mieux, pas de cravate.

Et puis la blouse bleue, la blouse d'origine grecque, romaine, gauloise, est le vêtement par excellence. Il a traversé les siècles, a vu toutes les modes naître et mourir ; il fut le premier habit de l'homme, c'est un habit naturel. Le premier tissu fabriqué devint probablement une blouse ; l'art du tailleur a commencé par là ; depuis on a fait de plus jolies choses, mais jamais de plus commodes ; aussi la blouse est restée, elle restera jusqu'à la consommation des siècles.

Les vestes, les redingotes de chasse qui dessinent la taille, rendent les mouvements des épaules, des coudes, moins libres. Ce qu'elles vous donnent en élégance, elles vous l'ôtent en commodité : je conseille donc la blouse, la blouse de toile, la blouse de toile bleue. Celles en coton se déchirent trop facilement quand on traverse un fourré; la pluie glisse moins par-dessus. Celles de couleur claire sont trop vite sales, et lorsqu'on vient de tuer un lièvre, il est assez désagréable d'avoir l'air d'un garçon boucher. Je conseille la couleur bleue, parce que le gibier la connaît plus qu'une autre. Les laboureurs, les bûcherons, les char-retiers portent presque en tout pays des blouses bleues. Ces gens-là, quand ils travaillent, ne font pas peur aux perdreaux qui viennent souvent manger tout près d'eux, et quelquefois en labourant, maître Pierre tire son fusil rouillé qui fait un grand ravage au milieu de la compagnie. La blouse de toile est bonne en toute saison; mais en hiver direz-vous, elle sera trop froide. C'est surtout en cette saison qu'elle est préférable. En mettant par-dessous un bon gilet de laine, ou deux chemises, on a suffisamment chaud, et quelle différence avec une veste de drap, dont les plis nuisent toujours à la promptitude des mouvements.

Terminons par la coiffure. La casquette à visière est bonne en automne, en hiver, quand le soleil n'est pas très-chaud, lorsqu'il fait du vent ou que le temps est brumeux. Au mois de septembre, si le soleil darde ses rayons brûlants sur votre tête, la casquette ne peut garantir ni votre cou ni vos joues; prenez alors

3.

le chapeau de feutre blanc à grands bords plats, larges de 10 centimètres.

Je sais que nos fashionables lèveront les épaules en me lisant, si tant est qu'ils me lisent; ils renonceront difficilement aux boutons ornés de têtes de loup, de hures de sangliers. La chasse, pour la plupart d'entre eux, n'est qu'une occasion de paraître avec avantage sous un costume élégant, nouveau, pittoresque, en présence de belles dames qui les accompagnent en calèche ou les attendent au retour. Ceux là courent d'autre gibier que le lièvre et la perdrix; ils font de la galanterie, ils ne sont pas chasseurs. Cependant je leur dirai que toujours de l'élégance n'est pas de l'élégance; on fait peu d'impression quand on est toujours beau, toujours frais, tiré sans cesse à quatre épingles. Les contrastes produisent bien plus d'effet; celui qu'on a vu le matin vêtu comme un roulier, gagne beaucoup au salon, quand il a repris son habit coupé par Blain, son pantalon dessiné par Schwartz, et son gilet exécuté par Blanc, car je sais qu'un jeune homme qui se respecte doit avoir trois tailleurs. Et la chose est facile à comprendre : l'homme ne vit pas assez longtemps pour s'illustrer dans plusieurs arts, heureux si dans un seul, en travaillant toujours, il réussit à se faire un grand nom, à devenir une célébrité de son époque, et de même qu'un habile chimiste ne peut être à la fois bon peintre et fameux astronome, un tailleur, après avoir médité les contours gracieux du gilet, n'a plus de sève pour aller jusqu'aux mystères du pantalon. Je vais vous prouver à ma ma-

nière, c'est-à-dire en vous racontant une petite anecdote, que les contrastes du costume sont d'une utilité
positive en galanterie pratique.

Nous avions au régiment un officier fo rt beau garçon, homme à bonnes fortunes, lovelace de garnison; nous le nommions le don Juan de l'Empire. Avant
d'aborder l'historiette que j'ai promise, je veux donner une idée de mon héros. Je le rencontre un jour:

— Je t'ai vu hier au soir, je t'ai bien reconnu; tu
te promenais avec une dame, l'entretien paraissait
fort tendre, et certes ce rendez-vous ne pouvait exciter
la jalousie de personne. Comment un homme qui dans
les boudoirs de Varsovie occupe un rang si distingué,
peut-il gaspiller son temps avec une petite femme
laide, noire, sotte?... car celle-là réunit essentiellement ces trois qualités.

— Qu'importe qu'elle soit laide? les inconvénients
de l'âge se feront moins sentir, elle sera moins sujette
à changer : la beauté passe et la laideur reste. Noire,
ce n'est un défaut qu'en plein jour; sotte, on en est
quitte pour ne rien dire. Au reste, voici le véritable
motif de mon rendez-vous avec elle. J'ai soin de tenir
note exacte de toutes les femmes, veuves ou filles,
qui m'ont fait l'honneur d'avoir quelques bontés
pour moi. Mon catalogue a la forme alphabétique,
c'est plus facile à consulter. Je n'avais personne à la
lettre Z, et celle-ci se nomme Zoé.

— C'est très-flatteur pour elle.

Venons à mon histoire.

Nous demandions un jour à notre don Juan, lequel

était préférable auprès des dames : de l'uniforme ou
de l'habit bourgeois, de la grande toilette ou du négligé. Tout est bon, nous répondit-il, mais il faut
chaque jour se présenter avec un léger changement
dans le costume; affecter une grande insouciance à
cet égard, et surtout une extrême propreté. L'uniforme plaît beaucoup aux dames; cependant, loin
d'en faire parade auprès d'elles, ayez l'air de ne l'en-
dosser que par devoir. Sous les deux costumes, les
éperons sont de rigueur. Vous vous moquez de moi,
parce que je nourris un mauvais cheval qui ne vaut
pas cinquante francs; sachez que je n'en ai pas besoin, et que je ne le monte jamais. Je ne le garde que
pour avoir le droit d'en parler et de porter des éperons. En bourgeois comme en militaire, il faut toujours en avoir aux talons; il faut, pour ainsi dire,
coucher avec. J'en ai fait clouer à toutes mes bottes :
il est possible que j'en fasse mettre à mes pantoufles.

En habit bourgeois, parlez de guerre, de batailles,
des plus grands dangers, avec insouciance :

> Ayez toujours en bouche, angles, lignes, fossés,
> Vedettes, contrescarpe et travaux avancés.

Les dames n'y comprennent rien et trouvent cela superbe. En uniforme, au contraire, ne leur parlez que de
plaisirs et de bals, de spectacles et de modes; enfin de
colifichets, de niaiseries : ces conversations plaisent
beaucoup aux femmes. Toutes ces antithèses de costumes et de discours produisent un très-bon effet, je l'ai
toujours remarqué. Racontez, par ci par là, quelque

aventure où vous avez échappé miraculeusement à la
mort : quand on n'en a point on en fait. Midi sonnait
quand vous vous êtes levé, qu'importe? dites que toute
la matinée vous avez couru sur votre cheval pour le
dresser, chose fort difficile, car il est indomptable.
Votre rosse ne va jamais qu'au pas, et ne prend le trot
qu'avec un grand renfort de coups de cravache, c'est
égal ; dites qu'elle vous a fait *des farces.* Assaisonnez
votre récit de beaucoup de détails, brodez, brodez
toujours, et tâchez de faire croire que tout autre à
votre place eût été désarçonné.

Tous ces bavardages intéressent, agitent, prépa-
rent la catastrophe, et quand vous croirez le moment
arrivé, ne manquez jamais de revêtir le grand uniforme, depuis le plumet jusqu'aux éperons, c'est indispensable *pour frapper un grand coup.*

Ah ! si ce pauvre Rouget n'avait pas été tué par un
boulet de canon à la bataille de Ratisbonne, nous aurions aujourd'hui *un cours complet de galanterie,* qui
manque à notre littérature. Ce livre serait bien nécessaire dans l'état où se trouve notre société ; car
enfin les bonnes traditions se perdent, l'attaque devient moins puissante et moins efficace, parce que
tous les jours les dames se défendent beaucoup
mieux.

CHAPITRE IV.

LE DÉPART; LA CHARGE.

—

Tout est disposé, le grand jour a paru; l'ordonnance du préfet, affichée à tous les coins de rues, a permis la guerre aux perdreaux. Le lièvre tranquille dans son gîte, et qui, depuis le 1ᵉʳ mars, se croyait en paix avec l'homme, va bientôt voir que cette paix n'était qu'une trève et que cette trève est finie. Ah! combien de malheureux perdreaux, d'innocents lapins, vont aujourd'hui quitter l'ombrage frais d'une luzerne pour l'air brûlant de la cuisine! que de cailles prêtes à partir pour l'Afrique et l'Asie verront leurs projets avorter! Hélas! elles s'étaient engraissées pour résister mieux à la disette du voyage, et leur croupe jaunâtre va satisfaire notre sensualité gas-

tronomique. Dieu les créa pour être mangées au second service; elles subissent leur destin. Quelques
profanes les mangent en entrées; mais dans un autre
moment je prouverai que c'est une erreur grave; en
attendant, gardez-vous d'imiter ces gens-là.

Un aimable philosophe, M. Antony Deschamps,
me fit un jour cette question :

— Croyez-vous qu'il soit permis à l'homme de tuer
une perdrix?

— Certainement, lui dis-je; quand l'homme est
muni d'un port-d'armes, que la chasse est ouverte,
et qu'il est sur des terres où son droit de chasser ne
peut être contesté par personne.

— Vous ne me comprenez pas : je vous demande
si vous pensez que l'homme, réunissant d'ailleurs les
trois conditions indiquées, a le droit de tuer une perdrix, créature de Dieu?

— Oui, sans doute, mais à condition qu'il la mangera.

— Vous croyez donc qu'on peut manger une perdrix?

— Certainement, quand elle est cuite à point.

— Pythagore... l'abbé de Saint-Pierre...

— Disent le contraire, je le sais; tant pis pour
eux; nous devons les plaindre. Écoutez-moi. Je pose
ce dilemme : ou nous devons manger les perdrix, ou
les perdrix doivent nous manger; voilà toute la question, vous ne pouvez pas en sortir. Or, elles font par
an quinze à vingt petits; restez dix années sans en
tuer, et leur nombre égalera celui des guêpes et des

moucherons; alors plus de blé, plus d'avoine, plus de raisins. *Ergò*, mangeons des perdrix, puisqu'il nous faut des chevaux; mangeons des perdrix, puisque nous aimons le vin de Bourgogne; et par la seule raison que nous ne pouvons nous passer de pain, mangeons des perdrix.

Ce droit de manger des perdrix vient de Dieu lui-même, qui, lors de la création, dit au premier homme, Adam, notre grand-père à tous, et puis à Noé : « Vous « serez maîtres de tous les animaux (1) », *manui vestræ traditi sunt*, ce qui signifie que les animaux sont livrés à votre main, nécessairement pour que la main les porte à la bouche. Ainsi mangez de tout ce qui vous paraîtra bon. L'homme n'est pas fait pour brouter l'herbe; ses dents canines le prouvent. Pythagore, l'abbé de Saint-Pierre étaient de fort honnêtes gens, mais ils n'entendaient rien à la cuisine; laissez-les dire, et mangez toujours; d'ailleurs il est positif que si l'on écoutait tout le monde, on ne mangerait personne.

Du moment que votre chien vous a vu couvert de la blouse, qu'il a flairé les guêtres, il a prévu les grands événements de la journée. Voyez, examinez, la joie brille dans ses yeux; il jappe, il crie, il se roule, le

(1) *Præsit piscibus maris et volatilibus cœli et bestiis, universæque terræ, omnique reptili, quòd movetur in terrâ.*

Genèse, ch. v, v. 26.

Et terror vester ac tremor, sit super cuncta animalia terræ, et super omnes volucres cœli. Cum universis quæ moventur super terram, omnes pisces maris manui vestræ traditi sunt.

Genèse, ch. ix, v. 2.

sable vole sous ses pattes : semblable au cheval de
bataille entendant le son de la trompette, rien n'égale
son impatience. Cette vue est un premier plaisir:
votre chien serait malade si vous ne partiez pas;
partons.

L'heure la plus favorable pour entrer en chasse
est celle où la rosée disparaît. Les troupeaux sont à
l'étable; ils n'ont point encore effrayé le gibier : les
voies de la nuit sont plus fraîches, et les chiens rencontrent mieux. Si vous allez en voiture, que votre
fusil soit toujours déchargé; quand il s'agit d'armes
à feu, ce n'est pas trop de mille précautions. En ar-
rivant sur les terres où vous pouvez chasser, il faut
charger les armes.

Si vous avez un fusil à culasse mobile, rien n'est
plus simple que d'introduire vos cartouches et d'a-
morcer. Il existe même, comme je vous l'ai déjà dit,
un nouveau perfectionnement : les fusils à brochette,
où la charge est amorcée. Mais supposons que vous
avez un fusil à baguette, il s'agit de le charger.

Avant de procéder à cette importante opération,
il est indispensable de mettre une demi-charge de
poudre dans chaque canon, et de la tirer en l'air
sans bourre : cela s'appelle flamber le fusil. Si quelque
corps étranger s'était introduit dans le tonnerre,
l'explosion l'en ferait sortir; s'il était trop gros pour
s'échapper, l'arme raterait, vous démonteriez les
cheminées en recommençant l'opération. Aussitôt
après, sans souffler dans les canons, comme certains
chasseurs en ont la mauvaise habitude, vous intro-

duisez les deux charges de poudre, une de chaque côté. Si, dans la chaleur de l'action, vous en mettiez deux dans le même canon et rien dans l'autre, vous vous en apercevriez facilement à la hauteur de la baguette, lorsque vous assurerez vos bourres ; elle serait plus élevée d'un côté que de l'autre , alors i faudrait décharger au tire-bourre. Il est souvent dangereux de faire partir une double charge ; le moins qu'il puisse en résulter, c'est un bon soufflet dont vous ne pourriez demander raison qu'à vous-même.

> L'arquebuse souvent vaut un bien bon ami ;
> Elle défend son maistre encontre l'ennemi :
> Que si en la chargeant tu tiens juste mesure ,
> Mieux t'en pourras servir : mais si tu n'en as cure
> Ains par témérité tu la charges trop fort
> Tu seras le premier qu'elle mettra à mort (1).

Chaque chasseur a son système sur la quantité de poudre et de plomb qu'il emploie ensemble. Ce serait une grande erreur de croire qu'avec une charge plus forte, on aurait plus de chance de succès. Un vieux proverbe dit : qu'il faut être *chiche de poudre et large de plomb ;* les Espagnols répètent : *Poca polvera, perdigones hasta la boca.* Cependant il ne faudrait pas tomber d'un excès dans un autre. La différence des armes, celle de la poudre, l'état de l'atmosphère, doivent nécessairement influer sur votre détermination. Il est bon que chacun essaie son fusil avec

(1) *Emblèmes nouveaux*, par Jacques de Zettre, Francfort, 1647, in-4°.

différentes charges. Celle qui garnira mieux à quarante pas, sera la meilleure. Toutes les poires à poudre sont graduées ; éprouvez successivement tous les degrés avec diverses quantités de plomb de différents numéros, ensuite choisissez.

Vous avez fait tous ces préparatifs d'avance ; le dé de votre poudrière est exactement de la capacité voulue, la charge est dans le canon. Placez une bourre de chaque côté, frappez deux bons coups avec la baguette, comme les soldats font à l'exercice. Cependant il ne faut pas trop bourrer, car alors la poudre s'écrase, prend feu difficilement, et le recul est plus fort. Bien plus, la poudre trop fortement comprimée peut s'enflammer d'elle-même : on en a vu de funestes exemples.

Mettez votre plomb ; tassez-le sur la bourre, en frappant un léger coup par terre avec la crosse, ou sur le canon avec la main, ensuite coulez vos deux bourres. Celles-ci ne doivent point être tapées, il faut seulement les assurer en appuyant fortement sur la baguette. Quelques chasseurs se contentent de descendre la bourre jusqu'au plomb sans l'appuyer, ils ont tort ; à chaque mouvement du fusil, la pesanteur du plomb repousse la bourre, et bientôt il s'échappe en entier.

Dans les premiers jours de la chasse, on se sert du plomb n. 8 ou 7 ; plus tard, on prend le 6, et puis le 5, et enfin le 4. Plus le plomb est petit, plus il garnit, moins il va loin. La portée ordinaire est de vingt à trente pas avec les n. 7 ou 8 ; de trente à quarante avec les n. 6 ou 7; de quarante à cinquante avec les n. 5 et 6; et de soixante ou soixante-dix avec le 4. Il arrive que l'on tue à des distances bien plus éloignées; mais dans ce cas, il faut croire au hasard plus qu'au bien joué. Si vous tirez hors des portées que je viens d'indiquer, visez plus loin ou plus haut, c'est nécessaire pour avoir une chance de succès. Nous ne faisons pas un cours de physique, par conséquent je ne vous parlerai pas des lois qui régissent le plomb sortant du fusil; je vous fais grâce de la force centripète et de la parabole; nous n'avons pas le temps, vous et moi, de considérer les causes; les résultats nous suffisent.

Le plomb écarte trop s'il n'est pas bien rond et de grosseur égale; c'est ce qu'on doit examiner en l'achetant. Lorsque je choisis du plomb et que j'hésite entre deux numéros, je me décide toujours pour le plus petit, c'est-à-dire pour le plus petit plomb, parce qu'il garnit mieux. On manque souvent, si l'on tire de loin; mais aussi que de coups tirés à bonne distance réussissent! croyez-moi, la compensation est tout à l'avantage du chasseur. Avec des chevrotines, il pourra tuer une perdrix à cent cinquante pas, mais il en manquera trente de suite à vingt pas. Quelques chasseurs, et je suis de ce nombre, ont l'habitude en automne de charger leurs deux coups avec du plomb de numéros différents; on tire de près avec le premier coup, et de loin avec le second.

Gardez-vous de mettre les capsules avant de charger votre fusil. Cette opération ne doit se faire qu'après. La capsule mise d'avance empêche l'air, repoussé par la charge, de sortir, et la cheminée pleine d'air ne se remplit pas de poudre. Lorsque vous n'avez tiré qu'un coup, ayez toujours la précaution d'abattre le chien du côté qui n'est point parti ; dans tous les cas, en chargeant votre arme, tenez le bout de vos canons le plus loin possible de votre tête.

Quand vous chargez un côté, ne laissez jamais la baguette dans l'autre. Un grain de plomb peut s'engager entre la baguette et le canon, et vous ne pourriez plus la retirer. Ce manque de soin m'a fait perdre une fois la plus belle journée de chasse. Je suis revenu tout seul, la carnassière vide,

Honteux comme un renard qu'une poule aurait pris.

J'ai dû faire porter mon fusil chez l'armurier.

Si les deux coups sont déchargés, il faut toujours les recharger ensemble. Si pour être plus tôt prêt, on n'en chargeait qu'un seul, il pourrait arriver que plusieurs grains de plomb, tombant dans le canon vide, fissent rater le fusil lorsque plus tard on le chargerait. Il faudrait alors décharger au tire-bourre, et loin de gagner du temps, on en perdrait. Lorsqu'on n'a tiré qu'un seul coup, et qu'on vient de le charger, il est bien de glisser la baguette dans le canon qui n'a pas fait feu, pour appuyer la bourre. Souvent il arrive qu'elle est déplacée par l'effet de la commotion voisine, ce qui peut occasionner de graves accidents.

Au mois de septembre, quand il fait très-chaud,

les canons du fusil deviennent brûlants lorsqu'on a tiré quelques coups; il faut alors diminuer la charge de poudre, elle produira des effets plus forts que la charge ordinaire par un temps froid. Si vous ne preniez pas cette précaution, la violence du coup serait tellement grande, que le chien du fusil reviendrait sur lui-même jusqu'au cran du repos. La force de la poudre est augmentée par le soleil qui dessèche toutes les parcelles humides qu'elle renfermait. Ce principe une fois reconnu, lorsque le temps est pluvieux, il est bien d'augmenter la charge.

Règle générale : quand vous ferez usage du tire-bourre, ôtez toujours vos capsules. Il ne suffit pas d'abattre les chiens; quelquefois la baguette éprouve de la résistance, on ne peut pas la retirer tout seul, on se fait aider par quelqu'un : l'un tire la baguette, l'autre tient le fusil. Dans ce mouvement de va-et-vient, un caillou, une branche d'arbre, touche le chien; il se relève de la moitié d'un cran, il n'en faut pas tant pour le faire partir. A ce sujet, je dois vous dire que les armuriers de Paris ont inventé un cran de sûreté pour prévenir cet accident. J'engage les chasseurs à le faire adapter à la platine de leur fusil.

Vous avez chargé, voyez si la poudre garnit l'intérieur des cheminées; dans le cas contraire, introduisez-en quelques grains; posez vos capsules, assurez-les en abattant les chiens sans secousse; armez, et marchons.

CHAPITRE V.

LE VENT, LA MARCHE.

—

Pour être bon chasseur, il ne s'agit pas
seulement de savoir bien tirer, il faut encore savoir bien chasser.

Aphorisme du professeur.

Commencez d'abord par prendre le vent, c'est-à-
dire que, s'il vient du nord, il faut marcher vers le
nord ; s'il vient du midi, vous devez marcher vers le
midi ; vous feriez de très-mauvaise besogne en manœuvrant d'une autre manière : deux inconvénients
graves en seraient la suite nécessaire ; le gibier entendrait le bruit de vos pas, et votre chien ne senti-
rait point le gibier. Le contraire arrive lorsqu'une
brise légère frappe en plein votre visage ; elle apporte
au nez du chien les particules odorantes émanées du
lièvre ou de la perdrix : semblable au mineur qui

suit dans la terre un filon de métal, le chien suit
cette ligne invisible d'atomes impalpables, et trace
votre marche. Si vous pouvez chasser partout, vous
devez suivre cette règle d'une manière absolue; mais
si le terrain où vous manœuvrez se trouve borné par
des limites que vous ne devez pas franchir, elle est
susceptible d'exceptions. En suivant des perdreaux
au vent, si vous êtes assez près des terres du voisin
pour craindre qu'ils aillent s'y réfugier, marchez en
sens contraire, poussez-les au loin sur les vôtres, là,
reprenez le vent, tirez, et vous aurez encore la faculté de les revoir à la remise. Si vous agissiez diffé-
remment, le premier coup de fusil vous priverait de
vos perdreaux, que vous ne reverriez plus de la journée, à moins que le voisin ne voulût vous rendre le
même service. Je sais bien qu'en manœuvrant ainsi
vous avez peu de chances de tirer les lièvres, mais
aussi vous ramassez vos perdreaux chez vous, et
bientôt la guerre recommençant d'une manière sé-
rieuse, vous en ferez une ample récolte.

Il ne s'agit pas d'aller loin, il faut beaucoup marcher, explorer toutes les pièces, ne rien oublier, ne
pas laisser une touffe d'herbe sans la visiter. Vous
venez de battre à bon vent une pièce de luzerne; si
tout près il s'en trouve une autre, il ne faut pas la
descendre à mauvais vent; il vaut mieux revenir par
la pièce déjà battue pour remonter à bon vent dans la
nouvelle pièce. Ces marches et contre-marches sont
toujours nécessaires et souvent très-utiles; le lièvre
qui n'est point parti la première fois, déboule à la

seconde, et vos pas sont bien payés. Je ne demande
point pardon à messieurs de l'Académie pour le mot
débouler, il est technique, il dit fort bien ce qu'il veut
dire. Pourquoi l'ont-ils oublié dans la dernière édition de leur Dictionnaire (1)?

Quand la pièce est large et longue, on la prend à
plusieurs fois en descendant toujours par l'endroit
déjà battu, car il ne faut jamais marcher qu'à bon
vent sur le terrain vierge, en ayant cependant égard
à ce que nous avons dit plus haut relativement au
voisin. On peut aussi prendre la pièce en travers ;
dans ce cas, vous présentez au vent tantôt le côté
droit, tantôt le côté gauche, en traçant des zigzags
de vingt-cinq à trente degrés. Lorsqu'on a beaucoup
de terre à parcourir, cette méthode est bonne, mais
si vous en avez peu, ne la suivez jamais.

Dans ce cas, il faut économiser et ne pas gaspiller.
Arrêtez-vous de temps en temps, soyez tout yeux et
tout oreilles. Un chasseur qui marche toujours passera dix fois près d'un lièvre qui ne bougera point.
Ce mouvement régulier de ses pas est loin de l'effrayer ; mais s'il s'arrête, le lièvre part aussitôt. On
comprend facilement le calcul du lièvre, si toutefois
le lièvre calcule ; je le crois, puisque La Fontaine nous
a dit qu'il songeait. « Les premiers pas ne m'ont fait
aucun mal, les seconds non plus, peut-être les autres
feront de même ; voilà comment raisonne le lièvre.
On a marché, je n'ai pas eu de mal, on ne me voit

(1) Pour ce mot et pour beaucoup d'autres, voyez le *Vocabulaire* à
la fin du volume.

4.

pas ; tant qu'on marchera, je resterai blotti : mais
on s'arrête, donc je suis vu ; j'étais bien quand on
marchait, je suis mal quand on s'arrête, et sauve qui
peut ! »

Il ne faut pas toujours compter sur le nez du chien ;
il est des circonstances où le meilleur de ces animaux passera près d'un lièvre sans le sentir. Par
exemple : lorsqu'il fait très-chaud, très-sec, si le
chien n'a pas bu depuis longtemps ; si vous chassez
dans un trèfle, un sainfoin, une luzerne en fleurs ;
dans ce cas, le parfum qui s'exhale de tous ces milliers de pétales ouverts neutralise l'odeur du gibier ;
quand une bouffée de vent agit en sens contraire, au
moment où le chien passe près du lièvre. Il m'est
arrivé de faire partir un de ces messieurs en redes-
cendant une pièce déjà trois fois battue ; j'avais passé
si près de lui, qu'on voyait l'empreinte de mon talon
à 5| centimètres de son nez ; il dut avoir bien peur,
le malheureux lièvre !

Quand vous marchez le fusil armé, votre main
droite doit être à la poignée de l'arme et jamais près
de la détente. Un caillou peut vous occasionner un
faux pas, et le coup partirait. Maintenez toujours le
bout du canon dans une position élevée, de sorte que
les voisins ne puissent être victimes d'un fâcheux
hasard. Le fusil doit faire un angle de quarante-cinq
degrés avec l'horizon.

Si je vous donne des conseils profitables à vos
compagnons, je ne vous les épargnerai pas non plus
pour vous-même. Défiez-vous des jeunes chasseurs ;

si vous marchez de front avec eux, soyez plutôt en
arrière qu'en avant; ces gens-là perdent la tête à la
vue d'un perdreau; le lièvre leur donne des vertiges,
et le faisan des convulsions. Il tirent toujours, n'importe comment; leur voisinage est fort dangereux, il
est bon de se tenir hors de portée; quant à moi, je
ne chasse jamais si bien que lorsque je suis seul. En
compagnie, il faut trop faire attention aux autres,
et pour eux et pour soi. S'il part une pièce, tous
veulent la tuer; tout le monde se presse et tout le
monde manque. J'ai vu des lièvres recevoir vingt,
trente coups de fusil, et ne s'en porter que mieux.

Celui qui marche le plus est celui qui voit le plus
de gibier; mais il faut bien marcher; il ne faut pas
aller en étourdi bouleverser toute la plaine, effrayer
inutilement lièvres et perdreaux pour les jeter sur
les terres de vos voisins, où vous ne pourriez pas les
aller chercher.

Un bon chasseur, en général habile, étudie son
champ de bataille; en un instant il a vu ses pièces
de betteraves, de luzerne ou de sarrasin, ses chaumes
et ses guérêts; son plan est fait; il sait déjà tout le
parti qu'il tirera de la position du terrain; son coup
d'œil d'aigle a vu l'avantage que doit lui donner le
vaste champ de pommes de terre ou le taillis comme
pivot de ses opérations. Il chasse de la circonférence
vers le centre, pénètre dans le bois quand il est bien
garni, repousse le gibier en plaine pour le faire encore rentrer dans le bois.

Imitez ce chasseur; à chacune de ces manœuvres

votre carnassière s'enflera; bientôt débordant par-
dessus le filet, cailles et perdreaux tomberont à
chaque pas; leur poids, agréable d'abord, finira par
devenir incommode, et hâtera votre retour. Comptons
un peu les jouissances que ce gibier vous a données:
1° en le cherchant; 2° quand vous l'avez rencontré;
3° lorsque l'arrêt bien marqué du chien, accélérant
les pulsations de votre cœur, vous a donné ces déli-
cieuses émotions que les profanes ignorent; 4° lorsque, en tirant, votre œil a vu tomber la pièce; 5° quand
votre chien l'a rapportée, et que votre main com-
plaisante, faisant l'office d'un plateau de balance, l'a
trouvée belle, dodue, grasse, et de bonne mine;
6° quand vous avez senti son poids sur votre dos,
car rien n'est lourd comme une carnassière vide;
7° lorsque, arrivé dans votre famille, vous avez orgueilleusement étalé le fruit de votre adresse, et que
le cuisinier (quant à moi, je n'ai qu'une cuisinière)
suspendant au garde-manger lièvres et perdreaux,
lapins, faisans et cailles, médite un civet, ou pro-
phétise une gibelotte; prépare le lard à piquer ou la
barde pour les uns, les choux pour les autres. Son
coup d'œil expérimenté ne le trompe jamais. La
caille est pour le lendemain, le perdreau la suivra de
près, la perdrix succédera; viendront ensuite lièvres
et lapins. Quant au faisan, oh! pour le faisan, on ne
saurait se prononcer tout de suite; c'est un sujet
qu'il faut étudier, méditer longuement. Il faut considérer l'état de l'atmosphère, s'il fait froid ou chaud,
si le vent souffle au nord ou s'il souffle au midi; ces

observations faites avec sagacité détermineront le
jour où le faisan embaumera votre salle à manger
d'un délicieux fumet. N'oubliez point qu'un faisan
tué la veille ne vaut pas un poulet médiocre. Savarin
l'a dit, et quel homme a jamais traité la matière avec
plus de grâce, de science et d'amabilité !

Toutes ces préparations culinaires fourniront votre
huitième jouissance; quelques chasseurs en font peu
de cas, je ne suis pas de leur avis. Pour moi, je sais
tout apprécier, je prends le plaisir où je le trouve.
Cette méthode m'a toujours réussi, je m'en trouve
fort bien; imitez-moi, vous m'en direz des nouvelles à la première fois que nous nous rencontre-
rons.

CHAPITRE VI.

EN JOUE, FEU! APPORTE.

Le chasseur prend son tube, image du tonnerre,
Il l'élève au niveau de l'œil qui le conduit.
Le coup part, l'éclair brille, et la foudre le suit.
DELILLE.

Mais je me laisse emporter par mon sujet : nous n'avons pas encore tiré le premier coup de fusil, et déjà je vous entretiens de carnassières pleines d'où s'échappent les perdreaux morts, comme des billes sortent de la corne d'abondance barbouillée sur l'enseigne des marchands de billards. Cette digression, causée par d'heureux souvenirs, ranimera votre espérance, et vous pardonnerez.

Vous êtes lancé, votre chien vous précède, une pièce part à l'improviste ; ne tirez pas, vous man-

queriez, et ceci répété souvent dégoûterait votre
chien, qui vous quitterait peut-être. Un de mes
amis, profane s'il en fut, me pria un jour de lui prêter mon chien : on ne doit prêter ni sa femme, ni
son cheval, ni son chien ; mais moi qui suis doué
d'une grandeur d'âme peu commune, je pousse la
magnanimité jusqu'à lui confier Médor, l'illustre Médor, le meilleur des chiens,

> . . . . . *Quo non præstantior alter,*

pour quêter, arrêter, rapporter poil et plume. Ces
messieurs partent; une heure après, Médor revient
tout seul et va se blottir dans sa niche. Bientôt le
chasseur arrive. — Votre chien m'a quitté. — Je le
sais; il m'a dit que vous aviez manqué cinq ou six
coups de suite. — C'est vrai. — Parbleu! j'en étais
sûr. Un chien chasse pour son plaisir, bien plus
que pour le vôtre; amusez-le, si vous voulez qu'il
vous amuse.

Je n'ai pas oublié que vous n'avez jamais tiré ni
lièvres ni perdrix ; attendez que votre chien tombe
en arrêt, cela ne peut tarder longtemps. Laissez-le
faire, ne lui parlez pas; suivez en aveugle, il en sait
plus que vous. Il va, vient, quête, relève plusieurs
fois le nez pour saisir les odeurs que le vent apporte:
il *renacle,* la position devient très-grave, le gibier
n'est pas loin. Le chien réfléchit, calcule, avance
avec précaution ; il choisit l'endroit où il posera son
pied sans faire de bruit, il s'allonge, bref il est en
arrêt.

Quand vous aurez un peu plus d'habitude, vous connaîtrez à la position de votre chien quel gibier se trouve sous son nez. Pour un lièvre, la queue du chien est ordinairement très-raide et légèrement arquée en bas; inclinée et droite pour un lapin; un peu relevée et droite pour une caille, enfin très-raide, très-droite, et parallèle à l'horizon, si c'est une perdrix. Pour les oiseaux de marais, tels que râles et bécassines, la queue du chien fait de légers mouvements à droite, à gauche; on dirait qu'ils sont le résultat de l'incertitude.

Mais nous n'en sommes pas encore là. Votre cœur bat avec violence, votre poitrine se soulève, vous respirez péniblement; n'étouffez pas, rassurez-vous, il fait chaud, le gibier tiendra l'arrêt; vous avez tout le temps nécessaire, et faites ce raisonnement : « La « pièce est très-près de moi; pour que mon coup « soit bon, je dois tirer à trente pas, j'ai donc le « temps de mettre en joue et de viser. » Songez qu'en tirant à quinze pas, vous avez moins de chance qu'à vingt-cinq ou trente, car ce n'est qu'à cette distance que le coup s'est assez développé; plus près, il serait trop serré. Si vous tuez, vous brisez la pièce, et d'ailleurs il faut tirer bien plus juste pour la toucher; tandis qu'à trente pas, si vous frappez un pied au-dessous, au-dessus, et même à côté, la pièce tombera probablement.

Tout ceci posé, raisonné, calculé, placez-vous de manière que le soleil ne vous donne point dans les yeux; lorsqu'on ne prend pas cette précaution, il

en résulte deux effets désagréables : d'abord on
manque toujours, ou si l'on touche, c'est par hasard ; ensuite les yeux sont tellement éblouis, qu'il
faut longtemps pour se remettre. On voit tout en
rouge, en bleu, les arbres semblent danser devant
vous; un perdreau prend les couleurs d'un perroquet; sans vous en douter, vous tirez à trois
pas de lui. Bon ! vous voilà placé le dos au soleil,
avancez d'un pas, puis de deux, jusqu'à ce que la
pièce parte. Mettez en joue, assurez votre arme à
l'épaule, visez, et ne lâchez la détente que lorsque la
pièce est en ligne droite avec votre œil, la visière et
le guidon. Mais surtout ne vous pressez pas, vous
avez beaucoup plus de temps qu'il n'en faut; laissez
plutôt filer dix pas de plus, que de tirer au hasard.
Vous avez manqué du premier coup, redoublez du
second en visant une seconde fois.

Rien ne tombe, la pièce en est quitte pour la peur,
votre chien vous regarde et recommence à faire son
métier. Vous avez manqué de vos deux coups, parce
que vous vous êtes trop pressé. Votre arme n'était
pas assez fortement assurée à l'épaule, ce qui présente deux graves inconvénients : elle vacille et ne
porte qu'un coup mal assuré, jeté dans l'espace, au
hasard; et puis le recul vous donne un soufflet, je
crois même voir votre joue droite un peu rouge;
c'est désagréable, mais ce n'est pas déshonorant.
Souvenez-vous que pour bien mettre en joue, il faut
élever le bras droit autant que possible, sans se gêner. Le coude étant plus élevé que l'épaule, il en

résulte un creux où la crosse du fusil vient se loger ;
elle y trouve un meilleur point d'appui que si le
coude était bas. Sur une pièce que l'on manque pour
avoir tiré trop tard, il en est vingt que l'on manque
pour avoir tiré trop tôt. On manque fort souvent
aussi pour vouloir trop découvrir la pièce, c'est-à-
dire qu'on la voit trop et qu'on tire au-dessous. Il
faut viser le centre de la pièce, et n'en jamais voir
que la moitié lorsqu'on serre la détente.

Marchez, recommençons, souvenez-vous du précepte, et si vous l'observez une seule fois, un beau
perdreau sera votre récompense.

Je ne me trompe pas, en voilà bien un de tombé ;
vous êtes tout joyeux, votre chien court pour s'en
emparer ; *apporte*, doit être votre premier cri, votre
seule parole. Il sait bien que son devoir est de l'apporter, mais pour qu'il ne l'oublie pas, répétez-le tou·
jours. En même temps, regardez où va le reste de la
compagnie, il faut savoir où nous devrons chercher
les autres. En recevant le perdreau, caressez le chien
de la voix et du geste ; cet animal est très-sensible aux
éloges comme aux châtiments. Il doit être *couché* près
de vous quand vous chargez votre arme ; si vous le
laissiez aller à sa fantaisie, il effraierait quelque pièce
et vous ne seriez pas là pour tirer. Que votre chien
soit *couché,* ne permettez pas qu'il s'approche de
vous, qu'il vous caresse, ses pattes pourraient faire
partir le coup qui vous reste ; plus d'un chasseur s'est
repenti de n'avoir point pris cette précaution.

Les commençants ont une détestable habitude, c'est

de tirer leurs deux coups ensemble sur une compagnie
de perdreaux qui part de leurs pieds, et cela sans viser.
J'en ai vu même qui se pressaient tant que le bout de
leur fusil dépassait presque les perdreaux. Cette méthode est vicieuse, blâmable, abominable; c'est la
véritable manière de n'en pas tuer, d'en blesser plusieurs qui vont mourir au loin et deviennent la pâture de l'épervier. Une fois ils ont réussi, d'un seul
coup ils ont ramassé trois ou quatre pièces, ils espèrent réussir encore; mais on peut parier dix contre
un qu'en tirant de cette manière, on ne tuera rien. Un
bon chasseur choisit à droite, à gauche, dans une
compagnie de perdrix, deux individus séparés de la
bande, les vise l'un après l'autre, les abat, et laisse
filer le reste, en disant, au revoir :

> . . . . . Je vous en avertis,
> Vous viendrez toutes au logis.

Et ce n'est pas sans intention que je prescris de
viser les perdreaux *séparés de la bande;* si vous tiriez
au centre de la compagnie, les voisins recevraient des
éclaboussures, et s'en iraient blessés. Toutefois, lorsque deux perdreaux se croisent, il est bien de tirer
au point d'intersection; s'ils ne se sont pas encore
rencontrés, si l'on voit leur tendance mutuelle à se
rapprocher, on tient en joue l'espace vide, et du moment qu'ils se joignent, on lâche la détente. J'ai fait
quelquefois ainsi des coups doublement doubles,
mais c'est rare; cela n'arrive que dans les journées
heureuses, dans ces journées que les Romains mar-

quaient d'un caillou blanc. Il en est à la chasse comme au trictrac, à la bouillotte, à l'écarté, comme à tous les jeux ; on a des veines de bonheur et de malheur, des jours où tout va bien, d'autres où tout va de travers. Acceptons la conséquence sans vouloir deviner la cause ; d'ailleurs nous n'y parviendrions pas, elle est une des mille énigmes de ce bas monde.

Continuons notre marche : nous voilà dans les pommes de terre, votre chien quête lestement ; tout à coup il reste en place, le nez droit, la patte en l'air ; il est devenu statue, la position qu'il avait en marchant, il l'a gardée. Sa queue est raide, un peu arquée en bas, son sérieux est imperturbable, il est tout entier à son affaire, soyez à la vôtre. Tout nous prouve que c'est un lièvre : regardez sous cette touffe, il est gîté, le voilà bien à l'abri des rayons du soleil, il a choisi le meilleur endroit pour être au frais tout à son aise ; le fusil n'entrait pas dans son calcul. Certes vous pourriez le tuer à bout portant ; mais nous chassons, nous n'assassinons pas, et puis il s'agit de prendre une leçon et non d'avoir un lièvre dans le carnier. Plus tard j'indiquerai les circonstances où l'on peut, où l'on doit tirer sous le nez du chien.

Avancez ; le lièvre part ; visez, tirez, ne vous pressez pas. Laissez faire votre chien ; si le lièvre est blessé, sa course étant moins rapide, il sera pris ; sinon le chien va revenir quand il jugera sa poursuite inutile.

Lorsqu'un lièvre file droit, il faut que le point de

mire soit toujours entre les deux oreilles au moment
où l'on serre la détente, sans quoi l'on court risque
de le manquer ou de le blesser. Un chasseur ne doit
pas se contenter de casser la patte d'un lièvre où l'aile
d'une perdrix, quand il tire à belle portée; il faut
que le lièvre soit *roulé*, la perdrix *pelotée ;* il faut que
la pièce reste en place. Lorsqu'on tire de loin, c'est
autre chose : on est excusable de démonter une perdrix ou de blesser un lièvre.

Quand il s'agira d'une caille, vous vous presserez
encore moins; la caille file droit, vole moins vite que
le perdreau ; quand elle part on a le temps de prendre du tabac et de la tuer; il faut même avoir soin
de ne pas tirer aussitôt qu'on est en joue et qu'on a
visé, la caille serait brisée inutilement. On doit laisser filer, et ne lâcher le coup qu'à vingt-cinq ou
trente pas. Un bon chasseur ne manque jamais une
caille à l'arrêt de son chien : c'est le pont aux ânes
du métier.

Quant au lapin, c'est plus difficile. Il part dans les
fourrés, ne file point droit, fait bien des zigzags; il
faut une grande habitude pour le culbuter dans une
éclaircie; aussi je vous pardonnerai tous les coups
que vous manquerez. Mais le râle de genêts, le roi de
cailles, qui part sous vos pieds, allongeant ses longues pattes pendantes, vous donne tout le temps possible. La facilité qu'on a de tuer ces bons, ces innocents oiseaux, me fait toujours trouver fort étonnant
qu'on en rencontre encore.

Le faisan s'élève majestueusement, il offre une

grande surface à vos coups, mais le bruit qu'il fait en partant étonne, effraie ceux qui n'y sont pas habitués. Les conscrits le manquent toujours; ils se pressent trop, ils perdent la tête, et vraiment c'est bien excusable la première fois. Il faut songer que la queue ne fait point partie de l'animal; souvent chez lui l'arrière-garde sauve le reste de l'armée.

Cette leçon souvent répétée vous conduira plus tard à de bons résultats. L'habitude fera le reste; bientôt vous verrez de sang-froid votre chien en arrêt, un lièvre partir, un perdreau s'envoler, mais le plaisir sera toujours le même. Or, dites-moi si de toute autre chose vous pourriez en dire autant.

CHAPITRE VII.

NE VOUS PRESSEZ PAS.

—

> Mon chien bondit, s'écarte. et suit avec ardeur
> L'oiseau dont les zéphyrs vont lui porter l'odeur.
> Il s'approche, il le voit ; transporté. mais docile,
> Il me regarde alors et demeure immobile.
> J'avance, l'oiseau part ; le plomb que l'œil conduit
> Le frappe dans les airs au moment qu'il s'enfuit.
> Il tourne en expirant, sur ses ailes tremblantes,
> Et le chaume est jonché de ses plumes sanglantes.
>
> Saint-Lambert.

Hier vous n'avez tué qu'un perdreau; ce n'est pas trop pour un jour d'ouverture, c'est beaucoup si vous l'avez bien visé, si le hasard ne vous a point servi. Nous allons recommencer : à l'empressement que vous avez mis à vous lever ce matin, au soin que vous avez pris de disposer toutes les parties de votre équipement, je vois que vous ne demandez pas mieux ; vous avez le feu sacré, c'est ce qu'il faut pour réussir en toute chose.

Marchons à quarante ou cinquante pas de distance l'un de l'autre et sur la même ligne ; que nos chiens battent sans cesse l'espace qui nous sépare, et si quelque pièce part à l'improviste, qu'aucune distraction ne puisse vous faire perdre une seconde ; tirez, aujourd'hui vous devez être aguerri. Soyez tout yeux et tout oreilles, soyez en marchant comme vous étiez hier en présence de votre chien en arrêt, toujours pensant qu'une pièce va partir, toujours prêt à mettre en joue, toujours prêt à tirer. Vous manquerez souvent, mais je suis là pour vous seconder, nos chiens reviendront avec quelque chose à la gueule.

Voyez ce perdreau que je viens de tuer, vous auriez dû m'éviter cette peine ; car enfin il est parti dans votre culotte (expression consacrée). Vous avez tiré trop tôt, votre arme n'était pas bien *épaulée ;* si vous aviez touché, la pièce aurait été pulvérisée, elle était à dix pas quand vous avez serré le doigt. Je vous l'ai déjà dit : *ne vous pressez pas,* je vous le répèterai sans cesse. Un commençant devrait être précédé par un homme-affiche, portant sur son dos, en gros caractères, ces mots sacramentels : NE VOUS PRESSEZ PAS. Je pense toutefois que l'homme-affiche jouerait trop gros jeu.

Vous dites que cela ne dépend pas de vous, c'est possible ; je sais qu'un perdreau peut faire évanouir les plus belles résolutions ; on perd la tête ; cela se comprend, on la perdrait à moins. Écoutez-moi, je

vais vous donner un excellent conseil : ne chargez
pas votre fusil; lorsque la pièce part, couchez en
joue, visez-la, suivez-la, vous êtes certain de ne pas
la tuer, par conséquent vous pouvez conserver tout
votre sang-froid. Quand vous tiendrez le gibier au
bout de vos canons, lâchez la détente et brûlez votre
amorce. Faites cette manœuvre pendant quelques
jours, et puis chargez votre fusil à poudre seulement
et recommencez. La conviction intime où vous êtes
que rien ne peut tomber sous votre coup vous accou-
tumera bientôt à tirer avec une arme plus dangereuse,
et vous n'aurez point à vous plaindre des résultats. Je
connais d'excellents tireurs qui débutèrent ainsi.

Sans doute, il est souverainement ennuyeux de se
promener en plaine avec un fusil non chargé; le
chasseur équipé de la sorte ressemblerait au cuiras-
sier armé de la batte d'Arlequin; mais si vous vous
pressez encore, je serai forcé d'en venir à cette extrémité. Chargeons et corrigez-vous. Pas d'imprudence,
abattez votre chien sur la capsule; sans moi vous al-
liez risquer votre main droite, et peut-être votre visage, je sais qu'on a deux mains, mais on n'a qu'une
tête. Tout le secret des armes consiste à donner sans
jamais recevoir; c'est ce que disait un jour le maître
d'escrime de M. Jourdain : or, ne prenez point pour
vous la charge réservée aux perdreaux. S'il part une
pièce de mon côté, ne vous en occupez pas; comme
j'offre une plus grande surface, je pourrais recevoir
le coup : en ce cas, adieu la leçon; c'est dans votre
intérêt que je parle.

5.

Bon ! voilà qu'à présent vous donnez dans l'excès contraire. Loin de vous presser, vous ne tirez point. Ce perdreau que vous avez visé n'était pas trop éloigné, jamais perdreau ne fut à plus belle distance; j'étais content de voir votre canon le suivre dans l'air, mais il fallait un résultat, il en faut en toute chose, il faut finir; c'est ce que me disait dernièrement une dame de ma connaissance.

Vous avez vu cette compagnie de perdreaux; elle vient de s'abattre dans la luzerne, marchons à bon vent; chemin faisant, écoutez-moi bien. La compagnie est au grand complet : le capitaine et le lieutenant sont à la tête, c'est-à-dire que le père et la mère sont là pour diriger les manœuvres. C'est par eux que nous devons commencer; une fois privés de leurs chefs, les soldats se débanderont, ces gens-là ne donnent que de mauvais conseils; plus tard l'aîné de la bande prendra le commandement de la compagnie. Tel dans une bataille, quand les officiers sont morts ou blessés, le sergent-major fait les fonctions de capitaine. Nos chiens vont tomber en arrêt, il fait chaud, les perdreaux tiendront; au départ, vous viserez le plus gros qui partira de votre côté; si vous tuez redoublez sur un autre, sinon redoublez sur le même. Surtout ne jetez point votre coup au hasard, visez, ne vous pressez pas, et tirez.

C'est ici qu'il faut montrer du courage. Les conscrits ont peur au premier coup de canon; le bruit que font vingt perdreaux partant sous les pieds ne peut pas se comparer, c'est bien plus effrayant. Oh! ne

riez point, vous m'en direz bientôt des nouvelles. Moi-
même, quoique ayant passé par là bien souvent, je ne
suis pas trop rassuré ; ma respiration devient pénible
et j'ai besoin que la crise cesse. Marchons et silence !

Bravo ! bravissimo ! Deux perdreaux d'un coup,
deux perdreaux qui se croisaient, le point de rencontre parfaitement saisi ; jeune homme, vous irez
loin, un bel avenir s'ouvre devant vous. J'y vois une
suite non interrompue de carnassières pleines ; ce
coup de fusil me montre un grand chasseur. Tel Bo-
naparte devant Toulon s'annonçait déjà pour le Napoléon d'Austerlitz.

Ne courez point chercher vos perdreaux, laissez
faire votre chien ; c'est son devoir de les apporter,
c'est son plaisir, regardez plutôt où vont les autres.
Bien ! deux dans le sainfoin, un dans le chaume, et
le reste dans le taillis. Nous allons leur faire une visite, chacun aura son tour, ils ne perdront rien pour
avoir attendu.

Commençons par celui qui se trouve seul : un
perdreau seul est un perdreau mort. Quand ils sont
réunis, les uns regardent, les autres écoutent ; et
comme la peur du mal leur donne le mal de la peur,
ils s'en vont bien avant que le danger arrive. Un perdreau seul se blottit, ne bouge pas et se laisse arrêter
par le chien. Ceci doit s'entendre pour le commencement des chasses, car lorsqu'ils ont vu le feu c'est
un peu plus difficile. Cependant, à toutes les époques,
un perdreau seul est bien plus facile à tuer qu'en
compagnie.

Après celui que nous avons vu se remettre dans le chaume, nous irons trouver les deux qui sont dans le sainfoin ; de là nous passerons dans le taillis. Bref, nous suivrons cette compagnie tant qu'il en restera, du moins tant que nous les verrons se remiser sur des terres de notre obéissance.

Vous avez tiré dans le taillis, votre chien checher un perdreau tombé sous vos coups, il ne trouve rien ; le perdreau n'est pas mort, il a seulement l'aile cassée et court à pied. Il est *démonté*, c'est le terme technique : de cette manière, un perdreau fait souvent bien du chemin ; il faut conduire votre chien à l'endroit où vous avez vu tomber la pièce, lui faire sentir la place, en lui disant : *cherche, cherche, apporte!* et du moment que, par sa démarche, son ardeur, les mouvements précipités de sa queue, vous êtes certain qu'il est sur la trace, ne lui parlez plus, laissez-le faire et ne bougez pas. Si vous marchiez, vous feriez peut-être lever quelque chose, vous tireriez, et le bruit de votre coup ferait revenir votre chien qui ne se remettrait plus sur la voie.

Bientôt vous allez le voir accourir tout joyeux, avec un perdreau vivant à la gueule : c'est à présent qu'il faut le caresser, le flatter, lui dire de jolies choses ; il les comprendra bien, et saura vous remercier : sa langue est impuissante, je le sais, mais sa queue possède une éloquence que beaucoup d'académiciens pourraient envier. Cependant si la terre est sèche, la chaleur très-forte, le nez du chien n'a plus cette finesse d'odorat qu'il possède par un temps frais ; le

fumet du perdreau se volatilise , le soleil l'absorbe,
et votre pièce est perdue ; ne grondez pas votre chien ,
ce n'est pas sa faute, il est plus attrapé que vous.

Il est encore un moyen de retrouver votre perdreau. Le soir, en revenant, passez près de l'endroit
où vous l'avez blessé , peut-être a-t-il rejoint sa compagnie, elle n'est pas loin. Il est au milieu d'elle ; chacun raconte les fatigues, les dangers du jour ; son
histoire est la plus longue, à lui, qui laissa plusieurs
plumes de son aile dans les combats qu'il soutint en
en fuyant. Abordez toute la bande, tirez ou ne tirez
pas, ceux qui se portent bien s'en iront, le malade
restera , faites chercher votre chien , il l'aura bientôt
pris.

Toutes les fois que je passe en un lieu d'où j'ai vu
partir une compagnie de perdreaux, j'y reste un instant, mon chien quête, et souvent, surtout les jours
d'ouverture, je glane quelque chose. Ce sont des petits profits qu'il ne faut pas négliger.

Tout ce que nous avons dit sur la manière de tirer
le perdreau peut s'appliquer à la caille , au lièvre, au
lapin. La leçon se réduit à ceci : bien épauler, viser,
tirer sans se presser. Dans les chapitres que nous con-
sacrerons à chaque espèce de gibier, nous indique-
rons toutes les modifications relatives au tir dans
toute espèce de circonstances.

Une habitude essentielle à contracter lorsqu'on suit
avec le canon une pièce de gibier en travers, soit au
vol, soit à la course, c'est de ne point s'arrêter au moment de lâcher la détente, car le perdreau, le lièvre,

ne s'arrêtent pas, et le coup porterait derrière. Il faut donc accoutumer la main à suivre le gibier avec un mouvement uniforme : c'est indispensable pour devenir bon chasseur.

En forgeant on devient forgeron, en tirant souvent vous deviendrez bon tireur. L'habitude vous apprendra bientôt à voir partir de sang-froid une pièce à l'improviste; vous ne vous presserez plus, et lançant votre coup de fusil sans réflexion, le perdreau tombera dans la gueule du chien, sans que vous puissiez vous rendre compte comment l'opération s'est faite.

Ce tir spontané d'une pièce qui part de loin dans un bois est souvent bien extraordinaire; on n'a qu'une ou deux secondes pour mettre en joue et tirer : plus tard la pièce ne serait pas visible. Eh bien! ce calcul est fait en un clin d'œil, l'arme est à l'épaule, le coup est parti, la pièce est morte. L'habitude a tout fait, vos bras, votre œil, votre doigt, ont obéi; vous ne savez ni pourquoi, ni comment. Un mouvement machinal, mécanique, s'est opéré. Ce projet, vous l'avez achevé dans l'instant que vous l'avez conçu. Quand vous voulez écrire un mot, vous l'écrivez, cela vous paraît tout simple; cependant que de choses il a fallu pour écrire ce mot! D'abord la pensée a dû le concecevoir, les lettres qui le composent se sont présentées à vous dans leur ordre naturel, vous les avez écrites les unes après les autres, avec leurs liaisons, leurs accents, leurs barres, leurs points, leurs apostrophes; tout cela s'est fait sans calcul, machinalement, et le mot est écrit.

Il en est qui, pour s'exercer au tir du perdreau, tuent des hirondelles à la journée; c'est un meurtre inutile. Meurtre, parce que l'hirondelle ne fait que du bien, en mangeant des milliers d'insectes nuisibles qui nous dévoreraient; inutile, parce qu'on peut tuer cinquante hirondelles de suite et manquer tous les perdreaux que l'on rencontrera. Ce qui caractérise un bon chasseur, c'est la spontanéité, cette promptitude, ce coup d'œil sûr, qui lui fait saisir l'occasion aux cheveux; l'occasion une fois perdue ne se retrouve plus. Les Romains la représentaient courant sur une lame de rasoir, volant comme un oiseau.

Cursu volucri pendens in novaculá.

Ils avaient raison : le perdreau, la caille, toute espèce de gibier lui ressemble, il faut profiter du moment; une fois passé, tout est fini. De quelle manière le tir de l'hirondelle peut-il ressembler au tir du gibier? Elle va, vient, revient cent fois, mille fois; vous prenez votre temps, vous visez et ne tirez que lorsqu'elle se trouve au bout de votre fusil, à distance. Vous choisissez le moment, et ce moment manqué revient à chaque minute. On pourrait s'exercer avec plus de fruit sur des moineaux qu'on aurait dans la main et qu'on tirerait au vol. Comme avec les perdreaux, il faudrait saisir l'occasion, et ce serait sans inconvénient que vous détruiriez quelques-uns de ces oiseaux nuisibles; mais l'hirondelle, c'est un crime que de la tirer.

Cependant un chasseur pourrait tuer beaucoup de

moineaux, et manquer les perdrix, quoiqu'elles offrent plus de surface. Le bruit qu'elles font en partant étonne, effraie, il faut longtemps pour s'y accoutumer ; et puis nous savons qu'un jeune acteur
qui joue fort bien aux répétitions s'embrouille ou
reste court en présence d'un parterre payant.

Dans les chapitres spéciaux nous décrirons plus
au long les habitudes, les mœurs des lièvres, des lapins, des perdreaux, etc., etc., avec la manière de
s'en servir.

CHAPITRE VIII.

RUSES DE GUERRE.

—

> La division Vedel aurait dû se trouver à
> Baylen; elle resta en arrière, et son absence
> décida de la perte de l'armée d'Andalousie.
> Ses soldats, manquant de vivres, se livraient
> au plaisir de la chasse, en poursuivant des
> troupeaux de chèvres que les Espagnols
> avaient lâchés tout exprès dans les mon-
> tagnes,
>
> *Mémoires d'un apothicaire.*

Je l'ai déjà dit, nous chassons, mais nous n'assassinons pas. Nos chiens, nos armes à feu nous donnent assez d'avantage sur le gibier, sans que nous
ayons besoin de recourir aux piéges, collets, traîneaux, pantières et autres engins, bons tout au plus
pour les malheureux qui vivent de vol et de rapine,
et par cette raison indignes d'un galant homme. Le

chasseur qui se respecte rejette fort loin de pareils
moyens comme honteux; il rougirait de se mettre à
l'affût, et même il n'admet la chasse en battue qu'a-
vec des restrictions.

Le gibier a des ruses dont il fait usage; nous pouvons le combattre avec d'autres ruses, mais il faut
toujours lui laisser une chance pour se sauver. Ainsi,
par exemple, tout le monde sait qu'un lièvre venant
droit au chasseur blotti dans un fossé, derrière un
buisson, est un lièvre mort; certainement la reli-
gieuse sortie depuis deux jours de son couvent le
tuerait. C'est un guet-apens, une lâcheté d'assassiner
ainsi. J'ai souvent fait des chasses en battue avec de
vrais amateurs; voici comment nous nous y prenions,
et je conseille à tous les honnêtes gens de suivre notre
exemple.

Il est défendu, sous peine d'une forte amende, de
tirer du fossé, de derrière la haie, etc. Il faut sortir
de la cachette, paraître au grand jour, crier *garde à
vous*, et tirer. Le lièvre se retourne, fait un crochet,
manœuvre à sa manière : si vous le manquez, tant
mieux pour lui; si vous le tuez, votre conscience est
pure, vous avez agi loyalement. Mais, direz-vous, on
en tue moins : soit; l'année d'après on en trouve
davantage. Quant à la perdrix, tirez-la comme vous
voudrez; elle est bien plus difficile à tuer en battue,
et cela fait compensation.

Les braconniers approvisionnent de perdreaux
tous les marchés. Ils traînent un immense filet à travers champs; les perdrix entendant du bruit ont

peur, se blottissent, et tout est pris, cailles, perdrix, alouettes, crapauds, quelquefois même ils prennent des lièvres. Un moyen généralement connu, c'est de garnir la plaine d'épines : elles embarrassent le filet, le déchirent; mais ce procédé n'est efficace que lorsque les épines sont en très grande quantité, ce qui se voit rarement; on n'a pas le temps, il faudrait trop de monde, les gardes sont paresseux, etc., etc.

Ce livre, éminemment utile aux chasseurs, va porter un coup funeste aux braconniers. Je vais donner une recette excellente pour empêcher leurs brigandages. Cette recette est éprouvée, elle est infaillible.

Or, écoutez-moi bien. Il est reconnu que des perdreaux pris la nuit au filet, s'ils s'échappent, ne se laissent plus prendre. Aussitôt après la moisson finie, lorsque vous aurez compté vos compagnies de perdreaux, prenez-les vous-même au filet : pendant la nuit rien n'est plus facile; vous savez dans quels lieux elles couchent, rien ne vous dérange, vous êtes maître chez vous. On a préparé d'avance assez de paniers pour renfermer tout ce monde emplumé, ils doivent être recouverts d'un filet ou d'une toile pour que les perdreaux ne se blessent pas en frappant de la tête. On les garde ainsi pendant vingt-quatre heures en leur jetant quelques poignées de grains; on a soin de les placer dans une chambre où rien ne puisse les effrayer. La nuit suivante, portez vos perdreaux où vous les avez pris, et donnez-leur la volée. Chat échaudé craint l'eau froide : viennent ensuite les braconniers, les perdrix ne les attendront pas; au moindre bruit elles décamperont; le souvenir de leur captivité les fera tenir sur leurs gardes. Après cela vous pouvez vous dispenser d'épiner votre plaine. J'ai fait l'essai de ma méthode sur une compagnie de perdreaux; je n'ai jamais pu, pendant trois nuits, en reprendre un seul. Que tout le monde en garde bonne note, que tout le monde se le dise, et plus tard, en flânant vis-à-vis de Chevet, nous ne verrons que des perdreaux morts glorieusement au champ d'honneur, par un coup de fusil, digne objet d'ambition pour tout perdreau bien élevé.

Quand vous êtes en chasse, et que vous entendez la détonnation d'une arme à feu dans les environs, ne manquez pas de regarder si rien ne vient à vous dans cette direction. Écoutez si vous n'entendez pas la voix d'un chien; dans ce cas vous êtes certain qu'un lièvre le précède; s'il est éloigné, blottissez-vous, appelez votre chien, et faites-le coucher. Si le lièvre est près, restez immobile sans dire un seul mot.

Le chien verra peut-être le lièvre et l'empêchera de venir à vous, c'est une chance à courir; mais si vous l'appeliez, certainement le lièvre entendrait votre voix et prendrait une autre direction. Cet animal une fois lancé ne voit pas devant lui; ne faites aucun mouvement, il passera dans vos jambes. Si le voisin a tiré des perdreaux, regardez en l'air, suivez-les des yeux, et courez à la remise.

Vous passez près d'un bois, d'une petite remise, d'un fourré quelconque, vous avez dit à votre chien d'y pénétrer; vous vous êtes posté dans un angle pour voir de deux côtés. Un lièvre sort, regarde, se consulte, ne bougez pas; votre plus petit mouvement le ferait rentrer : laissez-le prendre sa course, et du moment que vous le jugerez assez loin du bois pour qu'il ne puisse pas revenir sans recevoir votre feu, mettez en joue et tirez.

Si c'est un lapin, il faut tirer le plus tôt possible, à moins qu'une autre remise ne soit dans le voisinage; alors on peut espérer qu'il s'y rendra, sinon il rentrera, fera cent détours pour tromper le chien, et ne sortira jamais en plaine, car il sait que, courant moins bien que le chien, il serait bientôt pris. On trouve souvent le lapin en plaine dans les environs des bois, mais en présence de l'homme il ne sort jamais du bois pour aller en plaine.

Si vous êtes plusieurs chasseurs ensemble, au moment d'aborder la remise, il faut l'entourer. Que chacun prenne son poste à chaque face avant de laisser pénétrer les chiens. Cette manœuvre doit se faire lestement, sans parler, avec le moins de bruit possible. Quand tout le monde sera placé, celui qui conduira les chiens pourra les animer de la voix et du geste, et crier tout à son aise. Bien entendu que dans ce cas on ne tire qu'en dehors, en lieu découvert, pour ne blesser personne.

Un lièvre a déboulé devant vous, il est manqué de vos deux coups, aucun doute ne vous reste à cet égard, vous avez vu la poussière voler à dix pas de lui. Si votre chien le poursuit, il faut le rappeler en criant, en sifflant de toutes vos forces, et cela pour deux bonnes raisons que je vais expliquer.

D'abord cette poursuite inutile fatigue le chien, elle l'essouffle, et plus tard il fait moins bien son service; ensuite le lièvre va beaucoup plus loin, et vous perdez l'espoir de le retrouver. Tandis que s'il part tranquillement sans se gêner, il regarde, s'arrête, reprend sa course, va se gîter dans quelque champ de pommes de terre, de luzerne ou de sainfoin, et vous le rencontrerez peut-être encore avant la fin de la journée.

Vous êtes en plaine, et vous voyez un lièvre marchant, sur la foi des traités, doucement, sans crainte aucune, la canne à la main. Il ne vous a pas vu; bientôt il s'arrête, gratte la terre; bref, il est gîté. Qu'allez-vous faire? Si vous marchez sur lui, certainement il partira bien avant que vous soyez à portée de fusil! Voici comment il faut manœuvrer : remarquez bien le point où le lièvre se trouve et l'endroit où vous êtes; tracez, par la pensée, une ligne droite de vous à lui; notez dans votre mémoire les choses saillantes que la végétation ou les accidents du terrain vous présenteront sur cette ligne; ensuite allez chasser dans les environs, loin du lièvre, sans avoir l'air de vous en occuper; tâchez de tirer quelques coups de fusil : si vous ne rencontrez rien, tirez en l'air. Ce bruit venu de loin l'effraie, le cloue dans son gîte et lui fait croire au danger d'en sortir. Un quart d'heure après, revenez au point d'où vous êtes certain de reconnaître sa position. Si vous êtes plusieurs chasseurs, partez tous en courant droit sur le lièvre, criez tous de toutes vos forces : *A la cuisine, coquin! à la cuisine! Il a le feu au cul,* ou telle autre phrase analogue à la circonstance : toutefois celles-là sont consacrées par l'usage. Le lièvre ne se lèvera qu'à dix pas de vous; si vous êtes seul, marchez en chantant d'une manière uniforme ; psalmodiez l'air le plus triste de votre répertoire; décrivez un grand cercle que vous rétrécirez à chaque tour; allez toujours d'un pas égal, ne vous arrêtez point, le lièvre partira sous vos pieds.

Vous chassez sur vos terres, et vous voyez le voisin chassant sur les siennes. Du premier coup d'œil vous devez savoir s'il connaît son métier. Examinez s'il marche à bon vent; il va dans le sens contraire, profitez de sa sottise en vous plaçant dans la même ligne que lui. Les lièvres qu'il rencontrera partiront de loin sans qu'il puisse tirer; vous serez à bon vent pour eux; du moment qu'ils seront levés, blottissez-vous, restez immobile, vous les tuerez à la barbe du voisin.

Vous êtes en chasse avec des étourdis, des ambitieux qui voudraient battre à la fois toute la plaine, qui courent pour arriver les premiers à la grande pièce de luzerne ou de betteraves : laissez-les partir, restez en arrière, chassez tout seul, sagement, posément; glanez, votre récolte sera meilleure que celle des moissonneurs. Lorsque dix chasseurs, courant dans une plaine, auront fait lever quatre lièvres, je parierai d'en trouver encore au moins six.

Vous avez un bois garni de gibier, des voisins viennent se poster vis-à-vis et se mettent à l'affût ; ils sont sur leurs terres, ils sont dans leur droit, vous n'avez pas un mot à dire, mais on peut employer un excellent moyen pour les dégoûter. Vous avez sans doute quelque jeune pâtre qui joue de la flûte ou du flageolet, bien ou mal, n'importe. Envoyez-le près de ces braves gens : à peine aura-t-il joué quelques airs qu'ils déguerpiront. J'en ai vu qui s'en retournaient furieux après avoir entendu les premières notes de *Où peut-on être mieux qu'au sein de sa famille?* Ils avaient tort, car l'exécutant jouait ce *quatuor* en *solo*, sans broncher, avec un aplomb admirable ; il l'accompagnait même de petites variations, de légères fioritures, compensant ainsi toutes les notes de Grétry que son inexpérience lui faisait négliger.

C'est un tour de bonne guerre que l'on peut faire à ses meilleurs amis ; des imbécilles seuls pourraient s'en fâcher, et je suppose que vos amis ne sont pas des imbécilles.

CHAPITRE IX.

CAUCHEMAR DU CHASSEUR.

—

Cerberus hæc ingens latratu regna trifauci
Personat, adverso recubans immanis in antro.

VIRGILE.

Le garde-chasse.

A la chasse, le plus honnête homme braconne toujours un peu. Nous avons tous beaucoup de conscience, c'est évident; infiniment de probité, c'est
incontestable. Une pièce de vingt sous mal acquise
nous priverait du sommeil : si nous trouvions la
bourse du voisin, nul doute que nous la rendrions;
et puis on lui tue trois lièvres sans remords, dix perdreaux, et l'on n'en dort que mieux; deux faisans,
et l'on pouffe de rire. Telles sont les bizarreries du

6.

cœur humain : j'ai passé par là, j'en sais quelque
chose.

Un lièvre tué dans une luzerne ennemie est cent
fois meilleur qu'un autre;

> Pain qu'on dérobe et qu'on mange en cachette,
> Vaut mieux que pain qu'on cuit ou qu'on achète.

il donne plus d'émotion. Ce sont les émotions qui font
vivre, sans elles on végéterait. Une dame à qui l'on
rappelait ses jeunes années disait : « Ah! c'était le
bon temps alors, j'étais bien malheureuse. » Le cœur
bat plus vite, car on se sent coupable; on a peur du
garde; le garde, que l'imagination vous représente
toujours derrière une haie, tapi dans un fossé, grimpé
sur un arbre. Oh! le garde! cette figure rébarbative
sauve la vie à bien des perdreaux. Cependant ce ne
sont pas les chasseurs au fusil qui leur font le plus de
mal. Ce n'est pas contre eux qu'un garde intelligent
doit s'acharner davantage, c'est contre les chasseurs
de nuit, les porteurs de filets, traîneaux, pantières,
inventions diaboliques capables de détruire tout le gibier d'une plaine en quelques heures. Oui, messieurs les porteurs de bandoulière, dormez le jour,
veillez la nuit, vous y gagnerez davantage.... et nous
aussi.

Un chasseur doit avoir toujours une bourse bien
fournie : malheur à celui qui l'oublie en partant.
Cette bourse doit contenir des pièces de toutes sortes :
le louis d'or doit être mêlé parmi les écus de cinq
francs et la petite monnaie. Il faut savoir, dans l'occa-

sion, lâcher une grosse pièce comme une petite, cela dépend de la gravité du cas : quelquefois cela ne sert à rien, on trouve des gardes incorruptibles. J'en ai vu refuser la pièce de 40 francs avec une certaine grandeur d'âme.

Un jour, je lève une compagnie de perdreaux, elle va s'abattre à deux cents pas dans une luzerne du voisin. Cette luzerne était entourée d'un fossé, d'où semblait s'élever une voix qui me disait : « Tu n'iras pas plus loin. » Oui, mais les perdreaux étaient là, tout près de moi, la compagnie au grand complet ; ma carnassière était vide ; en un instant, je pouvais en avoir au moins deux ; qui diable eût résisté? La tentation était trop forte pour un simple mortel, je me sentais dévoré par elle ; je succombai pour m'en délivrer, c'est le meilleur moyen. César passa le Rubicon ; je fis le petit César, je sautai le fossé.

Mon chien en arrêt, les perdreaux partis, le coup double, tout cela fut fait en un instant ; mais le garde sort de sa cachette et me déclare procès-verbal. Ce garde était l'Hactintirkoff des gardes, le Cerbère de la plaine, la terreur des braconniers. Comme un serpent, il se roulait dans les broussailles, grimpait sur les arbres comme un écureuil ; là, perché sur une branche, son coup d'œil d'épervier embrassait la plaine et pénétrait dans le taillis. Voyait-il quelque chasseur, aussitôt descendant comme un chat, il galopait comme un lièvre ; toujours invisible quand on le cherchait, il sortait de terre au moment où l'on ne pensait plus à lui. Semblable à certaine héroïne de

M. d'Arlincourt, il était partout et nulle part, nulle part et partout.

— Je vous déclare procès-verbal pour avoir tiré sur les terres de M. ***, mon maître. Votre port d'armes?

— Vous n'avez pas le droit de me le demander; apprenez, mon cher, qu'un garde particulier n'est qu'un valet. Vous devriez savoir que le port-d'armes ne peut être exigé que par le garde champêtre, un gendarme, le maire ou l'adjoint de la commune.

— C'est ce que nous verrons.

— C'est tout vu. Quant aux deux perdreaux que j'ai tués, c'est une autre affaire, j'ai tort et je l'avoue. Prenez ceci (je glissai la pièce de 20 francs), et buvez à ma santé.

— Non, monsieur, je ferai mon devoir.

— Faites votre devoir et tenez-vous les pieds chauds. C'est un excellent précepte d'hygiène, recommandé par tous les médecins.

Je lui tournai le dos, en remettant mon louis dans ma bourse. Je profiterai de l'occasion pour engager les chasseurs à fuir toute espèce de querelle. On doit avoir peur de se mettre en colère lorsqu'on est armé d'un fusil, le dénouement pourrait devenir tragique; il s'agit de s'amuser et non de faire du mélodrame en rase campagne. On vous prend en flagrant délit, tâchez d'arranger l'affaire à l'amiable, ou bien subissez-en les conséquences. Nous ne sommes plus au temps où, pour un lièvre tué, le chasseur allait ramer à Toulon. Vous en serez quitte pour 120 francs au plus, souvent pour beaucoup moins, quelquefois pour rien.

Rentré chez moi, j'écrivis à M. ***, propriétaire de la fatale luzerne; je fis de la diplomatie, je tournai des phrases, j'arrondis mes périodes; bref, je prouvai que si j'avais tué deux perdreaux, c'était la faute des perdreaux et non la mienne. Les malheureux étaient morts et j'étais certain qu'ils ne viendraient pas me contredire. M. *** me répondit en homme bien élevé, qui sait combien la conscience d'un chasseur est faible quand elle voit deux perdreaux à vingt pas, si toutefois la conscience a des yeux, et l'affaire fut arrangée.

Le lendemain, je reçus la visite du garde; il voulait sa pièce de 20 francs; je ne me souciais pas de la donner; nous avions changé de rôle, il s'établit entre nous le dialogue suivant :

Le garde. —Bonjour, monsieur Blaze; votre santé?

Moi. — Et vous?

Le garde. — Pas mal. Eh bien! mon maître vous a répondu.

Moi. — On rencontre du gibier cette année.

Le garde. — Beaucoup. J'ai parlé pour vous, car sans cela le procès-verbal partait.

Moi. — Malheureusement nous avons eu de grandes pluies au mois de mai, bien des couvées ont péri.

Le garde. — J'ai dit que vous n'étiez pas un braconnier; que si je vous avais pris sur ses terres, vous ignoriez que cette pièce en fît partie.

Moi. — Ce qui fait encore que nous avons moins de perdreaux que nous n'en devrions avoir, c'est la quantité toujours croissante des prairies artificielles.

Le garde. — Tout autre aurait été cité devant la police correctionnelle.

Moi. — On les fauche de bonne heure ; les œufs ne sont pas encore éclos...

Le garde. — Et c'est toujours désagréable.

Moi. — La mère les abandonne.

Le garde. — Et cela coûte cher.

Moi. — Et les faucheurs en font des omelettes.

Le garde. — L'année dernière j'ai fait un procès-verbal qui, pour le moins, a coûté 100 francs.

Moi. — Ces omelettes doivent être bien mauvaises, car enfin... des œufs couvés ! ! !

Ennuyé de jouer aux propos interrompus, il aborda la question.

Le garde. — A présent, si vous voulez me donner la pièce que j'ai refusée hier, je l'accepterai.

Moi. — Non pas; je vous l'offrais pour m'éviter le désagrément d'écrire une lettre à quelqu'un que je ne connais pas. Ma lettre est écrite, j'ai gagné 20 francs; vous les avez perdus, mais votre conscience est pure, c'est une énorme compensation. Si dans votre plaine vous rencontrez jamais M. Azaïs, il vous expliquera cela mieux que moi. Bonjour, adieu, portez-vous bien, et tenez-vous les pieds chauds.

Hactintirkoff sortit fort mécontent. Quelques jours après, nous nous rencontrâmes au champ d'honneur, je lâchai la pièce de 40 francs, et nous devînmes les meilleurs amis du monde; lorsqu'il me voyait dans la plaine, il s'en allait dans le bois.

Vous ne pouvez tirer le gibier que sur vos terres,

en étant vous-même sur vos terres. Mais si la pièce
tombe sur celle du voisin, vous avez le droit de l'aller
chercher. Si quelque garde hargneux veut faire de
l'opposition, ne l'écoutez pas et marchez toujours.
Citez-lui l'exemple de Louis XIV; la meute de M. de
Popipou chassant un cerf, l'animal entra dans Ver-
sailles et fut pris dans la cour du château; les gardes
voulurent empêcher les piqueurs de s'en emparer;
mais le roi le leur permit, en déclarant que, lorsqu'on
avait lancé le cerf sur ses propres terres, on pouvait
le prendre partout.

J'ai connu certain chasseur qui se servait d'une
excellente méthode pour dépister les gardes, il mérite un brevet d'invention. Il se lançait bravement sur
les terres de l'ennemi, tirant, tuant tout ce qu'il ren-
contrait. S'il voyait approcher le garde, notre homme
se réfugiait aussitôt dans un taillis pour changer de
costume; sa blouse, blanche d'un côté, du moment
qu'elle était retournée devenait bleue, et le chasseur
ne paraissait plus le même; il avait l'air de passer
son chemin, l'arme sur l'épaule dans une position
tout à fait inoffensive. — N'avez-vous pas vu, monsieur, un braconnier en blouse blanche?—Oh! que
si, je l'ai vu passer par ce sentier; dépêchez-vous,
certainement vous l'attraperez; et le garde courait.

Un de mes amis chassait dans les environs de
Condé; le garde d'un riche propriétaire arrive et
déclare procès-verbal. Sans se déconcerter, le chasseur lui dit : « Ah! vous voilà, c'est fort heureux.
« Votre maître m'avait promis que vous seriez ici

« plus matin; mais n'importe! j'ai su me passer de
« vous. Allez au château, dites à M.... (il avait lu le
nom sur la plaque de la bandoulière) que dans une
heure j'irai déjeuner chez lui.

« — Sous quel nom annoncerai-je monsieur?

« — Le comte de Beaumanoir, commandant de la
« citadelle de Condé. »

Après avoir fourni quelques bons renseignements
au chasseur, le garde revient au château; quand il a
fini son ambassade, on lui répond qu'il est un imbécille, chose qu'ilignorait; qu'on l'a dupé comme un
enfant, et que dans la ville de Condé, sa patrie, jamais il n'exista de citadelle.

Le garde champêtre (1).

Le garde champêtre est, en général, d'un naturel
traitable; son affaire n'est pas de vous empêcher de
chasser, mais de protéger les récoltes que vous en-
dommagez en passant. Souvenez-vous que le jour
d'ouverture des chasses est au garde champêtre
comme le premier jour de l'an est aux portiers de
Paris. Il compte sur des pour-boire, il faut que tout
le monde vive. Le 1er septembre forme un chapitre
des recettes de son budget. Malheur à celui qui, par
ignorance ou par lésinerie, tromperait son espoir
sans cesse renaissant à l'aspect d'un nouveau chasseur. Harcelé, verbalisé, conduit chez le maire, il
perdrait deux heures en tracasseries de toute espèce,

(1) Les gardes champêtres furent institués en 1325 par Charles-
le-Bel.

et finirait par payer une légère amende : il vaut
mieux commencer par là. Le garde champêtre vous
a vu ; dès ce moment vous devenez sa propriété, un
immeuble, une machine à pour-boire. Tout homme
armé qui passe sur les terres de la commune lui doit
un péage, comme s'il traversait le Pont-des-Arts; et
de même que M. de Pourceaugnac était devenu la
chose de son médecin, le chasseur devient celle du
garde champêtre, comme le voyageur devient celle
du postillon. C'est encore un être bien étonnant que
le postillon ! Que de gouttes, que de verres, que de
litres, son vaste estomac engloutit chaque jour! Supposez la France peuplée de postillons et de gardes
champêtres, dès ce moment, l'exportation des vins
est impossible; plus de commerce avec l'étranger,
tout serait bu sur place. On ne peut comparer le
garde champêtre qu'au postillon, le postillon qu'au
garde champêtre. Ce sont deux êtres à part: ils ne
peuvent entrer dans aucune catégorie connue. Pourquoi Buffon ne les a-t-il pas classés?

Du moment qu'un de ces messieurs (un garde
champêtre, s'entend) vous aborde, lâchez la pièce
de 30 ou 40 sous; il préférera la seconde, elle contient deux bouteilles de plus. Entrez en conversation
avec lui; soyez poli, honnête, flattez-le : s'il prend
du tabac, offrez une prise; s'il fume, un cigarre;
dans tous les cas offrez une goutte, il acceptera : le
garde champêtre accepte toujours. Montrez-lui des
égards, le garde champêtre aime qu'on le croie un
homme d'importance; et d'ailleurs songez que de-

vant vous se trouve le dernier anneau de la chaîne administrative, qui commence au ministre et finit au garde champêtre. Consultez-le sur la manière de faire votre tournée : le garde champêtre aime qu'on le consulte; il est bavard de sa nature, usez d'adresse avec lui ; bientôt, sans s'en douter, il vous indiquera les lieux fréquentés par un lièvre, dans quels cantons se trouvent les perdreaux, le taillis qui foisonne de lapins, le trèfle que préfèrent les cailles, et vous n'aurez perdu ni votre argent ni vos paroles.

Un de mes amis chassait dans une luzerne, le garde champêtre arrive et lui déclare procès-verbal : « Apprenez, monsieur, qu'en vous présentant devant « moi, vous devez ôter votre chapeau » (Du bout de son fusil, le chasseur jette en bas le chapeau). « Ah! « je comprends, vous ne vouliez pas me montrer « votre vieille perruque de chanvre ou de chiendent; « voyons... » Il ôte la perruque, la fait voler en l'air, tire dessus, la brise en mille miettes, donne 20 francs au garde stupéfait en disant : « Achetez des cheveux « si vous n'en avez pas. » Tout le monde fut content.

Le garde champêtre est essentiellement braconnier : toujours au milieu des champs, il connaît le passage ordinaire du lièvre, il sait toujours où couchent les perdreaux; ses poches sont pleines de collets de laiton, de halliers de fil, de lacets de crin. Il s'en va le soir poser ses instrumens de dommage, et le matin l'homme chargé de garder les blés s'y glisse comme un chat, les parcourt en tous sens, courbe, brise leur tige dorée, et pour faire sa récolte, hélas!

souvent trop belle, il fait un tort notable à celle du fermier.

Le garde champêtre doit porter un sabre, mais il a toujours un fusil, une vieille carabine qu'il cache dans une armoire, dans une meule de foin, dans une gerbe de blé. Cette arme qu'aucun chasseur n'oserait tirer, tellement elle semble vouloir crever, ne crève cependant jamais, elle porte des coups certains. En effet, le garde champêtre ne chassant que par contrebande ne tire qu'à l'affût; il assassine et ne manque pas. S'il rentre le soir, car il ne rentre pas toujours, il choisit les rues désertes, sales et obscures; il se glisse comme un chat le long des haies pour ne pas être vu. Fouillez sous sa blouse, vous trouverez un lièvre. Lorsque de grand matin vous entendez un coup de fusil, suivi d'un profond silence, pariez que le garde champêtre a tiré, vous gagnerez souvent.

Je passais un jour près d'un bois appartenant au duc de Bourbon, c'est dire qu'il était bourré de gibier jusqu'aux branches. Flore, mon illustre chienne (elle a les Invalides, son fils *Presto* la remplace dignement), Flore entre dans un fourré; bientôt je la vois revenir toute fière avec un lièvre qu'elle dépose à mes pieds; elle retourne au bois et me rapporte un lapin, et puis un autre, et puis un autre; bref, un lièvre et six lapins.

> Prenons ceci, puisque Dieu nous l'envoie,

dis-je en fourrant le gibier dans ma carnassière. Cent

pas plus loin, je rencontrai le garde champêtre de Saint-Maur, qui depuis périt en braconnant la nuit : c'était mourir au champ d'honneur, comme un soldat sur la brèche. Tout en riant aux éclats, je lui racontai l'aventure; mon homme aurait voulu rire, mais il ne pouvait pas y parvenir. En disant : « Oh! « que c'est drôle! » sa bouche faisait une affreuse grimace; s'il riait, c'était en dedans; aucun muscle de son visage ne le laissait supposer. Je trouvai cela singulier; mais deux jours plus tard je sus le mot de l'énigme. Ce gibier avait été pris par lui-même; en attendant que la nuit permît de l'apporter au village, notre homme l'avait caché dans un buisson, et le nez de Flore dérangea les projets du garde braconnier.

Le messier.

Dans les pays vignobles, comme le garde champêtre ne suffirait pas pour surveiller les voleurs de raisins, on nomme au mois de septembre plusieurs paysans chargés de venir à son aide; ces gardes provisoires, improprement appelés *messiers*, prêtent serment devant le juge de paix; leurs procès-verbaux font foi devant les tribunaux, et leurs fonctions finissent après la vendange. Ils doivent porter une hallebarde, mais ils ont presque toujours un fusil. Ne sont-ils pas gardes nationaux? ne sont-ils pas armés pour défendre la patrie? Quand ils font l'exercice à feu, leurs fusils ne contiennent qu'une demi-charge, ils gardent le reste pour de meilleures occasions.

Oh ! la garde nationale a causé la mort de bien des
lièvres. Différent en cela du chien du jardinier qui
ne mange pas de choux et ne veut pas que les autres en mangent, le messier chasse en empêchant de
chasser.

Les vignes ont un grand attrait pour le chasseur ;
quand la plaine est découverte, que le gibier s'y
trouve battu, poursuivi dans toutes les directions, il
va chercher dans les vignes un abri protecteur ; et
puis le raisin attire la perdrix, la caille, la grive ; il
leur donne cette graisse dorée digne des palais délicats.

Vous avez parcouru la plaine sans rien apercevoir,
ou si vous avez vu des perdreaux, ils sont partis si
loin de vous qu'il eût fallu du gros canon pour les
atteindre. Que faire ? retourner chez soi la carnassière vide, c'est humiliant ; acheter des perdreaux à
la halle, c'est ignoble. Écoutez : à vingt pas de vous
une compagnie de ces messieurs fait entendre ses
chants harmonieux ; entrez dans la vigne, un coup
double est bientôt fait, et puis les messiers sont peut-
être fort loin.

 Ils étaient là. Vous êtes entouré par des hallebar-
diers en colère ; ils ont fondu sur vous comme des
vautours, c'est sur vous qu'ils vont faire curée. Ils
énumèrent très longuement l'énormité du cas, la
gravité du délit, le danger de briser un ceps en tirant
un lièvre, le dommage énorme que peut causer votre
chien en mangeant du raisin : c'est le protocole ordinaire ; tous les messiers tiennent le même langage.

Ils accuseront votre chien et n'oseront pas vous soupçonner, parce qu'ils attendent quelque chose de vous. Tous ces discours, ces menaces de procès-verbal, de conduite chez le maire, se calment quand vous ouvrez votre bourse : une pièce de 20 sous donnée à chacun d'eux fait tout évanouir. Doublez la dose, ils vous indiqueront le gibier ; poussez jusqu'à la pièce de 5 francs, et mes lurons, oubliant leurs arguments sur les ceps et les raisins, vont vous servir de rabatteurs.

Le gendarme.

Chargé de veiller à l'exécution des lois, le gendarme peut vous faire exhiber votre permis de chasse. Le maire, l'adjoint, le garde champêtre ou forestier de la commune où vous chassez ont le même droit ; vous devez leur répondre avec politesse, en homme de bonne compagnie.

Les premières ordonnances restrictives sur le droit e port-d'armes sont de Henri II ; elles le défendaient sous peine de mort. Plus tard ses successeurs la remplacèrent par l'amende arbitraire et les galères ; la pendaison n'arrivait qu'en cas de récidive. Mais en 1609, Henri IV, et j'en suis fâché pour lui, remit en vigueur les ordonnances de Henri II ; plusieurs exemples furent faits, un entre autres par le parlement de Grenoble. Cette rigueur subsista jusqu'au règne de Louis XIV.

Le port-d'armes était alors défendu par les lois à certaines personnes, à certaines classes d'une manière absolue. Aujourd'hui le *port-d'armes* est converti en *permis de chasse* : c'est un impôt de 25 francs mis sur vos plaisirs, vous devez le payer. Il n'offre pas plus de garantie à la société que celui des passeports : presque tout le monde peut s'en procurer; c'est une formalité fiscale comme le timbre, c'est un des mille ruisseaux qui vont se perdre dans l'océan du budget (1).

Le fait de chasser avant l'ouverture, ou sans permis de chasse, entraîne la confiscation du fusil; mais c'est au tribunal à la prononcer; les officiers de police ont le droit de dresser procès-verbal de la contravention, sans avoir celui de s'emparer de votre arme. Dans ce cas un chasseur peut faire résistance : un homme de cœur ne se laisse jamais désarmer.

Si vous aviez quelques fâcheux préjugés contre la gendarmerie, je serais bien aise de vous en débarrasser, en vous disant : que ce corps est recruté dans les compagnies de grenadiers de l'armée; que l'on choisit les plus braves, les plus disciplinés, ceux qui toujours ont eu la meilleure conduite; c'est l'élite de l'élite des soldats français. Toutes les fois que sur nos théâtres paraît un gendarme, il excite les rires, les huées, les sifflets de quelques spectateurs du Paradis. Si l'on pouvait faire une enquête sur les personnes qui donnent ces signes d'improbation, il serait vite prouvé qu'elles ont été plusieurs fois arrêtées par des gendarmes pour avoir *fait* le mouchoir,

(1) A la fin du volume on trouvera la loi qui régit actuellement la matière.

7

la montre ou la tabatière. Le filou n'aime pas le gendarme ni le sergent de ville ; ce sont ses ennemis naturels. Quant à vous, homme instruit, bien élevé, qui pour votre commerce, votre industrie, ou la conservation de vos propriétés, avez besoin d'ordre, vous devez considérer le gendarme comme un brave soldat dont le sang a coulé sur les champs de bataille, et dont les services, aujourd'hui moins brillants, n'en sont pas moins utiles.

CHAPITRE X.

LE LIÈVRE.

—

> Lièvre je suis, de petite stature,
> Donnant plaisir aux nobles et gentilz :
> D'estre leger et vite de nature,
> Sur toute beste on me donne le pris.
>
> Du Fouilloux.

Le lièvre est assez connu de tout le monde, sans que je m'amuse à vous en donner la description ; je n'écris pas un livre d'histoire naturelle. Les Latins le nommaient *lepus :* Nonius dit qu'on l'appelle ainsi parce qu'il a le pied léger, *lepus quasi levipes a celeritate pedum* (1).

Cet animal engendre la première année ; sa femelle produit ordinairement deux petits, quelquefois trois et même quatre. Au mois de mars, lorsque le prin-

(1) Nonius. *De Re cibaria,* liv. 2, ch. 9.

7.

temps fait sentir sa douce influence, les bouquins (1) poursuivent les femelles avec un acharnement incroyable ; leur amour ressemble à la rage.

Prolis amans, gignit fœtus, lactatque tenellos,
Dumque superfœtat, dum parit , usque coit.

Ils se livrent entre eux des combats sanglants qui souvent finissent par la mort. Un jour je passais sur un de leurs champs de bataille, je vis en frémissant le poil de lièvre répandu sur le sol en quantité suffisante pour faire un manchon : par-ci, par-là des traces de sang, un bout d'oreille déchiré par des dents qui jamais n'auraient dû couper que de l'herbe... Plus loin un cadavre palpitant encore. « Voyez les « dangereux effets de l'amour, dis-je à ma cuisinière, « et faites-nous un bon civet. »

Les premiers levrauts naissent en janvier, les derniers en septembre ; cependant on trouve des levrauts en toute saison. Si vous voyez un lièvre aujourd'hui, s'il n'a pas été couru par votre chien, revenez demain, vous le trouverez dans les environs, dans un rayon de deux cents pas. Si vous tuez un levraut marqué sur le front d'une étoile blanche, cherchez encore, son frère n'est pas loin : un levraut venu seul au monde n'a pas de marque.

Un proverbe espagnol dit : *El lobo, do halla un cor-*

---

(1) Les mâles s'appellent *bouquins*, les femelles *hases*. Hase est un mot allemand qui signifie lièvre, dans un sens général. Je ne sais pourquoi ceux qui l'ont francisé l'appliquent seulement au lièvre femelle.

dero, busca otro. Là où le loup trouve un agneau il en cherche un autre.

C'est une étrange destinée que celle du lièvre! il n'est l'ennemi de personne, et tout le monde est son ennemi. Le loup, le renard, la fouine, les oiseaux de proie, l'homme et même le lapin. Le lapin! courant les mêmes dangers, il s'avise de lui chercher querelle. Malheureux! vivez en paix; le taillis est assez grand, l'herbe assez abondante; soyez frères par les habitudes comme vous l'êtes par la ressemblance; car enfin votre sort est le même à tous deux; la seule différence que j'y vois, c'est celle du civet à la gibelotte.

> *O indefensi leporis miserabile fatum !*
> . . . .
> *Et, qui sorte pari fit præda cuniculus, illum*
> *Odit, communique vetat consistere terrâ* (1).

Si le lièvre a beaucoup d'ennemis, il a toujours compté les rois parmi ses protecteurs. C'est prodigieux le nombre de lois et d'ordonnances faites en tout pays en faveur des lièvres : tous les souverains en ont signé par douzaines; chacun de nos rois en a fait sa part. Que de fois les affaires sérieuses ont été négligées pour s'occuper des lièvres! mais cette haute protection était celle d'un boucher qui garantit ses moutons des approches du loup. Lady Morgan, qui si souvent déraisonne en parlant de nous, ne se trompe point lorsqu'elle dit « qu'en France le droit

______

(1) *Album Dianæ Leporicidæ,* par JACQUES SAVARY, 1655.

« de chasse estimait plus la vie d'un lièvre que la li-
« berté d'un homme. » Pourquoi n'ajoute-t-elle pas
qu'en Angleterre les braconniers font encore le voyage
de Botany-Bay ?

Quand il fait chaud, le lièvre se place presque toujours sur le bord d'une luzerne, d'un champ de pommes de terre, d'un fourré quelconque; il aime à se
garantir des rayons du soleil. Dans l'hiver, au contraire, il se place au midi, toujours à l'abri du vent,
sur le bord d'un fossé, dans un buisson, derrière
une motte en plaine. Il choisira celle qui se trouve
de la couleur de son poil; il gratte la terre pour se
faire un gîte, toujours en proportion avec son corps.
Là cet estimable animal dort;

> Car que faire en un gîte à moins que l'on ne *dorme*.

mais il dort les yeux ouverts, les oreilles ouvertes;
le lièvre, doué d'une ouïe extrêmement fine, passe
sa vie à mourir de peur. Il part avec une grande vitesse, ce qui a donné lieu à ce proverbe :

> *Lepus currens per prata,*
> *Non est esca ad præsens parata.*

Ses jambes de devant, plus courtes que celles de derrière, lui donnent plus de facilité pour monter que
pour descendre; aussi lorsqu'on marche en compagnie d'autres chasseurs, il est bon de se placer sur
l'endroit le plus élevé, le lièvre prendra cette direction.

Il est rare que le lièvre reprenne le gîte qu'il avait

la veille, il en fait un nouveau chaque jour. Cet animal craint la rosée, il a peur de se mouiller les pattes et le poil ; par cette raison, il choisit les sentiers battus, ceux qui sont les plus propres. Dans les bois, dans les taillis, il se fait un chemin qu'il suit toujours ; s'il se trouve sur son passage quelque ronce ou quelque épine, il la taille avec ses dents ; au premier coup d'œil, un chasseur aperçoit la route habtuelle d'un lièvre.

Il est facile de reconnaître le sexe d'un lièvre au gîte. Le bouquin tient ses oreilles serrées l'une contre l'autre, la hase les tient ouvertes et élargies des deux côtés.

Indivisa jacet mediis quando auris in armis,
Ille tibi mas sit : quando utraque pendet utrinque ,
Fœmina (1).

L'abbé Dariès, prieur à Carniol, dans les Basses-Alpes, était grand chasseur. Un jour, au moment de monter à l'autel, un paysan vient l'avertir qu'il connaît un lièvre au gîte. Notre abbé se hâte de dépêcher sa messe ; il quitte son étole et prend son fusil. Arrivé près du lièvre, le prieur dit à son guide : « Fais-le partir, je n'assassine pas le gibier. » Le lièvre est bourré, l'abbé met en joue et ne tire pas. Le paysan s'en étonne. « Imbécille, dit le chasseur, « ne vois-tu pas que c'est une femelle et qu'elle est « pleine? » En pareille circonstance, j'engage tous les chasseurs à suivre l'exemple de l'abbé Dariès.

(1) *Album Dianæ Leporicidæ*, par Jacques Savary.

Le lièvre ne voit pas droit devant lui; s'il vient à vous, ne bougez point, il passera dans vos jambes. Un lièvre poursuivi par mes chiens, et voulant sortir d'un jardin, s'est brisé la tête contre la grille par laquelle il était entré.

Nous avons vu souvent en campagne trois ou quatre régiments se disperser spontanément, former un grand cercle pour entourer un pauvre lièvre; dix mille hommes couraient, criaient, se mêlaient comme un essaim d'abeilles. Une fois le lièvre pris, chacun revenait à son rang; il n'y paraissait plus; seulement on voyait sur un havresac le malheureux lièvre, les pattes pendantes, lié par trois courroies, en attendant le bivouac du soir, où le cuisinier de l'escouade le transformait toujours en civet. Cet amusement que le hasard nous procurait souvent dans les plaines de l'Allemagne a été cause une fois de la prise de Rome. En l'an 895, le roi de Germanie Arnoul assiégeait la ville éternelle pour y rétablir le pape Formose expulsé par des factieux. Un lièvre, poursuivi par quelques soldats, excita une grande rumeur dans le camp, tout le monde courut après le lièvre; les assiégés qui du haut des remparts aperçurent une armée courant sur eux, crurent qu'on allait donner l'assaut et ils prirent la fuite. Un historien du temps dit : « Il « ne manquait plus que ce déshonneur à la ville, « maîtresse du monde, que de se voir prise par un « lièvre. » *Hoc solùm deerat urbi victricis orbis dedecus, ut a lepore capta diceretur.*

Du moment qu'il est levé, le lièvre part, court, va

fort loin, et ne se repose que lorsqu'une grande distance le sépare de l'ennemi. Cependant il arrive souvent qu'il se rase en traversant un fourré. Dans ce cas, il ne fait pas de gîte; un brin d'herbe le recouvre, il en faut si peu pour le cacher à vos yeux (1).

Le levraut se tient ordinairement au milieu d'une luzerne, d'un sainfoin, d'un champ de betteraves ou de pommes de terre, au lieu d'être sur le bord. Il a moins de confiance que le lièvre dans la vitesse de ses jambes; il craint davantage le chien; au lieu de le braver, en prenant franchement sa course, il se dérobe, se rase souvent, change de place, sans quitter le fourré, dont il ne sort à la fin que lorsque le chasseur se trouve à l'autre extrémité. De tout ceci, je conclus qu'un lièvre doit être cherché sur les bords et le levraut dans le milieu.

Lorsqu'on rencontre un gîte frais ou du repaire frais, quand la terre est légèrement grattée, quand le chien marque de faux arrêts, il est certain qu'un lièvre est venu là, tout près de vous, peut-être est-il rasé sous une touffe d'herbes : cherchez, marchez regardez, écoutez et ne parlez pas.

Le lièvre passe toujours sur les chemins, ainsi votre chien entre dans un bois, un lièvre part, le chien

____

(1) « Le lièvre nous ha monstré l'herbe de la cicorée sauvage, la-
« quelle est fort bonne aux mélancholiques : par autant qu'il est l'a
« nimal le plus triste et mélancholiq que nul autre, pour se guarir de
« sa tristesse, s'en va gister volontiers dessoubz icelle herbe, laquelle
« les anciens ont nommée *palatium leporis*, dit palay du lièvre. »
Vénerie de Du Fouilloux.

le suit ; placez-vous à l'endroit où plusieurs sentiers aboutissent, le lièvre doit passer par là.

Cet animal ne pousse qu'un cri dans sa vie, et c'est au moment de mourir, quand il se sent pris par le chien ou par l'homme ; c'est le chant du cygne, chant très-harmonieux pour le chasseur, lorsqu'ayant tiré dans un bois, il est dans l'incertitude sur les résultats de son coup de fusil ; ce cri lui donne une première jouissance, toujours confirmée par la vue du chien qui bientôt rapporte le lièvre.

Le lièvre a beaucoup de ruses, il nage bien ; poursuivi par les chiens, il traverse une rivière ; j'ai tué le plus beau, le plus vieux des lièvres, entre deux branches d'un saule : il s'était blotti là pour dépister les chiens (1).

Lorsque pendant la nuit il est tombé de la neige, les lièvres sont faciles à trouver ; on suit la trace de leurs pas qui vous conduisent jusqu'au gîte ; mais ce n'est bon que le premier jour, le lendemain les voies se croisent en tous sens, et c'est un fil bien difficile à débrouiller. Souvent le lièvre l'embrouille lui-même

---

(1) « J'ai vu un lièvre si malicieux, que depuis qu'il oyoit la trompe
« il se levoit du giste, et eut-il été à un quart de lieue de là, il s'en
« alloit nager en un étang, se relaissant au milieu d'icelui sur des joncs
« sans être aucunement chassé des chiens. J'ai vu courir un lièvre
« deux heures devant les chiens, qui, après avoir couru, venoit pous-
« ser un autre et se mettre en son giste. J'en ai vu d'autres qui na-
« geoient deux ou trois étangs, dont le moindre avoit quatre-vingts
« pas de large. J'en ai vu d'autres qui, après avoir été bien courus
« l'espace de deux heures, entroient par dessous la porte d'un tect à
« brebis, et se relaissoient parmi le bétail. J'en ai vu, quand les
« chiens les couroient, qui s'alloient mettre parmi un troupeau de bre-

en marchant de tous côtés, pour dérober sa trace, et puis il saute à dix pas plus loin, se blottit et se tient coi. Les temps de neige sont très-funestes aux lièvres ; les braconniers en détruisent beaucoup : aussi les vrais chasseurs ne désirent point la neige ; ils la subissent comme une calamité, car, après un hiver rigoureux, ils trouvent au mois de septembre suivant, une différence énorme dans la quantité de lièvres qu'ils rencontrent.

O nix, improba nix, generosæ invisa Dianæ,
Pernicies leporum ! Venantum ignobile vulgus
Quam votis petit assiduis, ut cæde cruentá
Depopuletur agros (1).

Après une gelée blanche, ou lorsqu'il est tombé de la neige et quand le soleil donne, un œil exercé reconnaît au loin une petite fumée sortant de terre : c'est le souffle d'un lièvre gîté, c'est la vapeur qui se dégage de son corps après avoir couru, c'est une cheminée en miniature. Pour voir cette fumée, il faut

« bis qui paissoit par les champs, ne les voulant abandonner ne lais-
« ser. J'en ai vu d'autres qui, quand ils oyoient les chiens courants, se
« cachoient en terre. J'en ai vu d'autres qui alloient par un côté de
« haie, et retournoient par l'autre, en sorte qu'il n'y avoit que l'épais-
« seur de la haie entre les chiens et le lièvre. J'en ai vu d'autres qui,
« quand ils avoient couru une demi-heure, s'en alloient monter sur une
« vieille muraille de six pieds de haut et s'alloient relaisser en un per-
« tuis de chauffant couvert de lierre. J'en ai vu d'autres qui nageoient
« une rivière qui pouvoit avoir huit pas de large, et la passoient et re-
« passoient la longueur de deux cents pas plus de vingt fois devant
« moi. »

Vénerie de Du Fouilloux.

(1) *Album Dianæ Leporicidæ,* par Jacques Savary.

que le soleil soit en face : on ne l'apercevrait point si l'on était en sens contraire. Dans ce cas, comme dans tous les autres où l'on connaît un lièvre au gîte, il ne faut pas marcher sur lui tout doucement, avec l'espoir de le surprendre ; le lièvre entend toujours ; plus on prend de précautions plus il se méfie. Il faut, au contraire, marcher vite en décrivant, autour de lui, un cercle que l'on rétrécit à mesure qu'on s'approche ; il faut chanter si l'on est seul, parler haut si l'on est deux, avoir l'air de passer son chemin ; le lièvre croit que vous vous occupez de toute autre chose, il ne bouge pas.

En tout temps, lorsqu'on traverse un guérêt, un chaume, et qu'on aperçoit une légère protubérance, on doit s'en approcher pour voir si ce n'est pas un lièvre gîté. Souvent on fait bien des pas inutiles, on rencontre bien des mottes de terre, mais à la chasse il ne faut pas compter ses pas. Il est cependant un moyen de les économiser : lorsqu'on se trouve à trente ou quarante pas d'une de ces protubérances, on frappe du talon par terre, et si c'est un lièvre il ne manquera point de lever une oreille en l'air ; alors on marchera sur lui sans hésiter ; s'il part et c'est ce qui arrive ordinairement, vous tirerez sans perdre une seconde.

On laisse filer la caille ou la perdrix, mais le lièvre, on le tire quand on peut ; du moment qu'il est dans la ligne droite du point de mire, on lâche franchement la détente, en tirant de près, cela donne la faculté de redoubler si le premier coup n'a pas réussi.

L'abbé Dariès, dont j'ai déjà parlé plus haut, avait été faire une partie de chasse avec quelques jeunes gens dans les Basses-Alpes. Arrivés sur les lieux, une pluie survient, dure trois jours, et les chasseurs sont forcés de rester en place dans un mauvais cabaret. Enfin le soleil paraît, superbe, radieux ; tout le monde se dispose à partir, l'abbé refuse de suivre ses compagnons. « Je vous connais, mes chers amis ; si je
« tue quelque chose, vous êtes capables de le manger,
« quoique ce soit aujourd'hui vendredi; dans ce cas,
« je serais responsable de votre péché : j'ai bien as-
« sez des miens. » Comme notre bon abbé se trouvait le meilleur tireur de la troupe, on tenait à l'avoir. On promit de ne pas manger gras quand même. Il se décide, il part, on entre en chasse. Un lièvre déboule sous les pieds de l'abbé, qui couche en joue; mais apparemment ses scrupules revinrent avec plus de force, car il ne tira point. On l'entendit grommeler entre ses dents, et tout en suivant son lièvre avec le bout du canon : « Ah! si ce n'était pas un vendredi! » *Ah! sè n'ère pas divèndre !*

Un lièvre qui part droit devant le chasseur, et qui file droit, doit être visé sur le dos, vers la nuque, entre les deux oreilles ; de cette manière le coup de fusil le couvre tout entier, il tombe en faisant le bouchon (expression consacrée). Si vous le tirez en cul.... Je demande pardon de me servir de ce mot, mais je ne puis en trouver un autre. A la cour du duc de Bourbon, personne n'aurait osé l'employer. J'entendis un jour un des compagnons de chasse du prince raconter qu'il avait manqué, de deux coups de fusil, un lièvre assis *sur son dos.* — Couché! lui dis-je. — Non, assis. — Dites donc, sur son cul. Je disais donc que lorsqu'on le tire en cul, rarement on le tue. *Le cul d'un lièvre est un sac à plomb,* proverbe de chasseur d'une vérité tous les jours démontrée par l'expérience. En effet, les grains piqués dans les fesses ne comptent pas, ils y restent sans diminuer la vigueur de l'animal; amortis par les chairs, ils n'ont pas assez de force pour briser la charpente osseuse; et dans ce cas, vous ne ramassez le lièvre que lorsque les grains de plomb cassent les pattes, ou, passant par-dessus, atteignent la tête ou le reste du corps.

Plusieurs journaux, en 1834, ont raconté l'histoire d'un chasseur qui, tirant un lièvre à trente pas, vit l'animal tomber, se relever, repartir en traînant quelque chose derrière lui; le chasseur tira son second coup, le lièvre resta sur la place, et le chien fut tout étonné de rapporter deux lièvres jumeaux, comme les deux Siamois, ou bien un lièvre ayant huit pattes et quatre oreilles. Le journaliste n'a pas même eu le mérite de l'invention, car j'ai trouvé cette gasconnade dans le *Dictionnaire de la Chasse et de la Pêche.* Paris, 1769, t. II, page 91.

Un lièvre en travers est bien plus facile à tuer quand on le touche, mais bien plus difficile à toucher. En effet, lorsqu'il part droit, vous n'avez qu'une ligne à suivre; près ou loin, le coup l'atteint toujours; tandis qu'en travers, il faut que votre plomb frappe juste au point où la ligne de mire se croise avec celle suivie par l'animal. Si vous touchez, vous frappez le ventre, le cœur ou la tête, et le lièvre est roulé. Donc le lièvre que vous tirez à cinquante pas, en plein travers, est tout aussi facile à tuer qu'un lièvre en cul, à vingt pas, en supposant les deux coups également bien tirés.

Si le lièvre vient droit à vous, tirez bas, sous les pattes de devant; s'il se retourne après vous avoir vu, tirez haut, à la tête; s'il file en travers, visez les épaules.

Quand le lièvre est au gîte dans une plaine, ou dans un taillis découvert, on le tire après l'avoir fait partir; mais s'il est dans un fourré, sous l'arrêt du chien, et si l'on se trouve dans l'impossibilité de tirer à la course par rapport aux arbres, aux buissons qui le déroberaient à la vue, on le tire posé : c'est ce qui s'appelle assommer, assassiner un lièvre. On vise à la tête, parce que ce coup, ordinairement tiré de très-près, brise l'endroit qu'il frappe; et si la tête est perdue, l'inconvénient est sans importance pour la cuisine. D'ailleurs la tête résiste, et par cette raison est plus facilement traversée; tandis que le corps, couvert de poil, est, dans ce cas, doué d'une certaine élasticité qui souvent empêche le plomb de pénétrer. Il m'est arrivé de tirer un lièvre au gîte à vingt pas, il a laissé sur la place une poignée de poils, et le gaillard court encore.

Lorsque la terre est gelée, un lièvre au gîte, dans un guérêt, n'est pas facile à tuer, si l'on tire de vingt-cinq ou trente pas. Son corps blotti ne fait point saillie au dehors, quelques mottes de terre sont toujours là pour le garantir. Ces mottes en temps ordinaire, seraient brisées par le plomb qui frapperait ensuite l'animal; mais durcies par le froid, dures comme des pierres, elles résistent, le plomb ricoche en tout sens, et le lièvre se sauve.

Le lièvre connaît, vingt-quatre heures d'avance, le temps qu'il doit faire, et cela sans le secours du baromètre. En partant pour la chasse, examinez toujours le temps qu'il fait : s'il pleut ou s'il doit pleuvoir, cherchez le lièvre dans les carrières, dans les terrains pierreux couverts d'herbes, de ronces, de chardons, et généralement dans tous les endroits secs à l'abri du vent, surtout si le vent est au midi. S'il est au nord, à l'est, le lièvre ne s'en garantira que les deux premiers jours; le troisième, il ne le craint plus et se gîte en plaine et le nez au vent. J'ai fait cent fois cette observation.

Quand il gèle, on trouve les lièvres dans les bois, dans les taillis, sur les revers des fossés. Ceux que l'on rencontre en plaine sont des exceptions à la règle; souvent ils n'y sont que par circonstance, parce qu'ils ont été dérangés par les chasseurs, les bergers ou les chiens.

Dans tous les cas, lorsqu'on vient de tirer un lièvre, il faut lancer le chien après lui. Si l'on voit que le lièvre perd son avance, il faut suivre de loin, et remettre le chien sur la voie s'il la perdait. Quand on juge la poursuite inutile, on rappelle son chien par un coup de sifflet. Ramassez toujours votre lièvre mort, achevez-le s'il respire encore; j'en ai vu qui se sont échappés de la gueule du chien.

Le chevalier de R.... était fort maladroit chasseur; un jour qu'il partait, le fusil sur l'épaule, plusieurs de ses amis jouant aux boules sur le Cours, à Apt, le plaisantèrent sur l'inutilité de ses excursions. « Restez avec nous, cela vous fatiguera moins, et vous amusera davantage. — Non, dit le chevalier, j'aime mieux aller chercher un lièvre que nous mangerons ensemble. — Si jamais vous tuez un lièvre, je m'engage à le manger tout cru. — Et moi sans qu'on le vide. — Et moi sans qu'on l'écorche. — Nous verrons, dit le chevalier. » Une heure après, il revient triomphant. « Eh bien, dit-il, qui mangera celui-ci sans l'écorcher? » En même temps il jette un superbe lièvre au milieu de la bande joyeuse. Mais le lièvre reprend ses sens, le grand air le ranime, il se dresse, et fait si bien de ses quatre pattes, qu'il ne fut mangé ni cru ni cuit.

En Allemagne, la chasse appartient encore à l'aristocratie; par conséquent, les lièvres y sont plus communs qu'en France. Il fut un temps où tous ces lièvres nous appartenaient par droit de conquête; c'est à l'époque où nous faisions rimer si souvent gloire avec victoire, guerriers avec lauriers. Plaines d'Erfurth, de Gotha, de Weymar, votre délicieux souvenir fait encore battre mon cœur! Que de carnassières au ventre rebondi n'avons-nous pas rapportées de nos excursions! Nous étions jeunes et infatigables; aussitôt arrivés au cantonnement, après avoir fait sept ou huit lieues, nous partions pour la chasse, et cela nous délassait beaucoup. Que dis-je! nous chas-sions en faisant notre étape; et pendant que les ré-giments déployaient, sur la grande route, leurs co-lonnes sinueuses, en répétant le refrain grivois du *Lustig*, nous marchions en tirailleurs sur les côtés pour protéger la division des attaques des lièvres. C'était le bon temps alors; les gardes champêtres, les gardes-chasse, les messiers, tous ces cauchemars ambulants nous regardaient passer en ôtant leurs cha-peaux.

Autrefois on présentait au roi la patte droite du lièvre; ceci se faisait à genoux, et c'était un privilége que les ayant-droit n'auraient point voulu céder à d'autres. Pendant longtemps, en France, on appela *chevaliers du lièvre* des gens qui, n'étant pas chevaliers, voulaient passer pour tels. Voici l'origine de ce titre ou de ce sobriquet.

Un jour que Philippe de Valois et le roi d'Angle-terre Édouard III étaient près de se livrer bataille, un lièvre se leva dans le camp français; tous les soldats voulurent le prendre, un grand tumulte s'ensuivit. Quelques cavaliers de l'arrière-garde croyant le roi de France en danger, arrivèrent au galop pour le secou-rir, lui demandant l'accolade et d'être faits cheva-liers. « Je suis forcé de vous refuser, dit le roi, car « on vous appellerait *chevaliers du lièvre* (1). »

(1) C'était l'usage alors de créer des chevaliers au moment où com-mençait la bataille, ceux qui venaient de recevoir ce titre glorieux dé-ployaient une grande valeur pour montrer qu'ils en étaient dignes. Si le roi de France refusa l'accolade à ceux qui la lui demandaient, il n'en

Il est essentiel de faire pisser un lièvre qu'on vient
de tuer : on le tient de la main gauche par les oreilles, tandis que le pouce de la main droite presse
l'extrémité du ventre. Sans cette précaution, le lièvre conserverait un goût d'urine, et ne serait pas
mangeable.

Un lièvre tué, vidé tout chaud, cuit et mangé tout
de suite, est excellent; dans les rendez-vous de chasse
on déjeune avec des lièvres qui vivaient encore une
heure auparavant : si vous le laissez refroidir, il
devient dur; et dans ce cas, il faut attendre quelques jours pour le livrer à la cuisinière.

Deux originaux, M. Moncan et M. Second, vieux
amis de collége, étaient ensemble sur la place du
marché d'Apt; ils s'arrêtèrent vis-à-vis d'un lièvre
qu'un paysan tenait suspendu par les pattes, pour
montrer son râble aux amateurs.

— Ami cher, ce lièvre est superbe !

— Cher ami, si nous l'achetions ?

— Ami cher, c'est demain que nous devons aller à
la chasse aux becfigues, suivant notre habitude, tous
les ans à pareil jour; nous le ferions rôtir ce soir.....

— Bonne idée, cher ami; la cuisinière le porterait à la *Font-Major*, elle aurait soin d'ajouter deux
bouteilles d'excellent vin, un morceau de fromage...

— Ami cher, nous ferons un excellent déjeuner.

Le lièvre est acheté, payé, rôti. Le lendemain la

fut pas de même dans l'armée anglaise. Froissart dit : « Là, y fut fait
« plusieurs nouveaux chevaliers; et par espécial le comte de Hainaut
« en fit quatorze qu'on nomma depuis *les chevaliers du lièvre.* »
Livre I, partie 4, chapitre XCIII.

8.

cuisinière part pour la Font-Major, située sur une haute montagne. Pour aller à la Font-Major, il faut passer devant la *Font-Fraîche*, autre fontaine qui se trouve à moitié chemin. La cuisinière y rencontra les deux amis qui se reposaient de leurs courses après les becfigues, et reprenaient haleine pour continuer leur ascension vers la Font-Major.

— Ami cher, voilà notre déjeuner... Si nous le mangions ici ?

— Impossible, cher ami, nous devons aller à la Font-Major.

— Ami cher, rien ne peut nous y forcer.

— Cher ami, nous avons acheté le lièvre pour le manger à la Font-Major.

— Mais nous pouvons le manger à la Font-Fraîche. D'ailleurs, ami cher, je suis fatigué, la chaleur est accablante...

— Cher ami, jamais il ne fut question de la Font-Fraîche, nous devons aller à la Font-Major.

— Ami cher, je sue comme un bœuf.

— Cher ami, nous devons aller à la Font-Major.

— Mais, ami cher, vous ne voudriez pas me rendre malade.

— Cher ami, nous devons aller à la Font-Major.

— Ami cher, cependant... si je ne puis pas aller plus loin.

— Cher ami, j'irai tout seul.

— Ami cher, partez.

— Cher ami, je pars.

Aussitôt le lièvre est extrait du panier, on le coupe

en deux, chaque ami prend sa part, et nos deux originaux déjeunent, l'un à la Font-Fraîche, l'autre à la Font-Major.

M. Moncan, le cher ami, lorsqu'il avait dit quelque chose, y tenait, comme vous voyez ; rien ne pouvait le faire manquer à sa parole, même à la parole qu'il s'était donnée. Un jour il chassait aux culs-blancs, il variait ses plaisirs, car enfin on ne peut pas toujours tuer des becfigues. Or, vous saurez que ce qu'en Provence on appelle cul-blanc, n'est pas le cul-blanc de Paris. C'est un oiseau de passage de la grosseur d'un moineau. Buffon le nomme *le motteux*, parce qu'il va sans cesse d'une motte à l'autre. On dirait qu'il a fait la gageure de poser ses pattes sur toutes les mottes d'un guéret ; il s'en acquitte en conscience et n'en oublie aucune. Notre chasseur était donc à la poursuite des culs-blancs ; il se glissait derrière les haies, dans les sillons, marchant courbé, roulé sur lui-même, pour être moins vu. Au moment où, caché dans un fossé, M. Moncan était prêt à tirer un cul-blanc, qui ne se laissa pas tirer, M. Duperret (1), son neveu, qui chassait avec lui, crie, à deux cents pas : « Mon oncle, le lièvre ! mon oncle, le liè« vre ! » Notre chasseur continuait toujours à viser son cul-blanc qui changeait de place. Le neveu criait toujours : « Le lièvre ! le lièvre ! » L'oncle n'écoutait rien. Bientôt le lièvre passa sous le nez du chasseur, qui ne daigna pas y faire attention.

(1) M. Duperret fut depuis membre de la Convention, et périt sur l'échafaud avec les Girondins.

—Eh bien! dit M. Duperret quand il fut près du cher ami, je vous envoie des lièvres et vous ne tirez pas!

—Mon neveu, je suis sorti ce matin de chez moi dans l'intention positive, arrêtée, de chasser aux culs-blancs, et non pas aux lièvres.

Avec un lièvre on fait deux bons plats; la partie antérieure se met en civet, le râble et les cuisses vont à la broche. Cependant on ne peut le manger ainsi qu'en famille : dans tous les autres cas, on le fait rôtir tout entier, piqué dans sa longueur, et non bardé, comme certaines cuisinières paresseuses en ont la détestable habitude. J'engage les amateurs à surveiller trois choses : qu'il soit *assez fait* pour être tendre; qu'il ne le soit pas trop, car il ne vaudrait rien; et qu'il soit cuit à point. Un lièvre trop cuit n'est plus un lièvre, c'est du bois, de la corne, c'est une chair sans goût et sans saveur, qui ne vaut pas les grains de plomb qu'elle a coûtés.

Pour connaître si le lièvre est vieux ou jeune, chose essentielle en cuisine, on tâte les pattes de devant à l'articulation du genou; si les deux os qui forment la jointure ne laissent entre eux aucun intervalle, le lièvre est vieux; si la séparation des deux os est sensible au toucher, il est jeune. Un bon lièvre est dodu, son râble est fort, large, étoffé, mais il n'est jamais gras. « Lièvre est une moult bonne petite beste, et « moult y a de plaisance en sa chasse plus qu'en beste, « du monde (1). »

(1) *Le Miroir de Phébus, des déduits de la chasse, etc.,* etc., par GASTON PHÉBUS DE FOIX.

Le lièvre de montagne est bien meilleur que celui de plaine; il mange du serpolet, du thym, et sa chair se parfume d'un arôme charmant. En général, plus le terrain est sec, plus le lièvre est bon. En Provence, ils sont délicieux, mais très-rares; dans ce pays, tuer un lièvre est un événement que l'on raconte pendant quinze jours à tous les amateurs, jaloux d'un aussi beau triomphe.

Je n'ai jamais compris pourquoi Moïse défendait aux Juifs, et Mahomet aux Turcs, de manger du lièvre. Le cochon, passe encore; dans les pays chauds sa chair est malsaine, mais le lièvre est toujours bon. Je ne sais où ce bon Du Fouilloux a pris que la chair du lièvre donne la mélancolie, pour moi, je ne suis triste que lorsque je n'en mange pas. Mangeons du lièvre ou cuit ou rôti, et pour faire enrager la médecine et les médecins, la méthode et les méthodistes, portons-nous bien.

Les Grecs et les Romains servaient du lièvre sur leurs tables les jours de grands galas; ils en vantaient l'efficacité dans certaines circonstances que je ne puis dire. A ce sujet, Pline rapporte un vieux proverbe de son temps : « Quand on a mangé du lièvre, on est « beau sept jours de suite. » Sept jours! ce n'est pas trop mal. Martial a mis ce proverbe en vers et l'a adressé d'une manière peu galante à une demoiselle Gellie qui ne dut pas être très-flattée du madrigal épigrammatique.

Cùm leporem mittis, semper mihi Gellia mandas.
Septem formosus, Marce, diebus eris.

Si verum dicis, si verum Gellia mandas
Edisti nunquàm Gellia tu leporem.

Clément Marot a traduit ces vers de la manière suivante :

Isabeau lundi m'envoyastes
Un lièvre et un propos nouveau.
Car d'en manger vous me priastes
En me voulant mettre en cerveau
Que par sept jours je serois beau.
Resvez-vous? Avez-vous la fièvre?
Si cela est vray, Isabeau,
Vous ne mangeastes jamais lièvre.

Ce même Martial dit que la grive est le meilleur des oiseaux, et que le lièvre doit avoir la préférence sur tous les autres quadrupèdes.

Inter aves turdus, si quis, me judice certet,
Inter quadrupedes gloria prima lepus

Les Romains étaient persuadés que la chair du lièvre entretenait la fraîcheur et la beauté. Mesdames, mangez du lièvre, et, suivant le précepte de Pline, faites-en manger à vos maris. L'empereur Alexandre Sévère mangeait du lièvre à tous ses repas (1). Chez les Romains, lorsqu'on voulait parler d'une vie agréable on disait : *vivere carnibus leporinis.* Chez les Grecs

(1) En ce temps-là on faisait des calembourgs à Rome; un bel esprit fit à ce sujet les quatre vers suivants :

Pulchrum quod vides esse nostrum regem,
Quem Syrum sua detulit propago,
Venatus facit, et lepus comesus,
Ex quo continuum capit leporem.

Leporem ici signifie *beauté.*

le lièvre était l'emblème de la peur : jamais emblème
ne fut mieux trouvé. Suivant leur coutume de divi-
niser les fléaux, ils placèrent le lièvre au rang des
constellations, parce qu'il avait mis la famine dans
l'île de Leros. Enfin, pour faire d'un seul mot l'apo-
logie du lièvre, je dirai que Lucullus l'estimait infiniment. Lucullus! comprenez-vous l'immense autorité de ce nom en gastronomie pratique? C'est dommage que l'histoire ne nous ait pas conservé la recette
de la sauce qu'on servait à ce monsieur. Les points
les plus importants sont précisément ceux que les
historiens négligent (1).

Puisque nous n'avons pas la méthode lucullu-
sienne, je vais vous donner celle dont je fais usage.
Autrefois je mangeais le lièvre à la sauce piquante ,
mais depuis qu'une aimable Anglaise me le servit à

(1) Sous Charles IX, on attribuait au sang du lièvre des vertus singulières : « Premièrement le sang du lièvre est grandement dessicca-
tif; si vous l'appliquez sur quelque rongne ou dartre, il la dessèche e^t
guarist. Le lièvre ha un petit os dessous la joincture des jambes, lequel est souverainement bon pour la colique passion. Sa peau brus-
lée et mise en poudre est un souverain remède pour arrester le sang
d'une playe en l'appliquant dessus. » *Véneric de* Du Fouilloux.

Sous François Ier, le sang du lièvre était presque une panacée uni-
verselle. Il guérissait de la cataracte, des attaques de nerfs, de l'hy-
dropisie, etc., etc. *De canibus et venatione.* Mich. Aug. Blondus,
f. xxix.

Enfin voici les propriétés du lièvre sous Louis XIV : « Le pied de
devant du lièvre est propre pour ceux qui sont sujets à la colique. Si
c'est le pied droit, il faut le porter au costé droit; et le pied gauche
au costé gauche. C'est ce que j'ai vu expérimenter à un gentilhomme
de condition , et cela sans tirer à conséquence, ni blesser notre reli-
gion catholique, apostolique et romaine. » *La Vénerie royale,* par
messire Robert de Salnove. Paris, 1672, page 227.

la gelée de groseille, je ne le mange pas autrement. Je ne suis guère anglomane, mais quand je trouve une bonne recette, je la prends sans demander son origine. Essayez-en, prenez avec la fourchette une quantité de gelée égale au morceau de chair dont vous aurez résolu l'immédiate introduction, et votre bouche délicieusement chatouillée proclamera l'incontestable utilité de mon livre.

Les Espagnols ont un fort sot proverbe : *si quieres comida mala, come la liebre assada.* « Si tu veux faire un « mauvais repas mange un lièvre rôti. » Ceci renferme autant de bêtises que de lettres, heureusement que nous ne sommes pas obligés d'y croire; en fait de gastronomie il faudrait être fou pour consulter les Espagnols.

Je ne finirai pas ce chapitre sans parler de la plus belle chasse aux lièvres qui, de mémoire d'homme, ait été faite. Nous étions quatre cent mille chasseurs, tant Français qu'Autrichiens; ceci se passait près d'un petit village qui se nomme Wagram, à quelques lieues de Vienne. La plaine était couverte de lièvres; tous les dix pas, il en partait plusieurs devant nous : nos fusils, nos canons, leur faisaient grand'peur, ils couraient, espérant se sauver; mais ils rencontraient plus loin deux cent mille rabatteurs autrichiens qui ne plaisantaient guère. Alors ils revenaient sur nous; on les voyait courir par escadrons entre les deux armées. Une charge de cavalerie, qui ne les regardait en aucune façon, les mettait en déroute, ils perçaient les rangs, passaient entre nos jambes; on les tuait à

coups de sabre, à la baïonnette; on les prenait vivants. Ce jour-là, nous vîmes une grande boucherie
d'hommes et de lièvres. Un lièvre tué faisait oublier
un camarade mort : c'était la petite pièce après la tra-
gédie. Que de balles destinées à l'ennemi furent tirées sur ces pauvres lièvres! Jamais on n'en a tant
vu, jamais on n'en a tant tué : le soir, après la bataille, vainqueurs et vaincus, nous soupâmes presque tous avec du civet.

CHAPITRE XI.

LE LAPIN.

—

Gaudet in effossis habitare cuniculus antris,
Monstravit tacitas hostibus ille vias.

MARTIAL.

Le propriétaire d'une chasse doit toujours avoir un bois garni de lapins; si la journée est mauvaise, si lièvres et perdreaux n'ont jugé convenable de se laisser aborder, on sait que les lapins sont là; cette pensée repose l'imagination du chasseur, il est certain de ne pas revenir *bredouille*.

Le lapin pullule beaucoup, il suffit d'en mettre douze dans un bois pour en avoir deux cents à la fin de l'année; il réussit bien dans les terrains secs. Lorsque la terre où l'on met des lapins n'absorbe pas les eaux pluviales, il faut dans plusieurs endroits placer des tas de pierres, ou faire des buttes de ga-

zon ; les mères les choisiront pour y déposer leurs
petits, à l'abri des inondations.

> . . . . *Cuniculus altâ*
> *Gaudet humo, tutos ubi ponat ab imbre penates* (1).

Les Latins appelaient le lapin *cuniculus*, c'est-à-
dire *petit coin qui ouvre la terre;* de *lpus* ou *lapus* que
l'on trouve dans quelques auteurs on a fait le diminutif *lapinus* lapin petit lièvre. Puisque nous en
sommes sur les étymologies, je vais vous donner celle
que Casseneuve donne du mot *gibier. Gibbosus* est le
nom qu'on donnait autrefois à la meilleure espèce
de faucon. On appela *gibecer* l'action de prendre les
oiseaux et *gibier* ce qu'on avait pris ; de même venaison vient de *venatio.*

Quelquefois les lapins multiplient à tel point,
qu'on en a trop, et les récoltes des environs s'en res-
sentent : arrivent alors les plaintes des voisins, les
procès en indemnité; dans ce cas le fusil, le furet,
les panneaux rétablissent bientôt l'équilibre.

Louis XVI est le premier de nos rois qui permit
aux paysans de tuer les lapins; l'ordonnance est de
1776, elle prouve combien leur race est nuisible aux
récoltes, puisque le mal qu'elle cause fut assez important pour occuper l'attention de ce monarque
honnête homme.

Pline, tant soit peu conteur de sa nature, dit que
les habitants de Minorque demandèrent un secours

(1) Jacobi Vanierii *Prædium rusticum.* Lib. xvi.

de troupes à l'empereur Auguste contre les lapins qui minaient et renversaient leurs arbres et leurs maisons. Il dit aussi que Tarragone fut entièrement détruite de cette manière par les lapins. Les habitants d'une des îles Lipari perdirent toutes leurs récoltes par les mêmes animaux ; ils parvinrent à les détruire en introduisant chez eux une grande quantité de chats.

Le lapin est d'un naturel hargneux, querelleur ; il ne souffre pas le lièvre dans son voisinage ; mettez dans un vaste enclos des lièvres et des lapins, bientôt les lièvres n'y seront plus.

Le lapin est plus rusé que le lièvre ; il creuse de vastes terriers à plusieurs étages : mille circuits peuvent l'y dérober à ses ennemis, et le lièvre ne sait que gratter un gîte. Mais il compte sur la force de ses jarrets, tandis que le lapin, qui du reste court fort bien, ne court pas longtemps, et tombe dans la gueule du chien, s'il est sur un terrain découvert où ses ruses sont presque toujours inutiles.

Le lapin mange pendant la nuit, il va quelquefois très-loin chercher sa nourriture, mais au point du jour il rentre chez lui.

> Après qu'il a brouté, trotté, fait tous ses tours,
> Jeannot lapin retourne aux souterrains séjours.

Croirait-on que cet animal herbivore est sujet à manger ses petits ! La femelle, connaissant le goût dépravé du mâle, prend toutes les précautions pour lui dérober sa portée. Elle creuse loin du terrier une *rabouillère*, c'est un trou peu profond fait en zigzag ;

elle y dépose ses enfants et ferme l'entrée avec un
bouchon d'herbes et de terre pétrie dans son urine.
Lorsque les lapereaux peuvent se nourrir eux-mêmes, elle les conduit à son mâle; ils reçoivent alors
des marques de sa tendresse paternelle (1).

Le lapin est très-timide, le moindre bruit le fait
déguerpir; en frappant le sol de sa patte, il prévient
ses compagnons de l'approche de l'ennemi; tous partent et vont se blottir au fin fond du terrier. On peut
croire que cet animal perd la mémoire en courant,
ou qu'il est excessivement curieux; en effet, une
bande, effrayée par plusieurs coups de fusil, rentre
précipitamment dans son trou; si vous restez là sans
bouger ni faire le moindre bruit, vous n'attendrez pas
plus d'un quart d'heure sans en voir sortir quelqu'un.
C'est un hussard d'avant-garde, il sort la tête et rentre, montre la moitié du corps et puis le reste. Un
autre survient, ensuite un autre, enfin toute la bande.
Elle ne se souvient plus du danger, il faut un nouveau
coup de fusil pour lui rafraîchir la mémoire.

Le lapin se laisse aisément arrêter par le chien :
il tient bien l'arrêt, mais il est difficile à tirer. Ne
suivant pas de ligne droite, faisant plusieurs crochets,

(1) Le mâle, en dévorant ses petits, n'a d'autre but que de forcer la
femelle à recevoir de nouveau ses caresses : le libertinage le pousse au
crime.

> . . . . . . *Novos ut fœmina partus*
> *Cogitet, et teneros non aspernetur amores :*
> *Mas necat ipse suam, stimulante libidine, prolem.*
> *Tantum audet scelerum Veneris malesuada voluptas!*
> Jacobi Vanierii *Prædium rusticum.* Lib. xvi.

passant par les endroits fourrés, on le perd souvent
de vue avant de lâcher la détente. C'est là qu'il faut
cette promptitude, ce coup d'œil, cette spontanéité
qui caractérise le bon chasseur. Quelquefois on tire
le lapin sans le voir, cela s'appelle tirer *au juger*. Il
a passé là, probablement il doit être ici, c'est la réflexion qu'il faut exécuter aussi vite qu'elle est venue.
Un tireur exercé réussit très-souvent de cette manière, mais il faut une grande habitude.

Vous avez manqué votre lapin; il est peut-être fort
loin, cependant vous ferez bien de le chercher près
de vous, si le bois est fourré. Le chien l'a poursuivi,
mais à vingt pas plus loin le lapin a fait un crochet,
et puis un autre, et puis cent détours; il pourrait
bien être revenu sous vos pieds.

Quand il fait beau temps, le lapin, après avoir passé
la nuit au gagnage, ne rentre pas au terrier, il ne se
creuse point un gîte comme le lièvre, mais il se blottit dans l'herbe, sous un buisson, toujours près d'un
fourré qui pourra le dérober à votre vue quand il sera
forcé de quitter sa cachette. Une fois blotti, le lapin
devient paresseux, il part difficilement; vous passerez très-près de lui sans qu'il bouge. Jeannot se
trouve bien, pourquoi voulez-vous qu'il se dérange?
J'ai connu certain braconnier dont l'œil de faucon
découvrait un lapin sous l'herbe, comme un autre
l'aurait vu galopant dans la plaine : ce gaillard se pro-
menait dans les bois, passait près de l'animal, l'as-
sommait d'un coup de bâton, ramassait sa proie et
continuait sa route.

Le lapin préfère les buissons, les bords d'un fossé, les amas de fagots, de bois, de pierres qui se trouvent dans les forêts, c'est toujours là qu'on le rencontre.

La chasse du lapin est très-amusante, parce qu'elle dure tant qu'on veut. On a battu les bois, les lapins effrayés sont rentrés au terrier, on les fait sortir avec le furet et on recommence. Si vous n'avez pas de furet, il faut, avant de battre le bois, fermer toutes les gueules des terriers (1) : les lapins ne pouvant plus rentrer, vont et viennent, se rasent, se blottissent ; on les lève plusieurs fois, et dans toutes ces allées et venues, on en culbute toujours quelqu'un.

Pour chasser au furet, il faut d'abord bien reconnaître la quantité de bouches du terrier, et fermer celles qui donnent sur les parties de bois trop fourrées, où vous ne pourriez pas tirer. Il faut faire le moins de bruit possible, retenir votre chien près de vous et lâcher le furet. Bientôt vous entendez un bruit souterrain, c'est un long roulement produit par les lapins fuyant dans leurs cachettes. Soyez tout yeux et tout oreilles. J'en vois un qui sort avec précaution, il est bien aise de s'assurer de ce qui se passe au dehors. Laissez-le faire, ne bougez pas, et ne tirez que lorsqu'il aura pris sa course, trois raisons m'obligent à vous donner ce conseil :

(1) Terrier vient de *terebra,* parce que ces sortes de bêtes (lapins, renards, etc.), *terram rostro et unguibus terebrant.* Valesiana.

1° Parce qu'en tirant un lapin posé près du trou vous l'assassinez, et qu'il est dans nos conventions que nous n'assassinerons pas;

2° Parce qu'en le tirant de cette manière il faut l'étendre raide mort pour l'avoir, le moindre reste de vie le fait disparaître à vos yeux. Tel lapin qui, roulé dans un endroit découvert, se contentera de gigoter sur place, s'il est près du terrier, trouvera le moyen d'y rentrer. Le voisinage des lieux où tant de fois il se mit à couvert des attaques de ses nombreux ennemis, ranime en lui ses facultés éteintes; dans ce cas le furet le mange, s'endort, et puis il faut attendre qu'il veuille bien se réveiller et sortir;

3° Parce que le furet peut se trouver derrière le apin, et vous pourriez tuer le furet.

En tirant le lapin à vingt pas du trou, vous avez de belles chances de réussite; vous pouvez redoubler si le premier coup ne frappe pas, et puis si vous blessez le lapin, votre chien le prend avant qu'il puisse rentrer.

Tant que le furet reste dans le terrier, il est probable qu'il voit des lapins, chargez vite et soyez prêt. J'en ai tiré jusqu'à trente sur le même terrier sans bouger de place. Le bruit des coups de fusil fait moins peur au lapin que la vue du furet. Cependant certains lapins ne sortent pas : ils ont vu le feu dans d'autres circonstances, une terrible impression leur est restée, ils se blottissent dans un coin, tournent le dos au furet, attendent l'événement, et c'est toujours la mort. Le furet les gratte, les écorche, et finit par leur manger les yeux. Le sang l'enivre, il s'endort. C'est alors qu'il faut vous armer de patience. J'ai vu des furets rester quatre, six, huit heures, quelquefois un jour entier sans sortir.

On emploie plusieurs moyens qui réussissent bien rarement. On se place du côté d'où vient le vent, et on tire des coups de fusil à poudre dans les bouches du terrier; la fumée sort bientôt de l'autre bout, mais elle ne pénètre pas dans les corridors du second et du troisième étage, et c'est presque toujours là que le lapin se trouve avec le furet. Quand il est à l'étage supérieur, la fumée l'étouffe, il sort bien vite pour respirer.

On frappe fortement des pieds dans toutes les directions sur le terrier; quelquefois le furet sort pour voir ce qui se passe. Mais ces moyens sont le plus souvent inutiles, il faut attendre. Si la nuit vous surprend sans que le furet soit revenu, fermez tous les trous, mettez un paquet de paille ou de foin en dedans, et près de l'entrée d'une bouche. Le furet craint le froid, il choisira cette place pour se coucher; et le lendemain matin, en débouchant le trou tout doucement, vous le prendrez endormi. Mais si quelque lapin est resté dans le terrier, il débouchera nécessairement un trou pour sortir, le furet s'échappera du terrier et chassera pour son compte. Vous le reverrez plus tard dans le voisinage; s'il est devenu sauvage, si vos tentatives pour le prendre sont inutiles, vous devez le tuer à la première occasion.

9.

Il existe plusieurs moyens pour empêcher le furet de manger le lapin. On lui met une muselière, mais cette muselière s'accroche à des racines, et souvent le furet meurt pendu dans le terrier. Par cette raison, si vous attachez un grelot au cou de votre furet, ayez soin que le cordon soit en laine très-faible, afin que le moindre effort puisse le casser, dans le cas où quelque obstacle surviendrait. Quand le furet sort du terrier, il faut le laisser faire, s'approcher tout doucement, et ne jamais chercher à le prendre quand il est trop près du trou, car on pourrait le manquer; dans ce cas il rentre, sort, rentre encore, s'amuse, et vous enragez; je sais ce qu'il en est.

Vous pouvez museler votre furet avec une ficelle, c'est le meilleur moyen, c'est le seul qui n'ait pas d'inconvénient. Je ne sais si je pourrai parvenir à vous en donner la description : essayons toutefois.

La ficelle doit être forte et cependant aussi fine que possible; on en prend environ quarante centimètres. Pendant qu'on vous tient le furet la bouche ouverte, vous placez le milieu de votre ficelle entre les dents et les crochets de l'animal; si vous la placiez ailleurs, il la couperait. Ramenant les deux bouts par dessous, vous faites un nœud que vous appuyez fortement. Ce premier nœud serre la mâchoire inférieure et doit servir de point d'appui.

Fermez la bouche du furet, prenez vos deux bouts de ficelle, croisez-les sur la mâchoire supérieure en les serrant par un double nœud ; de cette manière le furet ne peut pas ouvrir la bouche ; mais si l'on en restait là, les nœuds glisseraient bien vite. Vous prenez alors un autre morceau de ficelle, que vous passez autour du cou du furet ; ce collier ne doit être ni trop serré, ni trop lâche, c'est là que vous fixez le premier bout de ficelle, en le faisant passer au milieu du front. Le furet, ainsi muselé, respire par les narines, il fait très-bien son service et ne mange pas les lapins. Quand la chasse est finie on coupe la ficelle, en remettant le furet dans la boîte.

On peut encore apprivoiser un furet à venir au coup de sifflet : il faut pour cela lui donner toujours à manger soi-même, sans jamais charger quelqu'un de ce soin, et siffler chaque fois de la même manière. Le furet prend cette habitude, le sifflet devient pour lui le signal d'un repas ; ensuite, lorsqu'il est dans le terrier, on siffle à l'entrée de toutes les bouches, et bientôt il accourt. J'en avais un qui m'obéissait comme un chien. Mais il faut, pour arriver là, beaucoup de patience ; il faut s'en occuper tous les jours. Avant de lâcher le furet, on doit examiner avec attention si le terrier n'est pas fréquenté par un renard ; on reconnaît facilement la marque des pattes de cet animal. Quelquefois des chasseurs sans expérience mettent un furet au hasard, dans le premier terrier qu'ils rencontrent ; ils se postent, ils attendent longtemps, on n'entend rien, on ne voit rien, le renard a mangé le furet. Si le furet refuse d'entrer au terrier, ne l'y forcez pas, allez ailleurs ; il a senti quelque fouine, quelque putois, il sait fort bien qu'on lui tordrait le cou.

Si le lapin vient droit à vous, tirez au poitrail, aux pattes de devant.

S'il part devant vous dans un endroit découvert, visez les oreilles et tirez à vingt-cinq ou trente pas.

S'il est dans un taillis, dans un bois où vous le voyez et le perdez de vue alternativement, visez la clairière voisine, et tirez quand il arrive. S'il est dans de grandes herbes, tirez où vous voyez les tiges remuer et un peu en avant. S'il est dans un fourré, dans des buissons, où la vue ne pénètre pas, suivez la direction qu'il a prise, et tirez à l'endroit où vous le supposez.

En général on tire un lapin quand on le peut; il est bien rare qu'on ait le temps de le laisser filer. Tout lapin qui vient droit au chasseur doit être tiré bas, parce que la tendance de l'animal, qui va toujours, est de se jeter au milieu du coup de fusil. Par la raison contraire il faut tirer haut s'il part devant le chasseur.

Le lapin est très-facile à prendre au collet, les braconniers en font d'amples récoltes. Les lapins suivent toujours le même chemin; ces petits sentiers toujours battus par leurs pattes ressemblent à la marque laissée sur un pré par la roue d'une voiture. Sur ces passages les braconniers viennent le soir tendre leurs collets, qu'ils lèvent à la pointe du jour; il faut être plus matinal qu'eux, et les leur enlever; cette opération, souvent répétée, les dégoûte bientôt. On

suit ces petits sentiers d'un bout à l'autre du bois, et
quand ils traversent un buisson, c'est là qu'on trouve
le collet. On va se poster dans le bois, avant le jour ;
et, comme les lapins rentrent au crépuscule, on entend ceux qui se prennent au piége par le cri qu'ils
poussent ; on marche dans cette direction pour s'emparer du lapin. Mais il faut être plusieurs ; je ne conseillerais pas de faire seul la guerre aux braconniers.
Lorsque vous vous apercevrez que ces messieurs viennent fureter vos terriers, vous pourrez facilement
empêcher leurs visites. Placez dans l'intérieur du
terrier un vase plein de lait mêlé d'arsenic. Aussitôt
que le furet entrera, soyez certain qu'il ira boire le
poison. Vous pouvez aussi mettre des têtes de ha-
reng saur dans l'intérieur des terriers, l'effet sera le
même. Comme ils n'ont pas des furets par douzaines, les braconniers iront chercher fortune ailleurs.

Le lapin n'est pas un gibier délicat, cependant
j'ai connu des cuisiniers qui le rendaient digne des
gosiers distingués : mais il faut en manger rarement
pour ne pas s'en dégoûter bien vite. On distingue un
lapereau d'un vieux lapin, comme un levraut d'un
lièvre. Sganarelle dit qu'il y a fagots et fagots ; ceci
peut s'appliquer aux lapins.

Ceux élevés dans les terrains arides, montagneux,
où croissent des herbes aromatiques, sont incompa-
rablement les meilleurs. Louis XVIII savait distin-
guer le lieu de naissance d'un lapin servi sur sa table ; il flairait, mangeait, et ne se trompait jamais.
La nature a favorisé certains hommes d'un goût ex-

quis, d'une finesse de dégustation inconnus au vul-
gaire.

En général j'ai plus de plaisir à tuer un lapin qu'à
le manger. Cependant je suis forcé de convenir que
des filets de lapereau apprêtés par un bon chef, *se-
cundum artem,* peuvent être servis à la table des vrais
amateurs.

CHAPITRE XII.

LA PERDRIX.

> De la perdrix entendre faut
> Qu'elle est lubrique grandement
> Et conçoit naturellement
> Par l'aleine du masle chaud.
> La perdrix denote une femme
> Mondaine lubrique et charnelle
> Qui au détriment de son âme
> Attire les paillards à elle.
>
> *Le sire de* GARGAS (1).

La perdrix s'accouple au mois de mars; elle pond au mois de mai, quelquefois à la fin d'avril. *A la Saint-Jean, perdreau volant* : c'est un vieux proverbe dont elle prouve l'exactitude chaque année. Du moment

(1) *La description philosophale de la Nature et conditions des oyseaux, avec figures et portraictures au naturel,* par le sire de GARGAS. Paris, 1609.

que les petits sont éclos, le père, la mère et les enfants marchent, volent ensemble; on les appelle du nom collectif de compagnie.

Malheureusement la perdrix fait son nid dans les luzernes, trèfles et sainfoins; elle préfère souvent les prairies artificielles, parce que, poussant plus vite, elles lui présentent plus tôt un abri; mais la fauchaison arrive lorsque bien des petits ne sont pas encore éclos, et la couvée est perdue. Hélas! pourquoi cet intéressant oiseau n'a-t-il pas assez de prévoyance pour faire toujours son nid dans les blés! Ses œufs ne seraient point ramassés par les faucheurs, et nous tuerions bien plus de perdreaux.

Les chasseurs-propriétaires achètent les œufs ainsi trouvés, les font couver par des poules, et du moment que les perdreaux sont en état de se suffire, ils les mettent dans les blés. Ils les lâchent par dix ou douze dans les lieux où se trouvent d'autres couvées; bientôt ces nouveaux venus sont admis par la mère, qui s'enorgueillit de sa nombreuse famille. Il vaut cependant mieux les lâcher avec la poule qui les a couvés; mais il faut porter le panier aussi loin que possible de la ferme. S'ils ont été couvés par une perdrix, il ne faut pas ouvrir la cage avec la main, la mère aurait peur et irait au bout de l'horizon. Il faut poser l'appareil près d'un blé, aller vous blottir à quelques cents pas, et un quart d'heure après lorsque vous supposez que l'effroi causé par votre présence a dû se calmer, vous tirez tout doucement une ficelle qui enlève le couvercle, et vos oiseaux se sauvent ensemble sans se presser. Les perdrix dont les œufs ont été pris par les faucheurs font souvent un autre nid qui réussit bien, et qu'on appelle *recoquée;* mais les perdreaux d'une recoquée deviennent rarement des perdrix. Le mois de septembre arrive avant qu'ils aient assez de force pour se sauver; les chiens les prennent; et les mauvais chasseurs, incapables de tuer un perdreau vigoureux, ne rougissent pas de fusiller ces petits malheureux, gros comme une alouette; et puis ils se vantent d'avoir tué des perdreaux! Les misérables! ils ont commis un crime. On peut les comparer au lâche soldat qui, dans une ville prise d'assaut, égorge l'enfant à la mamelle, pour teindre son sabre de sang et se donner l'air d'un brave. « J'ai « coupé le bras d'un Autrichien à la bataille de Wa- « gram, disait certain conscrit.—Il valait mieux lui « couper la tête, lui répondit-on. — Sans doute, « mais elle était déjà coupée. »

Tous les animaux ont de la tendresse pour leurs petits : celle de la perdrix est extrême. Sans cesse aux aguets, elle écoute, regarde, appelle ses enfants, les couvre de ses ailes, ou part avec eux. Mais s'ils ne sont pas assez forts pour fuir, c'est alors que son instinct maternel trouve une ruse sublime. La Fontaine l'a trop bien décrite pour que je l'essaie après lui :

> Quand la perdrix
> Voit ses petits
> En danger et n'ayant qu'une plume nouvelle,
> Qui ne peut fuir encor par les airs le trépas,
> Elle fait la blessée, et va traînant de l'aile,

> Attirant le chasseur et le chien sur ses pas,
> Détourne le danger, sauve ainsi sa famille;
> Et puis quand le chasseur croit que son chien la pille,
> Elle lui dit adieu, prend sa volée, et rit
> De l'homme qui, confus des yeux en vain la suit.

J'ai vu souvent cette scène intéressante, je la vois tous les ans se renouveler; j'ai toujours respecté la mère et les enfants, et je mépriserais souverainement le chasseur qui, sans pitié, tuerait une perdrix dans cette circonstance.

Lorsque le printemps est pluvieux, les couvées manquent souvent; l'eau couvre les sillons, les œufs sont mouillés, et le pauvre perdreau meurt sans avoir vu le jour.

> *Ut flos ante diem flebilis occidit.*

La grêle, les orages en détruisent beaucoup, malgré la tendre sollicitude et l'aile protectrice des mères. Que d'ennemis dont le perdreau doit éviter l'influence ou les poursuites! Au premier rang il faut placer la pie. La pie est l'oiseau qui détruit le plus d'oiseaux : son œil perçant découvre les nids au fond des taillis, sur les arbres et dans les blés; elle mange tout, œufs et petits, s'il s'en trouve; et puis quand, à force de bonheur ou de ruses, les perdreaux échappent à tant de dangers, l'homme arrive armé du fusil, précédé par le chien, et suivi du fatal tourne-broche.

On ne commence la chasse aux perdreaux que lorsqu'ils sont parvenus à leur grosseur, quand ils ont

quitté leurs premières plumes et qu'ils sont maillés.
De même qu'à la guerre on reconnaît un droit des
gens, une loi d'honneur que tous les généraux res-
pectent, à la chasse il existe certaines règles que doit
toujours suivre un chasseur consciencieux. Tuer un
pouilleux, c'est manger son blé lorsqu'il est en herbe,
c'est se priver d'un plaisir futur, c'est commettre un
crime de chasse. Et d'ailleurs, à quoi ce pouilleux
peut-il servir? Sans goût et sans saveur, on le jette
dans la gouttière pour qu'il devienne la pâture du
chat. Bien plus, c'est se donner un ridicule, et, chez
nous autres Français, un ridicule est quelque chose.
Lorsque arrivés au rendez-vous, les chasseurs étalent
avec orgueil le fruit de leurs travaux, les plaisanteries, les quolibets pleuvent sur le maladroit, l'assas-
sin, et pendant le dîner il sert de plastron à tous les
sarcasmes de la bande joyeuse.

Et puis un pouilleux ne compte pas comme pièce
tuée : dans l'inspection sévère que chacun fait de la
carnassière de son voisin, car il s'agit de nommer
roi de la chasse celui qui montre le plus de preuves
d'adresse, un pouilleux, un levraut, un lapereau de
lait, sont considérés comme rien. Il faut du gibier
de bon aloi; poil ou plume, il doit être au moins dans
l'adolescence et jamais d'extrême jeunesse; il faut que
ses ailes ou ses jarets puissent le dérober à vos coups.
Dans ce contrôle mutuel, essentiellement moral, on
a pour but de flétrir les mauvaises actions, c'est le
meilleur moyen pour empêcher de les commettre.

Les chasseurs à l'eau rose qui tuent un perdreau

pouilleux pour avoir quelque chose dans leur carnassière s'excusent en disant qu'ils l'ont pris pour une
caille. S'il s'agit d'un faisan, ils affirment qu'ils l'ont
soupçonné d'être perdreau. Qu'importe, ils méritent
les quolibets, les plaisanteries de tous, car il ne leur
est pas plus permis de pécher par ignorance que de
toute autre manière.

La perdrix rouge est beaucoup plus difficile à tirer
que la grise, parce qu'au lieu de suivre une ligne
horizontale, elle pique en l'air, dans un angle de
soixante-dix à quatre-vingts degrés. Comme elle
monte presque toujours lorsqu'on la tire, il faut,
pour être touchée, qu'elle se trouve au point d'intersection des deux lignes. Et puis elle part plus vite,
fait plus de bruit, on est plus surpris. Le chasseur
qui tire une perdrix rouge pour la première fois la
manque souvent. La perdrix rouge est un noble et
superbe oiseau.

En chassant un jour au *Bois-l'Abbé*, près de Chenevières-sur-Marne, je tuai quatre perdreaux rouges
dont je fis hommage à Mme P...., à Nogent; quelques
jours après, elle me plaisanta fort à ce sujet, préten-
dant que je les avais achetés à la halle. Elle appuyait
sa conjecture sur ce qu'ils avaient tous un ruban vert
à la patte droite, ornement que les perdrix n'avaient
pas la coutume de mettre aux pattes de leurs enfants.
Je ne sus que répondre, car je n'avais pas vu le ruban
vert. Le lendemain, je retourne au bois; un perdreau rouge part, il est mort. J'examine, et je vois
un ruban vert. Je vais à la remise : coup double,

deux perdreaux, deux rubans verts. Je sus bientôt
que les filles d'un illustre maréchal dont la mort tragique et récente a plongé la France dans le deuil,
avaient élevé ces intéressants perdreaux, qu'elles les
avaient marqués pour les reconnaître plus tard....
et nous les avions mangés : *sic vos non vobis.*

Ceci me rappelle une autre anecdote que je veux
vous raconter. Nous étions en Pologne, campés
près de la petite ville de Sochacew, à seize lieues de
Varsovie. Nous apprenons que dans une forêt voisine il existe beaucoup de loups, et tous les amateurs
du régiment partent un beau matin pour aller à la
chasse au loup : les chiens sont lancés, je me place,
un loup arrive à vingt pas de moi, je le tue. Halali !
Tous les chasseurs accourent, le loup était superbe ;
mais il n'avait que trois pattes, une de celles de devant manquait : « Il a perdu l'autre à la bataille d'Ey-
lau, » dit un vieux troupier. Un second loup est tué,
nous regardons : il ressemble au premier, la jambe
est bien coupée, le poil a recouvert la blessure ; on
pourrait croire qu'il naquit avec une jambe de moins.
Un troisième, un quatrième loup tombent sous nos
coups, et notre étonnement redouble toujours ; ils
n'ont que trois jambes, et celle qui manque est une
de celles de devant. Un bel esprit du régiment pré-
tendit nous prouver qu'en Pologne les loups nais-
saient ainsi ; plusieurs commençaient à le croire ; car
comment imaginer que par hasard quatre animaux
eussent jadis été blessés précisément de la même
manière ? Je voulus en avoir le cœur net, et savoir,

s'il était possible, la raison d'un fait aussi bizarre.
Je me dirigeai vers la demeure d'un garde forestier,
située à deux lieues de l'endroit où nous chassions;
voici quelle fut sa réponse : « Les peaux de nos loups
« sont très-recherchées dans le commerce; au prin-
« temps, nous tâchons de découvrir les places où les
« louves ont mis bas, et nous coupons une patte à
« toutes les jeunes femelles; la mère lèche la plaie,
« qui guérit parfaitement. Ces bêtes à trois pattes
« courent moins bien que les autres, elles restent dans
« le pays. Quand vient le temps du rut, elles atti-
« rent tous les loups des forêts voisines et nous les
« tuons. » Cette explication me parut fort satisfaisante, et j'étonnai beaucoup notre naturaliste lorsque
je lui prouvai qu'en Pologne les loups, voulant rester
dans la classe des quadrupèdes, avaient l'habitude
excellente de naître avec quatre pattes, comme partout ailleurs.

Parler de loups au sujet de perdrix, la digression
est un peu forte, j'en demande pardon à mon lecteur,
sans toutefois lui promettre de ne pas retomber dans
une faute à peu près semblable lorsque l'occasion
s'en présentera.

La perdrix rouge est d'un naturel plus sauvage
que la grise. Elle habite les bois, les montagnes, les
roches escarpées; on la trouve rarement en plaine.
Le tir de la perdrix rouge est sans cesse varié; l'une
pique en l'air, l'autre plonge dans un précipice, il est
rare qu'on en tire deux de suite de la même manière.
Pour la rapidité du vol, aucun gibier ne peut soute-

nir la comparaison ; il faut être bon tireur pour peloter franchement une perdrix rouge en toute circonstance. Quelquefois, du moment qu'elle part à
celui qu'elle tombe, il se passe trois secondes, ce n'est
pas trop. On trouve cependant plusieurs compensa-
tions : souvent les perdrix rouges ne partent pas ensemble ; la première sert d'avertissement, et l'on tire
plus lestement les autres. Ne partant pas ensemble,
elles se dispersent plus facilement ; à la troisième remise on les approche presque toujours. Elles courent
plus vite que les perdrix grises, mais un bon chien,
sage, qui les suit à travers les taillis, finit par les
trouver blotties ; il tombe en arrêt, l'oiseau ne bouge
plus, et vous donne le temps d'arriver, quand même
vous seriez à mille pas de lui.

Les perdrix rouges changent quelquefois de canton ; vous en trouverez souvent dans les lieux où
jamais vous n'en aviez vu. Lorsqu'elles n'y sont plus,
ce n'est pas une raison pour qu'on les ait tuées, elles
sont parties : le pays leur a déplu, voilà tout. Dans
les environs de Paris cet oiseau n'est pas dans son
climat naturel : si la plante exotique ne trouve pas
en France les conditions nécessaires à sa vie, elle
meurt : la perdrix rouge fait mieux, elle part et va
s'établir ailleurs.

Un chasseur qui tire bien la perdrix rouge et le lapin, tire ordinairement fort mal la perdrix grise, le
lièvre et la caille : il se presse trop ; voilà pourquoi
les gardes forestiers manquent souvent lorsqu'ils tirent en plaine. La plaine et le bois sont deux chasses

fort différentes, où l'on obtient rarement les mêmes succès. Il existe cependant certains hommes favorisés qui réussissent en toute chose; mais ce sont des êtres privilégiés, des exceptions, des Michel-Anges.

La perdrix grise se trouve partout, excepté dans les grands bois. On l'aborde facilement dans les endroits couverts, comme les taillis, les luzernes, les champs de pommes de terre ou de betteraves. Souvent elle marche devant le chien, qui s'arrête un instant, marche encore, fait de faux arrêts, puis continue à marcher. Dans ce cas, voici ma méthode, je la conseille aux amateurs. Si vous suivez votre chien, la perdrix, qui gagne à chaque instant de l'avance, partira loin de vous sans que vous puissiez tirer. Il faut passer devant le chien, lui faire signe de rester derrière, hâter le pas en choisissant la place où pose votre pied, pour faire le moins de bruit possible, et quand vous arriverez au bout de la luzerne, courez en poussant un cri, la perdrix partira.

Lorsqu'une compagnie est au milieu d'un chaume ou d'un guérêt, il est bien rare qu'elle soit abordable; elle a ses vedettes qui préviennent le corps d'armée, et tout le monde part. Il faut tourner de loin autour de la compagnie sans beaucoup avancer; les perdreaux marcheront, vous les verrez bientôt gagner un terrain couvert : laissez-les un instant se caser, ensuite prenez le vent, et marchez droit sur eux.

Dans les premiers jours de la chasse, lorsque les coups de fusil retentissent de tous côtés, les perdreaux, dispersés par la peur, restent blottis dans les chaumes, dans les guérêts, comme dans les lieux couverts. On peut dire qu'alors ils sont partout, attendant le chasseur avec patience, parce qu'ils sont seuls. Il faut battre la plaine à bon vent, car le chien sent moins bien un perdreau que vingt perdreaux; si le temps est calme, si la chaleur est forte, vous passerez souvent près d'eux sans rien voir. Asseyez-vous sous un arbre; du moment qu'ils n'entendront plus de bruit, ils chercheront à se réunir en compagnie; leur chant, d'abord timide, deviendra bientôt plus fort et vous indiquera l'endroit où vous devez marcher.

Les perdrix se méfient beaucoup de l'homme; on peut facilement les aborder en conduisant une vache, un cheval, ou bien en étant dans une charrette, mais il faut marcher en louvoyant, en zigzag, comme pour faire le siége d'une ville (1).

Nous avons en France une troisième espèce de perdrix, que j'aurais dû nommer la première, c'est la bartavelle; on ne la trouve que dans les provinces méridionales. Elle ressemble beaucoup à la perdrix rouge, mais elle est plus grosse. Quand cet oiseau

____

(1) Cette méthode est depuis longtemps en usage. Je l'ai trouvée dans le *Miroir de Phébus, des Desduicts de la chasse*, etc., etc., de GASTON PHEBUS, comte de Foix, mort en 1390.

« Cy, devise comment on peut assoir les archiers pour tirer aux bestes.

« Monte ung homme sur ung cheval et un archier aille avecques lui
« tousjours a pied couvert au coste du cheval et quand il verra qu'il
« sera assez pres si demoure l'archier sans soy bouger, et l'homme a
« cheval sen aille et les bestes museront et regarderont tousjours
« l'homme a cheval et donc pourra l'archier bien adviser son coup et
« frapper a son aise. »

10.

chante, il chante long-temps et sur le même ton.
C'est pour cela qu'on le nomme bartavelle, de *barta-
veou,* qui signifie en languedoc *le babillard* d'un moulin.

La bartavelle a les mêmes habitudes que la perdrix
rouge ; son naturel est peut-être encore plus sauvage.
Il faut avoir bon jarret pour chasser la bartavelle,
qui se tient toujours dans les pays boisés, montagneux, escarpés ; allant d'une côte à l'autre. Elle suit
la ligne droite, mais le chasseur doit descendre et
monter, monter et descendre : c'est une espèce de
chasse au chamois.

Dans les contrées à bartavelles, plusieurs chasseurs
se réunissent et se placent chacun sur un coteau ; de
cette manière toujours quelqu'un se trouve à portée
pour tirer.

J'ai souvent entendu parler d'une quatrième espèce de perdrix, la roquette, plus petite que les autres, et que l'on dit être un oiseau de passage. Je ne
la connais pas, je n'en ai jamais vu. Dans les commencements de la chasse, je fais le dénombrement
de toutes les perdrix de mon obéissance ; je connais
bientôt l'effectif des compagnies, je ne me suis jamais
aperçu que des perdrix voyageuses en aient augmenté
le nombre : j'en trouve quelquefois moins ; dans aucun cas je n'en vois davantage.

La perdrix qui, dans les mois de novembre, décembre et janvier, fuit bien loin, quand elle voit le
chasseur ou le chien, se civilise en février ; c'est que
le temps des amours arrive, alors les compagnies sont
dissoutes. S'il survient des gelées, elles se réunissent

encore, pour se séparer de nouveau dès les premiers
beaux jours. Dans les pays d'une température froide,
les accouplements ont lieu plus tard qu'ailleurs. Je
l'ai souvent remarqué, les perdrix de la plaine s'accouplent avant celles qui vivent sur des coteaux élevés. Parmi les perdrix, il existe toujours plus de mâles que de femelles. Ceux qui ne se sont pas accouplés
font la guerre aux maris : c'est un peu comme chez
nous. Quelquefois une femelle est poursuivie par
trois ou quatre mâles, qui ne la laissent jamais tranquille, même lorsqu'elle couve.

Il est bien, au mois de mars, de faire la chasse aux
coqs, soit avec une chanterelle, soit au chien d'arrêt.

Au point du jour, on part avec une perdrix femelle dans une cage, et quand elle rappelle, vous
voyez bientôt plusieurs mâles accourir ; vous en tuez
un, l'autre part ; mais un instant après, il vient se
faire tuer : pour arriver à la femelle, il passerait à
travers un brasier.

Les anciens auteurs disent que le mot perdrix
vient de *perdere*, perdre, parce que le mâle pour empêcher sa femelle de couver casse quelquefois les
œufs, qui sont perdus. Les coqs sont tellement portés à l'amour qu'ils se servent mutuellement de femelles, tandis que celles-ci couvent. Orus Apollo
raconte à ce sujet que les Égyptiens, voulant représenter le vice de sodomie dans leurs hiéroglyphes, se
servaient de deux coqs perdrix.

Une chanterelle ne rappelle ordinairement qu'au
crépuscule ; je connais un garde qui se sert d'un san-

sonnet pour attirer les coqs. Cet oiseau, pris jeune, fut élevé parmi des perdrix ; jamais il n'entendit le chant paternel. Comme le perroquet, il est imitateur ; il répète ce qu'il a toujours entendu, et le répète si bien, que les coqs eux-mêmes s'y trompent : de cette manière on peut chasser toute la journée. J'ai connu des chasseurs qui savaient parfaitement imiter le chant de la perdrix au point d'attirer les mâles. Ce talent est rare, mais il existe : il existait déjà du temps de saint Augustin (1).

La chasse à la *pariade* se fait en plein jour; par un beau soleil, la perdrix tient l'arrêt comme au mois de septembre. La femelle part la première, le mâle part le second ; vous tirez le mâle, rien que le mâle. Bientôt la femelle aura trouvé quelqu'un pour le remplacer. Si à cette époque vous rencontrez trois perdrix ensemble, il y a toujours une femelle et deux mâles. Ce n'est qu'aux mois de février ou de mars, et pendant les amours, que le mâle part le dernier ; quand vient le mois d'avril, les rôles changent. Le coq n'a plus rien à désirer, il s'envole au moindre bruit. Tel un amant assidu près de sa maîtresse, la quitte dès qu'elle est sa femme, et court à l'estaminet, au foyer de l'Opéra, suivant ses goûts, épiciers ou fashionables. Cela s'appelle écoqueter la plaine. C'est une

---

(1) « Quelques-uns contrefont si bien le chant des oiseaux, ou la voix des bêtes et des hommes, qu'on ne les sauroit discerner si on ne les voyoit ; il s'en trouve même qui font sortir par en bas, sans aucune ordure, tant de vents harmonieux, qu'on diroit qu'ils chantent. »

Saint Augustin. La Cité de Dieu, chap. XXIV.

chasse dont il faut être fort sobre. On tue par-ci par-
là quelques coqs, et puis on reste tranquille jusqu'au
mois de septembre.

Le tir de la perdrix offre une grande variété. Le
plus facile, c'est quand la ligne qu'elle suit en volant
se trouve parallèle à l'horizon. Dans ce cas, il ne faut
s'occuper que d'une chose, c'est de viser droit à mi-
corps de l'oiseau; puis tirez un peu plus tôt, un peu
plus tard, la pièce tombera. Elle file droit, le plomb
ne peut manquer de l'atteindre. Mais si la perdrix
monte, vous concevrez facilement qu'elle ne peut être
tuée qu'autant que la ligne du tir coupera celle du vol
au point précis où se trouve l'oiseau. Le chasseur
doit le suivre avec le point de mire, ne pas trop le
découvrir, et pécher plutôt par l'excès contraire. Il
vaut mieux tirer trop haut, puisque la pièce, par son
mouvement ascensionnel, tend à se jeter dans le coup.

Si la perdrix plonge dans le bas d'une côte, au fond
d'un précipice, visez les pattes, elle recevra le coup
au milieu du corps.

Si la perdrix vient droit au chasseur, si le fusil
se trouve à la même hauteur qu'elle, il faut viser la
tête. Si son vol est plus élevé, visez à cinq ou six centimètres en avant du bec.

Si le vol est très-rapide, si le vent pousse encore la
perdrix, visez à soixante centimètres en avant du bec;
le temps que le coup mettra pour partir et arriver
n'est pas long, mais aussi soixante centimètres sont
vite franchis par une perdrix volant à tire-d'aile.

Si la perdrix décrit autour de vous une ligne spirale en montant, il faut tourner avec elle, sans que les pieds changent de place; ne pas vous presser, viser à plein corps, et ne serrer la détente qu'étant bien assuré du coup : dans ce cas, il est rare qu'on réussisse en redoublant.

On appelle coup du roi celui que le chasseur tire au-dessus de sa tête, dans une position verticale. Il doit viser au bec, à quinze centimètres, ou plus en avant du bec, suivant la hauteur où se trouve l'oiseau. Pour réussir, il faut être d'aplomb; c'est d'autant plus difficile, qu'on se trouve surpris et qu'on n'a pas le temps de préparer ses pieds, ses jambes et ses reins.

Lorsque après le coup parti la perdrix tombe, elle est morte ou démontée, il faut sur-le-champ faire chercher le chien. Si la perdrix pique en l'air, elle est blessée à mort, à la tête ou bien au cœur; il faut la suivre de l'œil, elle va monter, monter, pirouetter, et tomber comme une pierre. Cette chute a quelquefois lieu fort loin du chasseur, qui doit, du moment que la perdrix est par terre, ne pas perdre l'endroit de vue. Il faut prendre d'autres points intermédiaires exactement dans cette direction, tel qu'un brin d'herbe, une motte, un caillou; déterminer par la pensée la place où l'oiseau se trouve, en se disant : « Pas plus loin que tel arbre, pas plus près que tel « buisson. » Marcher ensuite et chercher. Avant de quitter la ligne pour aller à droite, à gauche, en tous sens, ayez soin de marquer le lieu d'où vous partez, pour y revenir en cas de non-succès. Malgré ces précautions, j'ai perdu bien des perdreaux de cette ma-

nière. Au milieu d'une terre labourée, il est difficile
de juger des distances. Quand il fait chaud, le chien
n'a pas de nez, d'ailleurs il faut si peu de place pour
loger une perdrix.

On reconnaît le mâle de la perdrix rouge à
certain petit tubercule, légère protubérance qu'il
a sur chaque pied. Celui de la perdrix grise au fer
à cheval couleur chocolat qu'il porte sur la poitrine. *A la Saint-Rémy les perdreaux sont des perdrix.*
Cette époque passée, c'est-à-dire après le 1er octobre, un amateur qui se respecte ne peut plus dire
qu'il a tué des perdreaux.

Il faut qu'un chasseur connaisse les jeunes et les
vieilles perdrix : les unes doivent être rôties piquées
ou bardées, suivant les goûts; les autres doivent passer
à la casserole. Les cuisinières se trompent souvent,
et chacun sait ce que vaut une vieille perdrix rôtie.
On doit leur désigner, en vidant la carnassière, les
individus destinés à la broche, et ceux qui, mêlés aux
choux, à la purée de lentille, figureront au premier
service. Le chasseur expérimenté reconnaît facilement une jeune perdrix d'une vieille, à la dernière
plume de l'aile qui se termine en pointe au lieu d'être
arrondie; à la couleur des pattes, qui sont jaunes,
tandis que chez les vieilles elles sont presque noires.
Quant à la perdrix rouge, la jeune diffère de la vieille
en ce que la deuxième plume de l'aile est transparente
à l'extrémité. Si vous la regardez en l'air, vous voyez
le jour à travers dans une largeur de trois ou quatre
centimètres.

Un chasseur préférera toujours la perdrix rouge à la perdrix grise. C'est un plus bel oiseau, plus difficile à tuer, plus gros, remplissant mieux la carnassière ; mais un gourmet doit mieux aimer la perdrix grise. Bien des gens prendront ceci pour une hérésie gastronomique : ils ont toujours entendu dire le contraire, ils l'ont cru, et chacun sait qu'il est pénible de revenir d'une opinion longtemps enracinée. Je sais qu'au marché la perdrix rouge se vend plus cher que la grise, que chez le restaurateur elle est cotée cinquante pour cent plus haut ; tout cela ne prouve rien.

Vingt fois j'en ai fait chez moi l'expérience. Les deux espèces ont été servies ensemble, des amateurs distingués ont dégusté méthodiquement, et toujours la perdrix grise a reçu du jury le verdict le plus honorable, comme possédant plus de fumet, de jus, de saveur. Essayez vous-même, secouez vos anciens préjugés ; que de belles pattes, un beau plumage, ne soient pour rien dans le jugement que vous prononcerez : tout cela ne se mange point. Lorsque les spirituels auteurs du *Journal des Gourmands et des Bêtes* (1) ont dit que les perdrix rouges étaient préférables aux perdrix grises, ils se sont laissé entraîner par l'opinion populaire ; ils ont cru parce qu'on leur a dit, ce n'est pas ainsi que des gastronomes doivent prononcer un jugement dont je forme appel devant mes contemporains.

La perdrix passe pour être d'une digestion difficile,

(1) Paris, 1806, tome III, page 200.

elle a même d'autres inconvénients..... Vous allez
voir :

> *Nimirùm crudam si ad læta cubilia portas*
> *Perdicem, incoctáque agitas genitalia cœná,*
> *Heu! tenue effundes semen, nec idonea pulchrum*
> *Materies fundabit opus. Siste ergo per horas*
> *Saltem aliquot, etc.* (1).

Certains gourmets prétendent reconnaître au goût
la cuisse sur laquelle une perdrix se couche; ils disent qu'elle est meilleure, qu'elle a plus de fumet : j'ai
souvent fait cette expérience avec tout le sérieux convenable, je n'ai jamais trouvé de différence entre deux
cuisses de perdrix ; c'est sans doute la faute de mes
organes dégustateurs, qui n'ont pas toute la finesse
qu'ils devraient avoir.

C'est un délicieux morceau qu'un perdreau rôti,
piqué ; mais il faut que la feuille de vigne s'appliquant sur sa belle poitrine, le concentre en lui-même,
et ne laisse échapper aucune de ses parties volatiles.
Je sais que le docteur Pedro Recio de Aguero de Tirtea
Fuera, médecin ordinaire des gouverneurs de Bara-
taria, défendait à l'illustre Sancho Pança de manger
de la perdrix, basant ses ordonnances sur l'aphorisme d'Hippocrate : *Omnis saturatio mala, perdix au-*

(1) *Claudii Quilleti* CALLIPOEDIA, *seu de pulchræ prolis habendæ
ratione*, poema didacticon. Paris, 1655, lib. II.

Ces vers sont tirés de la *Callipœdie, ou l'Art d'avoir de beaux enfants*. Ce joli poëme, en quatre chants, fut composé par l'abbé CLAUDE
QUILLET, qui le dédia... devinez... AU CARDINAL MAZARIN! Et, le
croira-t-on ? ces vers d'un abbé, dédiés à ce prince de l'église, moi,
vieux grenadier de l'Empire, je n'ose pas en donner la traduction.

tem pessima. Mais comme le docteur défendait autre chose, et ne permettait que les tartines de confitures, nous n'aurons aucun égard à son autorité, pas plus qu'à celle d'Hippocrate. Nous mangerons beaucoup de perdreaux ; nous les arroserons d'excellent vin de Bourgogne, et nous digérerons comme des bienheureux.

Pour désigner un gourmet, on dit communément qu'il n'aime pas à manger les perdrix sans oranges. Ce proverbe seul prouverait qu'il faut des oranges pour manger des perdrix, si toutefois l'expérience de tous les jours ne démontrait pas cette grande vérité jusqu'à la rigueur mathématique.

Le citron peut être employé : je connais des gens qui, ne pouvant faire mieux, se le permettent : mais, quand ce sera possible, préférez toujours l'orange amère.

Un peintre ambulant avait été retenu par des moines pour faire le portrait du saint patron de leur couvent. L'ouvrage achevé, tout le monde l'admire ; on le place avec pompe au-dessus du maître-autel, avec cette inscription en lettres d'or : *Ad majorem Dei gloriam*. Le peintre est remercié, comblé d'éloges, et fort mal payé.

La veille de son départ du couvent, le peintre, voulant se venger des moines, se lève pendant la nuit, décroche le tableau, puis se met à l'ouvrage. Le saint était debout, le corps penché légèrement en arrière, les jarrets ployés, les mains jointes, dans un moment d'extase. En trois coups de pinceau l'artiste

a fait un fauteuil, où le saint se trouve douillettement
assis. Par devant il a mis une table bien servie, sous
son nez deux perdrix rôties, dont le fumet, chatouil-
lant l'odorat, promet au bienheureux un délicieux à-
compte sur les béatitudes célestes; dans les mains,
réunies pour prier, il a peint une belle orange, dont
le saint paraît exprimer le jus avec satisfaction.

Le lendemain, les moines retrouvèrent leur tableau
sur l'autel, l'inscription était la même, on lisait toujours en grandes lettres d'or :

AD MAJOREM DEI GLORIAM.

CHAPITRE XIII.

LA CAILLE.

Oou mès dè maï la caye vèn,
Plu dè lumè sian oou printèn
Can s'èn vaï despache tè léou,
Dè rampli d'oli toun caléou.

Proverbe provençal.

Le mot caille vient de l'italien *quaglia*, dérivé lui-même de *quaquila, quistula, quallea*, employés par quelques auteurs de la basse latinité. Peut-être *quaquila* vient-il de *kukli*, mot dont les hébreux se servaient pour désigner la caille.

Une caille manquée de deux coups de fusil va se poser ordinairement à deux ou trois cents pas du chasseur, quelquefois plus près; on dirait qu'elle n'a pas la force d'aller plus loin. Cependant la caille tra-

verse les mers, va dans l'Afrique, dans l'Inde, et revient en Europe. Quelques naturalistes prétendent
qu'elle se repose sur l'eau, qu'une de ses ailes relevée du côté du vent lui sert de voile, et le joli petit
navire emplumé naviguant sans boussole, ne fait jamais fausse route. J'ai soigneusement examiné la conformation des pattes de cet oiseau, j'ai reconnu certaine petite membrane, diminutif de celle du canard,
que le grand créateur des mondes et des cailles n'a
probablement pas faite pour rien.

L'auteur d'un certain livre de chasse rapporte avec
un sérieux admirable, que les cailles, en traversant
la mer, se reposent la nuit sur le mât des vaisseaux,
et quelquefois en si grande quantité, qu'elles les font
périr (1). Lorsque les compagnies d'assurance mari-
time apprendront cette nouvelle, soyez certain que
les primes seront augmentées.

On se souvient à quel point la révolution de juillet
fut fatale au gibier; les chasses royales furent dévas-
tées, les faisans et les perdrix tombèrent par milliers,
les lapins par millions. Paris était tapissé de quar-
tiers de chevreuil, de gigots de cerfs, on en mangeait
par économie. Hors barrière, on servait aux amateurs
des gibelottes de vrais lapins, dont le guinguettier

____

(1) *Les Amusements de la campagne*, par le sieur LIGER. Paris,
1709, tome I, page 29. Liger a trouvé cela dans Pline qu'il a cru sur
parole, sans se donner la peine d'y aller voir. *Advolant (cothurnices)
et hæ simili modo non sine periculo navigantium cum appropinquare
terris. Quippe velis sæpe insidunt et hoc semper noctu, merguntque
navigia.*

PLINE, livre X, chap. XXIII.

montrait orgueilleusement les têtes. Pour le gibier,
cette révolution fut un déluge universel, un cata-
clysme épouvantable : poursuivi nuit et jour par les
chasseurs de toutes les classes, par les braconniers
de toutes les espèces, les individus qui se sauvèrent
ont couru bien des dangers. Tel on voit un vieux grenadier revenu des déserts brûlants de l'Égypte,
d'Austerlitz, de Wagram et des glaces de la Russie.

Depuis que l'ordre est rétabli, le faisan, la perdrix,
font en paix leur couvée, le lapin a repeuplé son terrier, toutes les espèces de gibier ont retrouvé protection dans la loi. La caille seule reste en dehors de la
charte ; une loi d'exception, ou du moins une fatale
habitude ayant force de loi, pèse sur elle ; aussi le
nombre des cailles diminue tous les ans, et bientôt
on n'en verra plus.

Les cailles arrivent au mois de mai sur le littoral
de la Méditerranée ; épuisées par les fatigues d'un
long voyage, elles tombent plutôt qu'elles ne se posent. Une nuée de chasseurs, d'enfants, de petites
filles, est là pour les attendre. Tout le monde court
sur ces malheureux oiseaux ; on les tue au fusil, on
les prend au filet, de cent manières différentes. Sous
Charles X, cette chasse était défendue. Les préfets du
Var, des Bouches-du-Rhône, de l'Hérault, envoyaient
des gardes champêtres, des gendarmes, des agents
de police pour protéger l'arrivée des cailles ; nous en-
tendions alors leur chant cadencé retentir de tous
côtés dans nos campagnes ; ce rhythme harmonieux,
présage des plaisirs de septembre, ne frappe plus

nos oreilles qu'à de longs intervalles. Aussi quand vient l'ouverture des chasses, on trouve une caille dans les mêmes lieux où jadis on en voyait cent.

La charte est pour tout le monde : cailles et lapins doivent être également protégés. La chasse est défendue au mois de mai dans toute la France, et je ne vois aucune raison pour que les bords de la Méditerranée soient plus favorisés que ceux de la Seine ou de la Marne. Avis à messieurs les ministres : s'ils ne sont pas chasseurs, ils sont gourmands ; s'ils ne sont pas gourmands, ils donnent des dîners ; par conséquent ils doivent savoir qu'une caille grasse, dodue, rondelette, cuite à point, est un délicieux morceau, celui peut-être qui par sa mastication veloutée inonde le gosier d'un honnête homme des jouissances les plus positives (1).

La caille a quelque analogie avec la perdrix ; elle pond aux mêmes lieux, se nourrit de la même manière. Mais elle en diffère, en ce que le mâle ne s'occupe nullement de la couvée ; il laisse à la femelle le soin de nourrir et de soigner les enfants ; il vit solitaire dans son coin, il ne la voit qu'au temps des amours : c'est une machine prolifique. Il paraît au reste que de tout temps cette machine a très-bien fonctionné, car les anciens mettaient une caille dans la chambre des nouveaux mariés ; ils comptaient beaucoup sur l'influence de cet oiseau. Les sévères ma-

____

(1) J'écrivais ceci en 1836. La loi de 1844 commence à faire sentir sa bonne influence, et j'espère que bientôt tout ce que je disais là, ne sera plus vrai.

trones de Rome avaient une caille pour se procurer de
jolis rêves. S'endormant avec cette persuasion, avec
cette espérance, les songes arrivaient en foule; alors
comme aujourd'hui, la foi pouvait opérer des prodiges.

Antoine Mizald, médecin français du xvi⁰ siècle, qu'on a nommé dans son temps l'Esculape de la
France, a fait un livre de centuries qui renferme une
excellente recette pour que deux personnes mariées
conservent toujours la paix dans leur ménage. Le
mari doit porter le cœur d'une caille mâle, et la femme
celui d'une caille femelle (1).

Les mâles des cailles se livrent des combats sanglants; autrefois en Grèce on faisait des paris sur les
cailles comme on en fait aujourd'hui en Angleterre
sur les coqs. Solon ordonna que les jeunes gens assis-
tassent aux combats des cailles, il voulait qu'ils pris-
sent modèle sur ces oiseaux dans l'acharnement qu'ils
montraient contre leurs ennemis.

Les petits cailleteaux ne vivent pas en famille
comme les perdreaux. Du moment qu'ils peuvent se
suffire, la mère les abandonne, ils se dispersent, et
chacun vit pour son compte; les liens du sang, la
tendresse paternelle ou filiale, sont des mots inconnus
chez eux.

On trouve la caille, de bon matin, dans les chaumes,
dans les jeunes trèfles; à midi dans les prairies, luzernes, sainfoins, elle y cherche un abri contre les
rayons du soleil. C'est le gibier qu'on approche et

____

(1) *Antonii Mizaldi cent.* 8, n° 18.

qu'on tue avec le plus de facilité. Sur trente cailles qu'il tire, un chasseur expérimenté doit en tuer vingt-huit, s'il n'en tue pas trente. En effet cet oiseau se laisse arrêter par le chien, il part à deux pas de vous; son vol, bien moins rapide que celui de la perdrix, est presque toujours horizontal; on a plus de temps qu'il n'en faut pour armer le fusil, s'il ne l'était pas. A ce sujet je veux vous raconter une petite anecdote. Je revenais de la chasse avec une carnassière passablement garnie, ma cuisinière était dans la cour, elle me tendit son tablier qui reçut les produits de mon industrie : une caille qui n'avait été que légèrement blessée s'envola; mon fusil était en bandouillère et désarmé, deux secondes après la caille fut morte, elle tomba sur les toits entre deux cheminées. La détonnation effraya Jeannette qui lâcha les pans de son tablier, Flore en fut tout ébaubie. Cette fois elle ne put pas aller chercher la caille, il fallut un couvreur.

Quelquefois, et surtout lorsqu'il fait du vent, la caille part en zigzag; alors elle est très-difficile à tirer, il faut la suivre avec le bout du canon, saisir le point d'intersection des deux lignes, et profiter du moment : on ne réussit bien à ce tir qu'avec une grande habitude.

Si vous la manquez, il reste encore de l'espoir; la remise n'est pas loin, souvent la caille est à cent pas, tout au plus, surtout lorsqu'elle est grasse. Recommencez, cherchez, et cette fois prenez mieux vos mesures. On voit souvent des cailles ne pas vouloir partir à la remise; elles marchent devant le chien,

11.

font cent détours, le dépistent, et se sauvent ainsi du chasseur : il faut les abandonner ; ces cailles ont déjà vu le feu, vous perdriez un temps précieux, et cela gâterait votre chien.

Souvent la caille, filant droit devant elle, rase le sommet des prairies et se trouve sous le chasseur, à quelques pieds plus bas que le fusil ; elle n'en est pas moins facile à tirer, mais il faut viser la tête ; en tirant derrière, le coup ne frapperait pas, ou ne frapperait que par hasard, et le bon chasseur, comme le bon joueur de billard, ne doit pas compter sur les *raccrocs*.

Il est essentiel de laisser filer la caille, pour ne tirer qu'à vingt-cinq ou trente pas. La chair de cet oiseau mignon est tendre et douillette, le coup de fusil parti de trop près la brise ; il faut savoir la ménager.

La caille est l'espèce de gibier qui donne au chasseur le plus d'agrément ; une plaine garnie de cailles est une source de plaisirs toujours nouveaux, sans cesse renaissants. En effet, quand vous avez battu la campagne à plusieurs reprises, lièvres et perdreaux ont disparu. Les cailles sont restées, elles sont partout ; cherchez, vous en trouverez encore. Dix perdreaux sont dans une luzerne, un s'envole, tous le suivront ; mais s'il s'y trouve dix cailles, vous pourrez tirer dix coups de fusil, elles partiront l'une après l'autre, chacune se laissera chercher, chasser, arrêter par votre chien, et le plaisir se renouvellera dix fois ; vous voyez que ce n'est pas trop mal.

Mon grand-père se promenant un jour sur les bords
du Rhône, à Avignon, vit un domestique anglais prêt
à jeter une demi-douzaine de petits chiens dans le
fleuve. Il s'approche, les regarde, et les trouve charmants.

— Pourquoi voulez-vous noyer ces chiens !

— Parce que mon maître, partant demain, ne veut
pas que sa chienne les nourrisse en voyage.

— Eh bien ! donnez-m'en un.

— Oh ! non. Mon maître, le duc d'Ormond, me
l'a défendu.

— Puisqu'il veut les tuer, il me semble....

— Ces chiens sont d'excellente race, il en est jaloux ; si d'autres chasseurs en avaient, il ne les trouverait plus si bons.

— Vous augmentez mon envie, et vous m'en donnerez un, je ne vous quitte pas que je ne l'aie obtenu.
D'ailleurs, qu'importe à votre maître ? il part demain
il n'en saura rien : cette action ne cause aucun dommage à personne ; au contraire, vous sauverez la vie
d'un innocent, et vous me rendrez service.

Mon grand-père appuya ce raisonnement par deux
écus de 6 livres, qui produisirent leur effet ; le domestique lui donna deux chiens. Ils grandirent, de-
vinrent excellents, car ils étaient de bonne race, et
de plus entre les mains d'un professeur. Étant un
jour à la chasse avec ses deux chiens, mon aïeul ar-
rangeait le sous-pied d'une de ses guêtres, lorsque
vint à passer un colonel de cavalerie, sur la route de
L'Isle à Apt. L'officier avait un domestique, et tous

les deux étaient montés sur des chevaux superbes.

— Monsieur, prenez donc garde à vos chiens, cria le colonel, ils sont en arrêt.

— Merci, monsieur, mais j'ai le temps, rien ne presse ; ils auront bien la complaisance d'attendre que j'aie fini.

Pour faire briller ses chiens, le chasseur allongeait la besogne ; il ôtait sa guêtre, la remettait, et le colonel amateur descendit de cheval pour assister de près au dénouement.

— Monsieur, dit mon grand-père, veuillez accepter mon fusil, mes chiens tiennent deux cailles en arrêt, je vous prie de les tuer à ma place.

— Je suis maladroit, et je craindrais trop de ne point être à la hauteur de vos chiens ; j'aurai plus de plaisir à vous voir manœuvrer.

Le chasseur s'approche, une caille part, il la tue. Le chien rapportant la caille morte en arrête une autre chemin faisant ; mon grand-père, après avoir chargé son fusil, la tue encore. Il recharge, car alors les fusils doubles étaient inconnus, et va trouver son autre chien, avec lequel il fit exactement la même chose. L'étonnement, l'enthousiasme du colonel ne peuvent se décrire. « Monsieur, dit-il au chasseur, je « vois bien que vous n'êtes pas un homme à qui l'on « puisse proposer de vendre un chien, je croirais « même vous offenser en vous offrant un prix en ar- « gent ; mais écoutez une proposition qu'un galant « homme comme vous peut accepter. Vous voyez « ces deux chevaux, ils sont beaux et excellents,

« donnez-moi celui de vos chiens que vous voudrez,
« et choisissez en échange celui de mes chevaux qui
« vous plaira davantage. » Mon grand-père fut très-
flatté de cette offre ; il est inutile de dire qu'il la refusa.

Au mois de septembre toutes les cailles partent
pour l'Afrique ; elles vont ensuite dans l'Inde, dans
les îles de la mer du Sud, dans la Nouvelle-Zé-
lande, etc., etc. (1) ; celles que vous aviez hier n'y
sont plus, mais vous en avez d'autres, venues pendant la nuit, et qui se reposent pour partir ce soir.
Chacune se rend, par le plus court chemin, sur les
bords de la Méditerranée ; là, toutes font une halte
de quelques jours ; elles savent qu'un grand voyage
reste à faire, elles s'engraissent par instinct plus que
par gourmandise. Pourquoi partent-elles ? parce que
l'hiver approche. Qui le leur a dit ? qui leur traça
la route d'un climat plus favorable ? On comprend
facilement que la caille venue au printemps s'en retourne à l'automne. Mais le cailleteau qui naquit en
France, en Allemagne, en Pologne, qui se trouve
seul, abandonné par sa mère quinze jours après sa
naissance, comment peut-il deviner un chemin que
toute l'Académie des sciences, placée dans un ballon,
ne trouverait pas sans boussole ? Devant ces questions, comme en présence des millions d'étoiles,
comme en regardant un brin d'herbe, il faut nom-

____

(1) *Voyage autour du monde*, par M. DUMONT D'URVILLE, tome I,
page 587.

mer DIEU, baisser la tête et dire que nous ne savons rien (1).

> Ceux qui de nos hivers redoutant le courroux,
> Vont se réfugier dans des climats plus doux,
> Ne laisseront jamais la saison rigoureuse
> Surprendre parmi nous leur troupe paresseuse.
> Dans un sage conseil par les chefs assemblé,
> Du départ général le grand jour est réglé.
> Il arrive; tout part : le plus jeune peut-être
> Demande, en regardant les lieux qui l'ont vu naître,
> Quand viendra le printemps par qui tant d'exilés
> Dans les champs paternels se verront rappelés (2).

On voit cependant quelques exceptions. Tous les oiseaux-voyageurs ne partent pas; on dit que souvent des hirondelles ont été trouvées pendant l'hiver dans

(1) « L'inclination de voyager et de changer de climat dans certaines saisons de l'année est l'une des affections les plus fortes de l'instinct des cailles.

« La cause de ce désir ne peut être qu'une cause très-générale, puisqu'elle agit non-seulement sur toute l'espèce, mais sur les individus même séparés, pour ainsi dire, de leur espèce, et à qui une étroite captivité ne laisse aucune communication avec leurs semblables. On a vu de jeunes cailles élevées dans des cages, presque depuis leur naissance, et qui ne pouvaient ni connaître ni regretter la liberté, éprouver régulièrement deux fois par an, pendant quatre années, une inquiétude et des agitations singulières dans les temps ordinaires de la passe; savoir : au mois d'avril et au mois de septembre. Cette inquiétude durait environ trente jours à chaque fois, et recommençait tous les jours, une heure avant le coucher du soleil. On voyait alors les cailles prisonnières aller et venir d'un bout de la cage à l'autre, puis s'élancer contre le filet qui lui servait de couvercle, et souvent avec une telle violence qu'elles retombaient tout étourdies : la nuit se passait presque entièrement dans ces agitations, et le jour suivant elles paraissaient tristes, abattues, fatiguées et endormies. »

BUFFON.

(2) Louis RACINE.

de vieux murs, au milieu des roseaux, dans un tronc
d'arbre (1). On tue quelquefois des cailles en décembre, et même en janvier; c'est sans doute très-
rare, je ne l'ai pas vu, mais plusieurs chasseurs vé-
ridiques me l'ont affirmé. Quelque blessure, une
surabondance de graisse avait probablement empêché
leur départ. Un de mes anciens compagnons d'armes, M. Guillemot, faisant abattre un vieux mur au
mois de janvier, en Auvergne, trouva deux cailles.
Elles étaient engourdies par le froid, et semblaient
être mortes. Bientôt la chaleur rétablissant la circulation du sang, elles relevèrent la tête; on les mit en
cage, elles y vécurent aussi longtemps qu'une caille
peut vivre. En 1843, le cocher de M. de Machado en
déliant une botte de foin pour la donner à ses chevaux, en vit sortir une caille. Son maître, grand amateur d'oiseaux, l'a conservée vivante, elle est encore
chez lui au moment où j'écris. Cette caille s'était
probablement réfugiée dans cette botte de foin par

---

(1) « Les Lapons vont à la chasse et à la pêche, quoique les rivières et les lacs soient gelés partout, et, en quelques endroits, de la
hauteur d'une pique; mais ils font des trous dans la glace, d'espace
en espace, et poussent, par le moyen d'une perche qui va dessous
cette glace, leurs filets de trou en trou, et les retirent de même. Mais
ce qu'il y a de plus surprenant, c'est que bien souvent ils rapportent
dans des filets des hirondelles qui se tiennent avec leurs pattes à
quelques petits morceaux de bois. Elles sont comme mortes lorsqu'on
les tire de l'eau, et n'ont aucun signe de vie; mais lorsqu'on les
approche du feu, et qu'elles commencent à sentir la chaleur, elles se
remuent un peu, puis secouent leurs ailes, et commencent à voler
comme elles font en été. Cette particularité m'a été confirmée par
tous ceux à qui je l'ai demandée. »

Regnard, Voyage en Laponie.

crainte de quelque épervier. Le foin se récolte en juin et juillet, on défit la botte en novembre. Comment cet oiseau put-il vivre?

Un original disait un jour : « Voyez comme la « Providence est admirable, elle a fait passer les ri- « vières près des grandes villes. » Nous devons rendre grâces à Dieu, car c'est sans doute pour nous qu'il a donné cet instinct voyageur à certains oiseaux. Il nous envoie tous les ans des cailles pour être rôties ou mises en papillotes; ce sont les seules bonnes manières de les manger. Les anciens faisaient grand cas de la caille; pour prouver l'excellence de cet oiseau, ils inventèrent une fable que je vais vous dire. Hercule voyageant pour accomplir ses douze travaux fut tué en Libye par Triphon. Jolaus qui l'accompagnait fit rôtir une caille, il la plaça sous le nez du héros, et le parfum qui s'exhala fit aussitôt ressusciter le mort; de là vint ce proverbe : *Servavit Herculem coturnix strenuum.* Cependant Galien assure qu'il est fort dangereux de manger des cailles, parce que, dit-il, ces oiseaux se nourrissent de la graine de l'ellébore, ce qui occasionne des convulsions et l'épilepsie (1). Avicenne est aussi de cet avis, mais heureusement nous ne sommes pas obligés de croire tout ce que les médecins disent. Il paraît que plus tard la caille fut réhabilitée, c'est prouvé par ces deux vers de Grapaldi, écrivain du xve siècle.

(1) *In Doride, Boetia et Thessalia, omnibusque finitimis regionibus, multi ex coturnicum esu musculorum distentionibus correpti sunt,*

In pretio sum nunc olim damnata coturnix
Vox nomen, pretium dat sapor ipse mihi.

Quelques personnes servent les cailles en salmis, en pâtés; c'est une faute grave, c'est un acte de la plus profonde ignorance. Le parfum de la caille se volatilise facilement, dès qu'elle est dans un liquide quelconque; l'arôme n'existe plus; vous avez encore une chair délicate, mollette, onctueuse, mais ce n'est plus une caille.

Cependant il est des circonstances où l'on peut se permettre de manger des cailles bouillies; c'est lorsque, dans une partie de chasse, on va dîner ou déjeûner dans quelque auberge de village, où l'on ne trouve que le pot-au-feu suivi de la classique omelette. C'est fort bon, sans doute, mais cela ne suffit point à votre appétit de chasseur. Vous n'avez pas le temps ni la patience de mettre vos perdreaux à la broche; d'ailleurs on n'a point sous la main tout ce qui serait nécessaire. Plumez et videz vos cailles, suspendez-les par une ficelle dans la marmite bouillante, laissez-les cuire pendant quatre ou cinq minutes, et servez chaud, vous aurez un assez bon plat. C'est peut-être celui qu'on peut faire en moins de temps.

Mais ceci n'est qu'une exception qui confirme la règle. Les cailles doivent être mangées rôties. Et s'il fallait appuyer mon raisonnement, car on rencontre des gens qui jamais ne vous croient sur parole, je

quoniam veratro scilicet illæ vescantur; istud idem Athœnis quibusdam accidisse novimus, qui coturnicibus largiter nimis sese impleverant.

trouverais mes preuves dans la plus haute antiquité. Je dirais que Dieu lui-même a pris soin d'indiquer la manière de manger les cailles. Jadis les Israélites les trouvèrent toutes rôties dans le désert ; apparemment qu'ils n'avaient ni fusil, ni chien d'arrêt, ni cuisinier. Ils n'auraient su comment s'y prendre. Dieu ne voulut pas leur faire un présent inutile, il leur indiqua la manière de s'en servir plus tard. Cependant ces cailles ne devaient point être bardées, puisque, dès ce temps-là, les Juifs ne mangeaient point de lard, et je crois fort qu'elles étaient moins bonnes que les nôtres, car la barde est indispensable pour empêcher la dessiccation.

Aujourd'hui le siècle marche ; nous possédons le braque et l'épagneul, la poudre fulminante et le fusil à marteau ; que la Providence nous envoie des cailles en vie, et surtout en grande quantité, nous aurons des chasseurs adroits pour les tuer, des cuisiniers pour les rôtir, et nombre d'amateurs pour les manger.

CHAPITRE XIV.

LE FAISAN.

—

Argivâ primùm sum transportata carinâ.
Ante mihi notum nil, nisi Phasis erat.

MARTIAL.

Mais voici le roi du gibier! le faisan (1)! A ce nom
les yeux du chasseur brillent, son cœur bat plus vite;
écoutez-le ; s'il parle de ses exploits, il ne prononce
pas le mot faisan comme un autre mot. Il nomme
perdreau, lapin, lièvre, avec une certaine légèreté ;
quand il arrive au faisan, sa bouche est pleine, les
deux syllabes sont largement articulées ; il appuie
sur chacune d'elles, vous croiriez entendre deux
mots joints par un trait d'union.

(1) On devrait écrire *phaisan*, puisqu'on dit l'oiseau du Phase.

Verum hæc tantum alias inter caput extulit urbes,
Quantum lenta solent inter viburna cupressi.

Crésus assis sur un trône resplendissant d'or, revêtu de tous ses ornements royaux, paré comme une
chapelle, demandait à Solon s'il avait vu quelque
chose de plus magnifique.« Oui, répondit Solon, j'ai
« vu des faisans dorés dont la beauté m'a paru d'au-
« tant plus réelle qu'ils devaient tout à la nature. »
Les plus anciennes traditions attribuent à Jason
l'importation du faisan en Europe. Originaire des
bords du Phase, ce bel oiseau fait les délices du chasseur et des gastronomes qui savent le manger. En
conquérant la toison d'or, les Argonautes nous ont
donné le faisan ; Lucullus vainquit Mithridate, et
nous avons le cerisier ; l'Europe, en se ruant sur
l'Asie au temps des croisades, a gagné l'abricotier.
Nos bibliothèques doivent à la campagne d'Égypte
un grand ouvrage avec texte et gravures ; Austerlitz
a doté la place Vendôme d'une superbe colonne. Les
conquêtes ont disparu, toutes ces bonnes et belles
choses sont restées, et, pour les peuples, chacune
vaut mieux qu'une province de plus. Ah ! que nous
serions riches, si d'aussi brillants résultats avaient
accompagné chacune de nos victoires !
Varron, qui écrivait au temps de la république romaine, donne des descriptions de tous les autres
oiseaux et cependant il ne parle point du faisan,
c'est une preuve qu'alors le faisan n'existait pas à
Rome. Pline est le premier qui en fasse mention,

mais en même temps il se récrie sur le luxe effréné de ses concitoyens qui font chercher jusque sur les bords du Phase des oiseaux si chers : donc il n'y en avait pas encore à Rome. Ils existaient à l'époque d'Alexandre Sévère, mais ils étaient fort rares puisque Lampridius, dans la vie de cet empereur, dit qu'on n'en servait que les jours de grandes solennités. Sur la table impériale on n'en voyait jamais qu'un ou deux tout au plus. *Kalendis autem januariis et hilariis matris Deorum et ludis Appollinaribus et Jovis Epulo et Saturnalibus et hujusmodi festis phasianum apposuit ita ut aliquando duo ponerentur.*

Ces oiseaux ne furent communs en Europe qu'au commencement du xive siècle. Pétrarque en blâme l'usage sur les tables comme un excès de gourmandise. *Quanto melius erat nostri isti phasiani et mensarum decus eximium, et gulæ summa felicitas apud Colchum semper et Phasidem latuissent, quam huc ad corrumpendum nostrum orbem, et irritandas illecebras advolassent.* Il est certain qu'on en voyait beaucoup en France vers 1330, car *Le livre du Roy Modus* donne la manière de les chasser.

Les heureux du siècle ont des faisans dans leurs vastes propriétés; ce qui nous console, nous autres pauvres diables, c'est que le faisan est un peu coureur de sa nature; un parc, quelque grand qu'il soit, ne lui suffit jamais, il faut toujours qu'il vienne visiter les alentours pour voir ce qui s'y passe. Quand on est voisin d'un possesseur de faisans, on plante un petit bois tout près du parc, on sème un hectare de sarrasin; la Providence est grande, elle y conduit ces nobles oiseaux, et le pauvre diable en tue autant que le financier : *esurientes implevit bonis*. Par les temps brumeux le faisan, qui revient du gagnage, s'égare souvent et ne reconnaît plus sa route. Lorsqu'on possède un bois voisin d'un parc où se trouvent des faisans, il est bon d'aller le visiter après un brouillard. On en rencontre toujours qui sont restés là, faute d'avoir une boussole.

Le faisan se nourrit comme le perdreau, il s'élève de la même manière, et demande beaucoup de soins. Nous dérogerions au titre de ce livre, si nous entrions dans les détails de son éducation domestique ; on les trouvera dans les ouvrages qui traitent de la faisanderie.

On rencontre le faisan dans les lieux bas et humides, dans les grandes herbes, sur le bord des mares, et dans les parties les plus fourrées des taillis. Cet oiseau se rase quelquefois comme un lapin, et se croit en sûreté quand il a la tête cachée ; on peut alors le tuer d'un coup de bâton (1).

Le faisan a l'habitude de courir longtemps devant le chien avant de partir, et quelquefois il ne part pas.

---

(1) « Il y a une ruse qu'un homme de Senlis me dit avoir pratiquée. Il avoit demeuré long-temps à Chantilly, en connoissoit tous les environs, et la façon dont les gardes s'y prenoient pour surprendre les tireurs. Voici comment il leur donnoit le change : il s'étoit muni de quantité de pommeaux de vieilles épées, il les emplissoit de poudre, y mettoit des mèches de différente longueur, les posoit dans les environs du lieu où les gardes le guettoient, et mettoit le feu à ces mèches, qui, ne faisant partir les coups que de temps à autre, imitoient parfaitement les coups de fusil des braconniers. Les gardes à ce bruit entouroient l'enceinte pour surprendre les tireurs. Lui, sitôt qu'il

Ce cas arrive souvent quand le bois est vaste et
l'herbe haute. Traçant mille détours, revenant sur
ses pas, il déroute le chien, qui, trouvant plusieurs
voies fraîches, les confond, se trompe, et ne s'y reconnaît plus. Un vieux coq ne se lève presque jamais; il a vu le feu, de terribles souvenirs le clouent
par terre, il craint le grand air, il a raison. Plus
d'une fois un faisan me fit faire deux lieues dans
trois ou quatre hectares. Il faut suivre le chien,
le serrer de près, et s'attendre à tous les événements.

Il arrive aussi que le faisan se laisse arrêter franchement, sans courir; c'est quand il est surpris. Un
chasseur qui n'aurait pas de chien pourrait passer
près de dix faisans et n'en voir aucun. Si le chien
tombe en arrêt dans un fourré, si vous ne voyez pas
la possibilité de tirer le faisan lorsqu'il partira, vous
pouvez le tuer posé. Je donne cette permission à ceux
qui rencontrent un de ces oiseaux par hasard; quant
aux propriétaires, c'est bien différent, l'occasion ne
leur manquera pas. On cherche à découvrir le faisan
qui cache ordinairement sa tête, mais il est facile
de voir sa longue queue; dans ce cas, on vise l'en-

avoit entendu le premier coup, s'écartoit dans d'autres cantons, et
faisoit sa chasse impunément. Il tuoit des faisans tant qu'il vouloit. »
(*Les Ruses du braconnage mises à découvert*, par LABRUYÈRE,
garde de S. A. [Monseigneur le comte de Clermont. Paris, 1770,
page 210.)

Ce Labruyère avait été braconnier. Surpris en flagrant délit, il fut
conduit à Bicêtre : on lui promit sa grâce s'il voulait dévoiler toutes
les ruses de ses confrères; il fit son livre, et fut nommé garde-chasse
du prince.

droit où l'on suppose le corps, et, si c'est possible, on recule de quelques pas pour ne pas trop endommager la pièce.

Après une pluie abondante il n'est pas rare de trouver les faisans branchés, ils ont peur de se mouiller les pattes et souvent la crainte de ce petit mal leur procure le désagrément d'être tués. Les braconniers ne manquent pas de profiter de cette habitude pour tuer les faisans pendant la nuit, ces pauvres oiseaux se laissent approcher à dix pas et tous ceux qui sont vus sont ordinairement morts. En 1823, des milliers de faisans furent tués de cette manière dans le parc de Vincennes. Les braconniers escaladaient le mur par pelotons de cinquante à la fois, ils défiaient les gardes et la gendarmerie, il fallut, pour empêcher leurs déprédations, qu'un régiment fût mis à la disposition du garde général. C'est que le braconnage est un plaisir comme la chasse. Outre le profit qui en résulte il y a des ruses à employer, des dangers à courir, et par conséquent on jouit de la victoire.

Il est bien rare qu'un chasseur tue le premier faisan qu'il tire au vol. Nul gibier ne donne autant d'émotion : le bruit qu'il fait en partant, l'envie que l'on a de s'emparer de sa dépouille opime, tout cela cause une sensation inconnue aux profanes ; on se presse trop et l'on manque. Pour moi, j'avoue à ma honte que le premier faisan que j'ai vu, je l'ai tiré deux fois à l'arrêt de mon chien, et je l'ai manqué de quatre coups de fusil. Plus tard, il est vrai, j'ai pris

ma revanche, et aujourd'hui ceux qui passent à portée de mon canon vont rarement raconter à leurs
compagnons les résultats de notre entrevue.

Il ne faut pas tirer le faisan quand il monte, mais
lorsqu'il file, c'est-à-dire au moment où, cessant de
monter, il commence à voler horizontalement, et,
dans tous les cas, ne visez jamais la queue. S'il monte
et que le bois soit grand, tirez quand vous pourrez,
car lorsqu'il filera, vous ne le verrez plus; mais visez
à la tête, le mouvement ascensionnel de l'oiseau fait
qu'il plonge dans le coup.

Un faisan vole lourdement quand il part, mais lorsqu'il file, il file bien. S'il vient à vous, ou s'il passe
en travers, il faut le tirer comme le perdreau. Séparez par la pensée, le corps de la queue. Visez plutôt
devant que derrière, la queue sauve bien des faisans,
elle fait illusion aux commençants; tous les plombs
qui l'atteignent ne comptent pas. Cette queue longue
n'est pas en ligne droite avec l'oiseau, son poids lui
fait prendre une position presque verticale, de sorte
que tous les grains de plomb qui la traversent vont
dans le vide et sous les pattes. Un coup tiré dans la
queue laisse bien des plumes en l'air; on croit l'oiseau
blessé, pas du tout; semblable au renard de la fable,
il a perdu sa queue à la bataille et ne s'en porte pas
moins bien.

Il faut beaucoup de sang-froid pour chasser le faisan : d'abord parce qu'il fait grand bruit en partant,
ce qui, toujours, effraie les novices; ensuite parce
qu'avant de tirer, il faut voir si c'est une poule ou bien

12.

un coq ; la distinction est facile à faire, et quand c'est
une poule on ne tire jamais, à moins.....

Un faisan démonté fait encore beaucoup de chemin ;
il est bien plus difficile à trouver que le perdreau.
Laissez faire le chien et surtout ne tirez pas, si quelque autre pièce partait près de vous. Un jour, dans
un cas semblable, je m'avisai de tirer un lapin ; mon
chien accourut, je ne pus jamais le remettre sur la
voie ; j'avais manqué mon lapin et je perdis mon faisan.

Willugby nous assure que le faisan tué par l'oiseau
de proie est bien meilleur que celui pris ou tué d'une
autre manière : je n'ai jamais pu vérifier le fait. Ce
superbe oiseau, quand il est placé dans un garde-
manger, ne doit point être abandonné, sans réflexion
aux capricieuses combinaisons d'une cuisinière, qui
le fera rôtir, deux jours plus tôt, deux jours plus
tard, suivant le nombre ou la qualité des convives. Le
faisan doit être mangé le jour qu'on doit le manger ;
si les convives y sont, tant mieux pour eux. Quelques
personnes le suspendent par les pattes, et lorsque le
noble animal laisse tomber une ou deux gouttes de
sang par le bec, elles le mangent ; alors il est bon pour
ceux qui ne l'aiment pas très-avancé. Les autres le
suspendent par la queue, et lorsque le faisan tombe,
ils le jugent digne de figurer sur leurs tables. D'autres enfin prétendent que pour manger un bon faisan,
il faut qu'il change de place tout seul. Ces gens-là
nous permettront de ne pas être de leur avis.

Si le faisan est un superbe coup de fusil, s'il fait

l'ornement d'une carnassière, par ses longues plumes qu'on a soin de laisser sortir par les mailles du filet, il n'en est pas moins la plus belle décoration d'un second service bien ordonné.

Nous ne sommes plus au temps de ce sot empereur Héliogabale qui, par ostentation ou stupide prodigalité, nourrissait avec des faisans les lions de sa ménagerie. Quand nous tuons quelques-uns de ces nobles oiseaux, nous les mangeons nous-mêmes. On ne doit point manger un faisan comme autre chose; il faut y mettre une certaine solennité. Mais ce n'est point en passant que l'on peut traiter une matière d'une si haute importance, elle doit être approfondie. Incapable de me placer au niveau d'un tel sujet, j'emprunterai quelques pages au spirituel auteur de *la Physiologie du goût*. Après Brillat-Savarin, quel autre pourrait parler du faisan? Autant vaudrait essayer de refaire *Athalie*.

« Le faisan est une énigme dont le mot n'est révélé qu'aux adeptes; eux seuls peuvent le savourer dans toute sa beauté. Cet oiseau, quand il est mangé dans les trois jours qui suivent sa mort, n'a rien qui le distingue. Il n'est ni si délicat qu'une poularde, ni si parfumé qu'une caille. Pris à point, c'est une chair tendre, sublime et de haut goût; car elle tient à la fois de la volaille et de la venaison. Ce point si désirable est celui où le faisan commence à se décomposer; alors son arôme se développe et se joint à une huile qui, pour s'exalter, avait besoin d'un peu de fermentation, comme l'huile du café qu'on n'obtient que par torréfaction. Ce moment se manifeste aux sens des profanes par une légère odeur, et par le changement de couleur du ventre de l'oiseau ; mais les ins irés le devinent par une sorte d'instinct qui agit en plusieurs occasions, et qui fait, par exemple, qu'un rôtisseur habile décide, au premier coup d'œil, qu'il faut tirer une volaille de la broche ou lui laisser faire encore quelques tours.

« Quand le faisan est arrivé là, on le plume, et non plus tôt, et on le pique avec soin, en choisissant le lard le plus frais et le plus ferme. Il n'est point indifférent de ne pas plumer le faisan trop tôt. Des expériences très-bien faites ont appris que ceux qui sont conservés dans la plume sont bien plus parfumés que ceux qui sont restés longtemps nus, soit que le contact de l'air neutralise quelques portions de l'arôme, soit qu'une partie du suc destiné à nourrir les plumes soit resorbé, et serve à relever la chair.

« L'oiseau ainsi préparé, il s'agit de l'étoffer, ce qui se fait de la manière suivante : Ayez deux bécasses, désossez-les, et videz-les de manière à en faire deux lots, le premier de la chair, le second des entrailles et des foies. Vous prenez la chair et vous en faites une farce, en la hachant avec de la moelle de bœuf cuite à la vapeur, un peu de lard râpé, poivre, sel, fines herbes, et la quantité de bonnes truffes suffisante pour remplir la capacité intérieure du faisan. Vous aurez soin de fixer cette farce de manière à ce qu'elle ne se répande pas en dehors, ce qui est

quelquefois assez difficile, quand l'oiseau est un peu
avancé. Cependant on y parvient par divers moyens,
et entre autres, en taillant une croûte de pain qu'on
attache avec un ruban de fil, et qui fait l'office d'ob-
turateur. Préparez une tranche de pain qui dépasse
de 5 centimètres de chaque côté le faisan couché dans
le sens de sa longueur ; prenez alors les foies, les
entrailles des bécasses, et pilez-les avec deux grosses
truffes, un anchois, un peu de lard râpé, et un morceau convenable de bon beurre frais. Vous étendez
avec égalité cette pâte sur la rôtie, et vous la placez
sous le faisan préparé comme dessus, de manière à
être arrosée en entier de tout le jus qui en découle
pendant qu'il rôtit. Quand le faisan est cuit, ser-
vez-le couché avec grâce sur sa rôtie ; environnez-le
d'oranges amères, et soyez tranquille sur l'événement.

« Ce mets de haute saveur doit être arrosé par
préférence de vin du crû de la haute Bourgogne ; j'ai
dégagé cette vérité d'une suite d'observations qui
m'ont coûté plus de travail qu'une table de loga-
rithmes.

« Un faisan ainsi préparé serait servi à des anges,
s'ils voyageaient encore sur la terre, comme du temps
de Loth. Déjà distingué par lui-même, il est imbibé
à l'extérieur de la graisse savoureuse du lard qui se
carbonise, il s'imprègne, à l'intérieur, des gaz odorants qui s'échappent de la bécasse et de la truffe.
La rôtie, déjà si richement parée, reçoit encore les
sucs à triple combinaison qui découlent de l'oiseau

qui rôtit. Ainsi, de toutes les bonnes choses qui se trouvent rassemblées, pas un atome n'échappe à l'appréciation ; et, attendu l'excellence de ce mets, je le crois digne des tables les plus augustes. »

Un philosophe marchait pour prouver le mouvement; Brillat-Savarin, en léguant cette recette à la postérité, nous a prouvé la vérité de cet aphorisme, mis en tête de son estimable livre : « Les animaux se « repaissent, l'homme mange, l'homme d'esprit seul « sait manger. »

CHAPITRE XV.

LES RALES.

—

Lorsque le râle vole, on voit qu'il a des pattes.

Commençons par le râle de genêt. On l'appelle roi
de cailles, parce qu'on le trouve ordinairement dans
les prairies avec les cailles, et qu'il voyage aux mêmes
époques. C'est l'oiseau le plus facile à tuer ; il part
sous les pieds du chasseur ; ses jambes, qui le servent bien quand il est à terre, semblent l'embarras-
ser lorsqu'il est en l'air ; elles pendent verticale-
ment, et leur poids nuit beaucoup à la vitesse de son
vol.

Le roi de cailles est un oiseau de passage ; on le
trouve ordinairement dans les prairies basses, dans
les herbes près des fossés, quelquefois dans les vignes,
sur le bord des taillis, jamais dans les bois. C'est le

gibier le plus difficile à lever ; il sait qu'il court mieux qu'il ne vole, et ce n'est souvent qu'à la dernière extrémité qu'il abandonne le secours de ses pattes pour se servir de ses ailes.

La chasse aux rois de cailles peut se comparer à la chasse aux escargots : autant de vus, autant de pris ; un chasseur ne manque jamais un râle de genêt.

Rien ne gâte un jeune chien comme la chasse aux râles. Il est facile de reconnaître que le chien est sur la voie d'un râle, à la vivacité de ses mouvements, à l'opiniâtreté de sa quête, aux fréquents faux arrêts. L'oiseau fait cent détours pour échapper à l'ennemi, quelquefois il s'arrête ; et si le chien est jeune, ardent, il passe par-dessus. Alors le râle revient sur ses pas, décrit encore mille sinuosités ; le chien se trompe, et le gibier se sauve. Quand l'herbe est haute, la prairie d'une grande étendue, il faut longtemps pour faire partir un râle, il faut un bon chien, et malgré cela, souvent il ne part pas du tout. Les anciens disaient avec raison : « Courir comme un « râle. » *Rallæ instar currere.*

Si par hasard on le manque, chose qui n'arrive qu'aux chasseurs sans expérience, aux débutants, aux *mazettes,* son vol n'est pas long ; la remise est à cent pas ; courez-y vite, il est déjà bien loin. La cérémonie, cette fois, sera plus longue, vous paierez votre maladresse par une promenade d'une lieue dans un hectare de pré ; heureux si cet exercice salutaire a pour vous quelque bon résultat, si le râle, se mon-

trant une seconde fois, finit par garnir votre carnassière.

Lorsque le chien tombe en arrêt sur un râle, il ne
faut pas s'amuser à tourner autour, il est nécessaire
de marcher droit sur lui pour le faire partir. Il ne
garderait pas longtemps l'arrêt, un nouveau crochet
le déroberait au chien, et tout serait remis en question.

Si vous rencontrez un râle qui ne veuille point
partir, continuez à chercher, ou bien allez ailleurs,
suivant que vous aurez plus ou moins de patience,
mais ne dites jamais : « Je le retrouverai demain, »
car il n'y sera plus; aussitôt la nuit venue, il partira.

En général, la chasse aux râles est amusante;
lorsqu'on en trouve, il ne faut pas les quitter jusqu'à ce que mort s'ensuive, à moins qu'on ne recon-
naisse l'impossibilité de les faire lever. Vous avez
toujours le temps de courir après vos perdreaux, vos
lièvres et vos lapins; ceux-là ne partent point pour
l'Afrique ou pour l'Inde. En chassant les râles, les
cailles et autres oiseaux de passage, vous ménagez
votre gibier, vous tuez celui qui vous échapperait, et
vous doublez ainsi la somme de vos plaisirs. Heureux
les pays toujours visités par les oiseaux de passage !
chaque nuit y remplace tout ce qu'on a tué pendant
le jour, chaque saison apporte son tribut, de nouveaux hôtes viennent sans cesse varier les jouissances
des chasseurs et des gastronomes. Après la caille et
le râle, arrive la bécassine, et puis la bécasse, les

pluviers, les vanneaux, et pour finir, pour le bou-
quet, des nuées de sarcelles, de macreuses, d'oies et
de canards sauvages.

O fortunatos nimium, sua si bona norint,
Les habitants de la Bretagne.

Leur pays est le rendez-vous de tous ces intéressants bipèdes emplumés; nous autres, pauvres diables des environs de Paris, à peine s'il nous en vient
de temps en temps quelques-uns. Nous avons de petits échantillons, eux, ils taillent en plein drap; nous
buvons du vin dans de petits verres, eux, ils sont
toujours sous le robinet. Par saint Hubert! si Dieu
me prête vie, je le verrai, ce pays où l'on chasse toujours, ce pays où les bécasses sont tellement abondantes, qu'on les vend trois sous au marché (1).

Toutes les passions, toutes les manies ont leur
Don Quichotte; mon grand-père étant un jour à la
chasse, rencontra deux pèlerins homme et femme
qui lui demandèrent le chemin de l'Asie Mineure :
« Tout droit devant vous, » répondit-il. Ces braves
gens avaient passé leur hiver à lire des histoires de
croisades, ils voulaient voir de près les lieux témoins
de tant de hauts faits. Lorsqu'on parle devant un
chasseur d'un pays où le gibier abonde, ses yeux
brillent, son cœur bat plus vite, il est prêt à partir,
fût-ce même pour l'Asie Mineure.

(1) J'ai tenu mon serment, je suis allé en Bretagne, et tout ce que
je puis vous dire, c'est que je n'y retournerai pas.

Je connais des amateurs qui passent six mois de leur année à courir de province en province ; ils arrivent avec la caille en Provence, à Cette avec la macreuse, en Bretagne avec la bécasse, toujours courant, toujours chassant, toujours heureux. Les deux grandes passions de l'homme leur sont à peu près inconnues. L'ambition et l'amour nous manquent souvent de parole ; la chasse tient toujours ses promesses ; si ce n'est aujourd'hui, c'est demain, et alors la jouissance est doublée. Dans mes rêves de jour, lorsque je fais des châteaux en Espagne, je me suppose quelquefois en route avec un ami, faisant notre tour de France, le fusil sur le dos ; chasseurs cosmopolites, nous suivons le gibier, non pas de remise en remise, mais de climats en climats, de province en province. Munis de recommandations, on nous accueille partout, et puis les chasseurs ont bientôt fait connaissance ; la chasse est une franc-maçonnerie où les maîtres sont toujours bien reçus. Un jour dans une chaumière, le lendemain dans un château bien confortable ; ce serait la vie militaire, moins les dangers, moins la subordination.

On chassait ainsi dans le moyen âge, on chasse encore de cette manière dans le Nouveau-Monde. On part pour deux ou trois mois, on campe tous les soirs, on chasse tous les jours, et le gibier sert de pain quotidien. C'est là qu'un amateur peut goûter le plaisir de la chasse dans toute sa plénitude. Un pays vierge à parcourir, des forêts, des solitudes sans fin à traverser, du gibier de toute espèce, point de gardes champêtres, point de gardes particuliers ; on peut chasser partout, en tout temps, toujours. Mais revenons à nos moutons, c'est-à-dire à nos râles.

Gastronomiquement parlant, le roi de cailles est digne des plus nobles bouches ; bien des gens le préfèrent au faisan, et quant à moi, je suis de ce nombre. Rien ne peut supporter la comparaison avec le salmis de râles de genêt assaisonné de truffes ; c'est un mets digne d'un roi, que dis-je ? c'est celui que l'on doit réserver pour ses meilleurs amis ; on ne devrait le manger qu'à genoux.

Cet aimable oiseau figure fort bien rôti, bardé, couvert d'une feuille de vigne ; on ne le vide pas, et on a soin de placer des rôties sous lui, pour que rien ne se perde. Il ne doit pas être mangé trop frais, comme la caille ou le perdreau ; trop avancé, comme le faisan ou la bécasse ; entre ces quatre bonnes choses, le râle de genêt doit tenir le juste milieu.

Nous avons trois autres espèces de râles : le râle d'eau, la marouette, le râle baillon. Tous ces oiseaux sont de passage ; ils diffèrent entre eux par le plumage et la grosseur ; mais leurs habitudes sont à peu près les mêmes, ainsi que la manière de les chasser. Ces trois râles habitent les grands marais, les prairies inondées, les eaux stagnantes. Ils arrivent en France au mois de mars ou d'avril, et partent dans l'hiver. Quelques-uns restent parmi nous ; quand les gelées sont fortes, ils se rassemblent alors près des sources d'eau chau

Ces râles d'eau sont aussi difficiles à lever que le

roi de cailles, souvent ils le sont davantage. Ils se ca-
chent dans les roseaux, dans les joncs, comme le
râle de genêt dans les prairies. Ils font mille détours
pour échapper au chien. S'ils sont poursuivis de trop
près, ils traversent l'eau, plongeant comme des canards, ou marchant sur les feuilles de nymphæa, de
nénuphar, avec une légèreté de sylphe.

Il faut un bon chien pour faire la chasse aux râles;
j'en ai vu qui séparaient l'eau d'un coup de patte, et
plongeaient aussitôt leur nez dans le sillon, pour saisir au passage l'odeur que le râle avait laissée, en nageant entre deux eaux.

Quelquefois le râle gagne le rivage, grimpe sur un
buisson, et s'y blottit; s'il trouve un vieux mur, un
tas de pierre, il y cherche un refuge comme ferait un
lapin; alors on le prend en vie en mettant la main
dans le trou.

La chasse aux marais, avec un bon chien, est fort
agréable, en ce qu'on trouve toujours quelque chose
à faire. Quand vous avez fini d'un côté, vous recommencez de l'autre. Mais cette chasse est pénible, elle
est dangereuse, elle donne des rhumatismes. Cependant les progrès de l'industrie vous donnent d'excellents préservatifs contre l'humidité. Les tissus imperméables en caoutchouc sont très-bons; on fait des
bottes-pantalons d'une seule pièce qui garantissent
parfaitement : avec cette chaussure on n'est pas
mouillé, mais on a froid. Si vous êtes jeune, vous n'y
ferez pas attention; il est un âge où l'on calcule toutes ces choses, et je crois qu'on a raison.

On fait cette chasse en bateau, mais il faut souvent mettre pied à terre sur les bords, et ces bords sont fangeux ; on y entre quelquefois jusqu'aux genoux. Si tout cela ne vous effraie pas, chassez au marais, vous aurez du plaisir pour votre argent. Aucune espèce de chasse n'offre plus de variétés, plus d'épisodes piquants. J'ai vu des râles qui, par la multiplicité de leurs ruses, ont fourni matière à la conversation pendant un long dîner de chasseurs.

Les râles sont tous difficiles à lever et faciles à tirer. Lorsqu'on chasse dans un marais fréquenté par ces oiseaux intéressants, il est aisé d'en faire une bonne récolte. Si l'un ne veut pas partir, on en cherche un autre plus accommodant ; on se rattrape sur la quantité.

« Une admirable Providence se fait remarquer
« dans les nids des oiseaux. On ne peut contempler,
« sans être attendri, cette bonté divine qui donne
« l'industrie au faible, et la prévoyance à l'insouciance.

« Aussitôt que les arbres ont développé leurs
« fleurs, mille ouvriers commencent leurs travaux.
« Ceux-ci portent de longues pailles dans le trou d'un
« vieux mur, ceux-là maçonnent des bâtiments aux
« fenêtres d'une église ; d'autres dérobent un crin à
« une cavale, ou le brin de laine que la brebis a laissé
« suspendu à la ronce. Il y a des bûcherons qui croisent des branches dans la cime d'un arbre ; il y a
« des filandières qui recueillent la soie sur un chardon. Mille palais s'élèvent, et chaque palais est un
« nid, etc. »

Si Châteaubriand, à qui nous empruntons cette citation, avait vu, comme nous, le nid d'un râle marouette, il eût été certainement ravi d'admiration, et nous aurions une belle page de plus. Je me baignais dans la Marne, Flore était avec moi; suivant son habitude, elle cherchait : un chien cherche toujours. Tout à coup elle tombe en arrêt dans des roseaux qui bordent une île; je m'approche et je vois.... le plus joli spectacle que la nature puisse offrir aux yeux d'un homme.

Figurez-vous un petit bateau, fort bien fait, amarré près du rivage; la corde le retient, l'eau ne peut lui donner qu'un léger balancement; dans ce bateau, placez une jolie mère de famille entourée de jolis enfans : voilà ce que je vis dans des proportions infiniment réduites.

Le bateau, construit avec des feuilles de roseau artistement tressées, avait une charpente solide. Attaché par la poupe à la tige tremblante d'un arbuste, le câble qui le retenait présentait autant de garantie à la nacelle en miniature, que ceux qu'on fabrique à Toulon pour les vaisseaux de haut-bord. Les pluies pouvaient gonfler la rivière, la sécheresse pouvait la faire baisser, sans que le bateau pût s'en ressentir. Il devait monter, descendre, l'eau devait servir pour le tenir à flot sans lui nuire. Au milieu de cette jolie embarcation, une mère couvait ses petits, elle tremblait déjà devant Flore, mon arrivée augmenta sa terreur; mais, ferme à son poste, la tendresse maternelle eut le dessus. J'admirai ce tableau ravissant,

Je pris Flore dans mes bras, je l'enlevai doucement
en arrière, et la pauvre mère fut délivrée de notre
présence.

Quand on songe que cette nacelle tressée avec des
roseaux, attachée au rivage, garnie de mousse, de
plumes, de crins, avait été faite par un petit bec et
deux pattes; quand on songe au travail pour couper
les roseaux, les entrelacer, faire des nœuds, à de si
petits moyens pour un si joli résultat, on n'a plus
rien à dire : il faut admirer et se taire.

Tous les râles fournissent au cuisinier une matière
première, délicate et de haute saveur. Les anciens
Romains avaient donné aux râles l'épithète de *epulum
regium*, mets royal. De *regium*, les Italiens ont fait
real et nous en avons fait *râle*, car le mot *ralla* que
j'ai cité plus haut n'est que dans les auteurs de la
basse latinité. Préparés à la casserole, l'arôme des
râles se développe mieux; la broche les dessèche
trop souvent. Je conseillerai toujours aux amateurs
de les manger en salmis, assaisonnés aux truffes ou
bien aux champignons. Cependant si l'on veut les
rôtir, ils sont excellents, mais il faudra l'œil du maître
pour les surveiller. Ne vous fiez jamais aux soins de
votre cuisinière, une distraction vous causerait un
notable dommage, vos râles seraient trop cuits, et
alors autant vaudrait servir à vos convives une ignoble
brochette de moineaux francs.

CHAPITRE XVI.

LA BÉCASSE.

—

Cùm nemus omne suo viridi spoliatur honore,
. . . . Præda est facilis et amœna scolopax.

NEMESIANUS.

Il existe plusieurs espèces ou variétés de bécasses;
comme elles ont toutes les mêmes habitudes, qu'on
les trouve aux mêmes endroits, à peu près aux mêmes
époques, nous les désignerons sous le nom générique
de bécasses.

Cet oiseau de passage habite les hautes montagnes;
c'est là qu'il élève ses petits. Vers le mois d'octobre,
il descend dans les bois, préférant ceux qui renfer-
ment des étangs, des mares, des marais. Les vents
d'est et de nord-est sont ceux qui nous amènent le
plus de bécasses, surtout lorsqu'ils sont accompagnés
de brouillards. On trouve la bécasse dans les lieux

13.

où des amas de feuilles mortes ont produit une espèce
de terreau. Elle y cherche les vers qui lui servent de
pâture, puis elle va faire sa toilette sur le bord d'une
mare, en se lavant les pattes et le bec.

La bécasse ne fait pas de longs voyages comme le
canard ou l'hirondelle; changeant de climats sans
changer de contrées, quittant les hautes montagnes
pour les bois, les bois pour les montagnes, elle fait,
dans un sens vertical, le chemin que les autres font
horizontalement (1).

On chasse fort bien la bécasse au chien d'arrêt, il
faut avoir le soin d'attacher un grelot au cou du
chien; sans cette précaution vous ignoreriez s'il s'arrête, car dans un bois on ne le voit pas toujours.
Lorsque vous n'entendrez plus le grelot, dirigez-vous
vers l'endroit où peu de temps avant il retentissait
encore, et vous trouverez votre chien immobile vis-à-
vis de l'oiseau. La bécasse garde bien l'arrêt, elle part
sous les pieds du chasseur; la seule difficulté qu'elle

(1) « La bécasse est un oyseau se tenant l'été ez haultes montaignes des Alpes, Pyrenées, Souisse, Savoye et Auvergne, où les
avons veues en tems d'été; mais elles partent l'hiver pour venir
chercher pâture ça bas par les plaines et bois taillis, et d'autant qu'il
y a de telles haultes montaignes en Grèce, ce n'est étrange qu'Aristote
n'ait dit qu'elles sont passagères; et de fait, la bécasse ne ressemble
les autres qui s'en vont du tout hors de la région, en tant qu'elles
changent seulement leur demeure : l'été en la montaigne, et l'hiver
ez plaines, là où tandis que les haultes montaignes sont congelées,
hantant les sources chaudes et autres lieux humides pour pâturer,
tirent les achées, qu'on dit autrement vermis, hors de terre avec leur
long bec; et pour ce faire, volent soir et matin, faisant leur demeure
le jour aux lieux couverts, et la nuit découverts.

BELON, *Nature des Oyseaux*, page 273.

présente pour le tir, c'est qu'elle s'enlève dans les bois où mille branches la dérobent à la vue. Pour cette chasse, un fusil court est beaucoup plus commode.

La bécasse a le vol lourd et bruyant, elle plonge derrière les buissons pour se cacher ; ses ailes et son corps offrent une grande surface au plomb du chasseur. Dans les bois élevés, dans les gaulis, on doit la tirer quand on peut ; dans les taillis découverts, il faut lui laisser faire son premier crochet avant de lâcher la détente.

Après avoir tiré, si votre chien revient la gueule vide, ne vous y fiez pas ; marchez vers l'endroit où la pièce peut être tombée : en général, les chiens ont une grande répugnance à rapporter la bécasse. Ils mourraient de faim près d'une bécasse rôtie, ils se roulent dessus en tous sens, mais n'y touchent jamais avec les dents.

Une bécasse levée ou manquée doit toujours être suivie à la remise : on la relève facilement. Si vous vous amusiez à chercher les autres, vous quitteriez le certain pour l'incertain.

La bécasse a la vue mauvaise, surtout pendant le jour ; il est certain qu'elle voit mieux au crépuscule qu'en plein midi. C'est pour cela, sans doute, qu'en Espagne on l'appelle *gallina ciega*, poule aveugle.

On chasse la bécasse avec des bassets ; quoique cette espèce de chiens ne soit pas dans les limites de ce livre, nous dirons en passant que cette chasse est agréable et fort avantageuse. Ces chiens donnent de la voix en apercevant le gibier, les chasseurs sont prévenus, et ils tirent souvent.

Quand on chasse dans le bois, il faut avoir grand soin de marcher sur la même ligne avec ses compagnons; de graves accidents pourraient survenir si quelqu'un s'avançait trop. On convient d'avance de certains petits cris que l'on renouvelle de temps en temps; ils partent d'un bout de la ligne, sont répétés par tous, et chacun juge si ses deux voisins sont bien placés. On doit toujours marcher l'arme haute; si le fusil était horizontal, une branche pourrait toucher la détente, et l'on n'a vu que trop souvent la pauvre femme qui ramasse du bois mort, le bûcheron, le charbonnier, devenir victimes de l'imprudence d'un chasseur. Règle générale : dans le bois il ne faut jamais tirer à hauteur d'homme, à moins de voir très-clair à l'endroit où l'on frappe. Combien d'étourdis, manquant le lièvre courant dans un fourré, tuèrent le pauvre diable dormant derrière un buisson. Il vaut mieux négliger une pièce de gibier, que dis-je? mille pièces, plutôt que de lancer un coup de fusil au hasard, dans le bois. En ne prenant point cette précaution, bien des chasseurs ont empoisonné leur existence.

La chasse au bois demande un grand sang-froid, beaucoup d'expérience; je ne la conseillerai jamais aux débutants. Il faut, avant de l'entreprendre, s'étudier soi-même, se juger. Si vous ne voyez point partir une pièce sans perdre la tête, si vous lâchez vos deux coups, au hasard, sans viser, n'entrez ja-

mais dans un bois, courez la plaine; et encore, ayez
soin de vous tenir loin du laboureur, du berger, des
vaches et des chevaux.

Quant aux animaux, vous en seriez quitte en
payant, vous recevriez peut-être de la part de quelque
mauvais plaisant une carnassière à la Des Achards :
mais le laboureur et le berger, c'est une autre affaire.
Nous ne sommes pas en Russie, où la vie des hommes
est tarifée, suivant le rang qu'ils occupent dans la
hiérarchie sociale. Un seigneur russe voyageait en
France : mécontent de son postillon, il l'injurie : celui-ci riposte en termes énergiques; des mots on
passe bien vite aux gestes. Le Russe prend un bâton,
et comme il se trouvait le plus fort, il roue de coups
le pauvre postillon. Des paysans surviennent. — Prenez garde, monsieur, vous allez le tuer. — Qu'importe! je paierai. Combien coûte un postillon dans
ce pays?

On chasse fort bien la bécasse en battue, mais il
faut beaucoup de rabatteurs, pour qu'ils puissent être
très-près les uns des autres. Ils doivent avoir en main
de longs bâtons pour fouiller tous les buissons, les
touffes d'herbes et les rachées.

La battue aurait encore plus de succès, si les traqueurs avaient de petits bassets avec eux. La bécasse
ne part que sous les pieds de l'homme. A la remise
elle court à pied, mais la première fois elle reste
blottie; et si vous n'aviez pas de chien, vous pourriez
passer dix fois près d'elle sans la voir.

Après une battue, chaque chasseur a remarqué la

remise des bécasses manquées ou non tirées; on y
va sur-le-champ, et si le bois est praticable, on y
marche ensemble au chien d'arrêt, pendant que les
rabatteurs se reposent. Quand on chasse dans un bois
de peu d'étendue, il faut avoir un *remarqueur :* c'est
un *gamin* que l'on fait monter sur l'arbre le plus
haut; il voit la remise et l'indique aux chasseurs. Si
je proscris les chasses à l'affût pour le lièvre et le
perdreau, le faisan et le lapin, je lève le *veto* pour les
oiseaux de passage. En vous interdisant, relativement
aux premiers, des moyens certains de destruction,
je ménage vos plaisirs; mais pour les bécasses, bécassines, cahards, vanneaux, pluviers, etc., etc., tous
les moyens sont bons. Ceux qui sont chez vous aujourd'hui n'y seront plus demain; d'autres les tueront, tuez-les si vous pouvez, c'est autant de pris
sur l'ennemi. Le gourmand qui dîne à table d'hôte,
mange tant qu'il peut, sachant bien qu'il ne paiera
pas davantage.

Vous avez des bécasses dans vos bois, trop touffus
pour qu'on puisse tirer. Partez le matin ou le soir,
postez-vous avant le crépuscule près des mares
qu'elles fréquentent. Vous verrez facilement les marques de leurs pattes sur la terre humide, leurs fientes
larges, blanches et sans odeur. Choisissez les passages qu'elles suivent pour aller à l'eau, pour revenir
au bois. Dans l'hiver, elles arriveront l'une après
l'autre; au mois de mars elles viendront deux à deux.
Placez-vous de préférence le long d'une avenue, au-
dessus d'un vallon, d'où vous pourrez découvrir plus

de terrain. Soyez dans un fossé, jamais sous un arbre, dont les branches vous empêcheraient de tirer.
Pour cette chasse, il faut avoir de bons yeux, et surtout être prompt à lâcher un coup de fusil, car la
bécasse passe très-vite, et c'est toujours au moment
où le crépuscule commence ou finit.

On trouve la bécasse dans tous les pays du monde,
dans l'ancien continent comme dans le nouveau, en
Sibérie comme au Sénégal (1).

La bécasse est un excellent gibier lorsqu'elle est
grasse ; elle est toujours meilleure pendant les gelées ; on ne la vide jamais. En pilant des bécasses
dans un mortier, on fait une purée délicieuse ; si l'on
met sur cette purée des ailes de perdrix piquées, on
obtient le plus haut résultat de la science culinaire.
Autrefois, quand les dieux descendaient sur la terre,
ils ne se nourrissaient pas autrement.

> Quand la bécasse est réduite en purée,
> Qu'elle est par l'art savamment préparée,
> Ce mets si rare et non moins précieux
> Ne doit servir qu'aux banquets de nos dieux (2).

Il ne faut point manger la bécasse trop tôt, son
arôme ne serait pas assez développé, vous auriez une

---

(1) *Nullá non in regione reperitur hæc avis.* ALDOVRANDE, tome III,
page 485.

Reperitur hæc avis in omnibus ferè regionibus. GESNER.

Il n'existe dans la Nouvelle-Hollande ni lièvres, ni faisans, ni perdrix ; mais il y a des canards sauvages, des macreuses, des sarcelles,
des pluviers, des bécassines, des bécasses, etc., etc.

Choix de Voyages, par MAC CARTHY, tome X, page 30.

(2) M. de Saint-Just, *Épître à l'abbé d'Herville.*

chair sans goût et sans saveur ; apprêtée en salmis, son parfum se marie très-bien avec celui des truffes. Mise en broche avec une cuirasse de lard, elle doit être surveillée par l'œil du chasseur ; une bécasse trop cuite ne vaut rien. Mais une bécasse cuite à point, placée sur sa rôtie noire et onctueuse, est un des morceaux les plus délicats, les plus savoureux qu'un galant homme puisse manger ; et lorsqu'il a la précaution de l'arroser d'excellent vin de Bourgogne, il peut se flatter d'être un excellent logicien.

Un président du tribunal d'Avignon avait dîné chez le préfet. En sa double qualité de gourmand distingué, de chasseur intrépide, il officiait toujours en conscience. Après avoir pris sa tasse de café pour faciliter la digestion, il en était à son troisième petit verre, pour faciliter le passage du café, lorsque son Amphitryon l'aborde et lui demande s'il a bien dîné. — Mais.... oui.... — Cette réponse semble accompagnée de restrictions. — Eh! non.... j'ai assez bien dîné. — Assez bien ne signifie pas bien. — Si, si, j'ai bien dîné. — Je vous devine, monsieur le président, vous regrettez ces deux belles bécasses qui n'ont pas été découpées. — Ma foi, j'en aurais bien mangé ma part. — Attendez un instant, on va vous les servir. — Après le café.... après la liqueur.... c'est impossible. — Rien n'est impossible aux estomacs comme le vôtre.

Le préfet donne l'ordre : une petite table est dressée dans le cabinet voisin, on sert les deux bécasses, et le bienheureux président les mangea.

Ce respectable magistrat disait un jour : — Nous venons de manger un superbe dinde, il était excellent, bourré de truffes jusqu'au bec, tendre, délicat, parfumé ; nous n'avons laissé que les os.— Combien étiez-vous ? — Nous étions deux. —- Deux ! — Oui, le dinde et moi.

CHAPITRE XVII.

LA BÉCASSINE.

—

> La bécassine est fournie de haulte
> graisse qui réveille l'appétit endormi,
> provoque à bien discerner le goût des
> francs vins ; quoi sachant ceux qui
> sont bien rentés la mangent pour se
> faire bonne bouche.
>
> BELON.

Autant la bécassine ressemble à la bécasse par le plumage, autant elle en diffère par les mœurs et les habitudes. On trouve la bécassine dans les marais, dans les terrains bas et humides ; on ne rencontre la bécasse que dans les bois ou sur les montagnes. Règle générale : partout où vous verrez des bécasses, ne cherchez point de bécassines ; partout où vous verrez des bécassines, ne cherchez point de bécasses.

La bécassine arrive en France en automne ; elle disparaît pendant les grands froids, revient au printemps, et se dirige vers le nord ; c'est là qu'elle se reproduit. Quelques-unes font leurs petits en France, mais ce sont des exceptions.

C'est une fort jolie chasse que celle de la bécassine, mais il ne faut pas que le chasseur ni le chien craignent l'eau. Munissez-vous de bonnes bottes imperméables, marchez, barbotez, vous vous amuserez si vous êtes jeune. Cette chasse demande autant d'habitude que d'adresse. La bécassine a le vol très-rapide, mais c'est le moindre inconvénient. Elle commence par filer droit pendant quelques pas, puis elle fait trois crochets, et file droit encore. Si vous attendez qu'elle ait fini ses trois crochets pour tirer, elle est déjà bien loin, à moins cependant qu'elle ne soit partie à vos pieds. Si vous la tirez pendant les crochets, vous manquez presque toujours. Si vous êtes prompt à mettre en joue, le meilleur sera de tirer au *cul-levé*, vous aurez encore la ressource de redoubler, après les trois crochets. Mais pour tirer de cette manière il faut être très-leste ; peu de chasseurs y réussissent bien. Cependant j'en ai vu qui, par une grande habitude contractée dans des pays de marécages, abattaient les bécassines aussi facilement que des perdreaux.

On peut chasser la bécassine depuis le matin jusqu'au soir. Celles qu'on a levées une fois, on les retrouve encore ; on tire toujours, on manque souvent ; c'est la chasse où l'on use le plus de poudre.

Il est bien de charger les deux canons avec du plomb de différents numéros ; le coup droit avec du 8, et le gauche avec du 6 ou même du 5. Le petit plomb peut être mis à double charge, ou du moins à charge et demie. Comme il doit être tiré de très-près, il garnira mieux. On fera bien de diminuer d'un quart ou d'un tiers la charge de gros plomb, parce qu'elle est destinée à fournir une plus longue carrière. Si vous tirez juste, vous en aurez encore assez.

La bécassine se laisse facilement arrêter par le chien ; c'est la seule espèce de gibier que l'on puisse chasser à mauvais vent ; il vaut même mieux avoir le vent en poupe, en voici la raison : la bécassine a l'habitude de piquer le vent, d'aller droit sur lui. Si vous la prenez à vent contraire, elle file devant vous, sinon elle tourbillonne pour se diriger sur le vent ; et alors ces tourbillons, joints aux crochets qu'elle ne manque jamais de faire, compliquent furieusement la question. On chasse mieux la bécassine par un temps gris que par un beau soleil.

La petite bécassine ou jacquet se blottit dans les herbes les plus touffues, elle part presque toujours sous les pieds du chasseur. Mais la grosse bécassine a toutes les allures du râle d'eau ; elle court, se lève difficilement, et ne part que lorsqu'elle est éloignée du chien ; elle se croit alors à l'abri du danger, mais le fusil dérange bien souvent ses calculs.

Bougainville a trouvé la bécassine aux îles Malouines ; il a reconnu qu'elle avait des habitudes dif-

férentes de celles que nous lui connaissons en Europe.
Comme rien ne l'inquiète dans ces lieux solitaires,
elle fait son nid en rase campagne; on la tire aisément, elle n'a nulle défiance et ne fait point de crochet en partant. Avis aux amateurs qui se trouvent
ordinairement déroutés par les trois crochets; ils
n'ont qu'à faire le voyage, ils tueront la bécassine
aussi facilement que la caille, ce qui sera pour eux
une compensation suffisante.

On trouve la bécassine partout comme la bécasse (1); c'est un mets exquis et délicat; quant aux
préparations culinaires, voyez ce que nous avons dit
à la fin du chapitre précédent.

Les chasseurs gastronomes, et ils sont en grande
majorité, nous sauront gré de leur donner la recette
du salmis des Bernardins : il peut s'appliquer à toute
espèce de gibier. Ces bons pères ne dédaignaient aucune science; en ce temps-là, c'est dans les cloîtres
qu'on trouvait les hommes du mouvement.

« On prend quatre bécassines (on se réglera quant

(1) Il est à remarquer que les bécassines se trouvent dans beaucoup
plus de pays du monde qu'aucun autre oiseau. Elles sont communes
dans presque toute l'Europe, l'Asie et l'Amérique. (*Voyage autour du
monde*, par le capitaine Cook, tome iv, page 268.)

Sur la côte de Patagonie, les bécasses et les bécassines sont très-
communes : elles sont de la même espèce que celles qu'on trouve
aux îles Falkland, leur chair est d'un goût exquis. (*Voyage au détroit
de Magellan*, par don Antonio de Cordova.)

Les oiseaux de l'île de Van Diemen sont les mêmes. Le *wattlebird*,
qui est de la grosseur d'une bécassine, et dont la chair est d'un
manger délicieux, est le seul qui ne se trouve pas dans la Nouvelle-
Hollande.

Choix de voyages, par Mac Carthy, tome x, page 105.

aux doses sur le nombre et la grosseur des pièces)
rôties à la broche, mais peu cuites; on les divise selon
les règles de l'art, ensuite on coupe en deux les ailes,
les cuisses, l'estomac et le croupion; on range à mesure ces morceaux sur une assiette.

« Dans le plat sur lequel on a fait la dissection,
et qui doit être d'argent, on écrase les foies et les
déjections de l'oiseau, et l'on exprime le jus de quatre citrons bien en chair, et les zestes coupés très-
minces d'un seul. On dresse ensuite sur ce plat les
membres découpés qu'on avait mis à part; on les
assaisonne avec quelques pincées de sel blanc et de
poudre d'épices fines (à défaut de cette poudre, on
mettra du poivre fin et de la muscade), deux cuil-
lerées de l'excellente moutarde de Maille et Acloque
ou de Bordin, et un demi-verre de très-bon vin blanc.
On met ensuite le plat sur un réchaud à l'esprit de
vin, et l'on remue pour que chaque morceau se pénètre de l'assaisonnement, et qu'aucun ne s'attache.

« On a grand soin d'empêcher le ragoût de bouil-
lir; mais lorsqu'il approche de ce degré de chaleur,
on l'arrose de quelques filets d'excellente huile vierge.
On diminue le feu, et l'on continue de remuer pendant quelques instants. Ensuite on descend le plat,
et l'on sert de suite et à la ronde, sans cérémonie,
ce salmis devant être mangé très-chaud.

« Il est essentiel de se servir de sa fourchette en
cette occasion, dans la crainte de se dévorer les
doigts, s'ils avaient touché à la sauce. »

(Almanach des gourmands, année 1806.)

CHAPITRE XVIII.

LE CANARD [1].

—

Ainsi dans leur saison les canes du Lapland
Partent, formant dans l'air un triangle volant.
Chaque oiseau tour à tour à la pointe se place,
Un autre le relève aussitôt qu'il se lasse,
Chacun du dernier rang se transporte au premier,
Chacun du premier rang se replace au dernier.
Ils abordent : les bois, les monts et les rivages,
Retentissent du vol de ces vivants nuages,
Que l'instinct, le besoin, aidés d'un vent heureux,
Poussent vers des climats qui n'étaient pas pour eux·

DELILLE.

Ce bel oiseau de passage nous arrive à l'automne
et repart au printemps. Il en reste par ci par là quelques-uns qui font leurs nids en France; ils choisissent les mares, les étangs environnés de bois pour y

(1) *Anas a natando dictus* (ou *dicta*).

Le père Canard, jésuite, confesseur du roi, se fit nommer Annat,
en latinisant son nom.

14

pondre leurs œufs. Le but de ces canards paresseux qui demeurent parmi nous est nécessairement de procurer aux chasseurs le plaisir de tuer des halbrans (1), et de donner aux gastronomes l'ineffable bonheur de manger de bons petits canetons sauvages, toujours d'un goût exquis.

Les troupes de canards sont quelquefois très-nombreuses ; la grande difficulté, c'est de les approcher. On se sert d'un bateau, mais il faut tirer de loin, avec la canardière, long fusil qui souvent d'un seul coup en abat quinze ou vingt. Parmi ceux qui tombent, beaucoup ne sont pas morts, ils sont démontés, ils nagent encore, quoiqu'ils ne puissent plus voler ; on les poursuit alors, et le fusil double ordinaire les achève, mais ce n'est pas de cette chasse que nous traitons ici ; n'oublions pas que nous chassons au chien d'arrêt.

Il faut d'abord être chaussé de grandes bottes recouvrant le genou, faites du cuir le meilleur, le plus fort et le plus souple. On commence par boucher soigneusement avec du suif toutes les petites ouvertures, souvent imperceptibles, faites par l'alène du cordonnier. Lorsque les bottes sont bien sèches, on les expose légèrement au feu, puis on les cire avec la préparation suivante. Prenez :

Suif de bœuf en branche. . . .	500 grammes.
Graisse de porc.	122

----

(1) On appelle halbran le jeune canard sauvage ; je crois ce mot dérivé de l'allemand *halbe ent,* qui signifie demi-canard.   .

Huile de térébenthine. . . . . 60 grammes.
Cire jaune. . . . . *idem.*
Huile d'olive. . . . . *idem.*

Faites fondre en remuant, et frottez vos bottes en tous sens, à l'extérieur. Imprégnez bien le cuir de ce mélange, et recommencez l'opération toutes les fois que vous voudrez chasser au marais; c'est indispensable pour avoir le pied sec.

La maison Rattier, rue des Fossés-Montmartre, fait des bottes imperméables en caoutchouc; mais elles sont en étoffe trop faible pour résister. En les mettant dans d'autres bottes de cuir ou dans des souliers ordinaires, on est certain de ne point avoir les pieds mouillés.

Ayez soin de tenir votre chien près de vous. Les canards partent de loin, surtout quand la bande est nombreuse; c'est comme chez les perdreaux : on approche plus facilement un canard que plusieurs. Il ne faut pas que le chien, par trop de vivacité, rende la chose plus difficile, en hâtant leur départ. Chargez votre fusil avec du gros plomb, n° 3 ou n° 2. Le canard, et en général tous les oiseaux de marais, sont très chargés de plumes; il faut un plomb de bonne dimension pour traverser ce matelas qui les recouvre, surtout quand ils partent de loin.

Fouillez avec soin tous les bords des étangs, entrez dans les joncs, dans les roseaux, et n'avancez que lentement, pour ne rien laisser derrière vous. Chemin faisant, vous trouverez des poules d'eau, des

14.

bécassines, des râles; à cette chasse on trouve toujours quelque chose.

Au marais, souvent le meilleur chien perd la finesse de son odorat; l'eau qui pénètre ses naseaux, ou peut-être les miasmes qui se dégagent de la boue, en sont cause. Il faut ramener le chien en plaine, le faire reposer, sécher au soleil, et recommencer. Il est inutile de dire qu'à la chasse au canard, comme à toutes les autres, à l'exception de celle à la bécassine, il faut être à bon vent. *A bon vent*, c'est le protocole ordinaire, le fond de langue, c'est le *goddam* de Figaro.

Le canard est peut-être le gibier qui fait le plus de bruit quand il part. Le battement de ses ailes, d'abord sur l'eau, bientôt après dans l'air, étonne les chasseurs novices; c'est à cause de ce bruit que Varron lui donne l'épithète de *quassagipenna*. Lorsqu'on tire un canard au vol, on a bien plus de chances pour le tuer que lorsqu'on le tire sur l'eau. Dans le premier cas, les plumes sont séparées et plus faciles à traverser; dans le second, c'est tout le contraire. Si vous tirez le canard posé, visez toujours au-dessous de la partie du corps qui surnage. Quelquefois le canard plonge, alors on se tient prêt, et du moment qu'il reparaît à la surface pour respirer, on lâche le second coup. En visant le canard au vol il ne faut pas trop le découvrir, il vaut mieux tirer haut que bas, visez toujours la tête.

Souvent il est bien difficile de prendre un canard démonté; le meilleur chien se trouve quelquefois en défaut. L'oiseau plonge et reparaît à vingt pas; du moment que le chien s'approche, il plonge encore : c'est à n'en plus finir. Si vous êtes en bateau, vous pourrez facilement l'approcher, et l'achever en tirant; mais si vous êtes à pied, je vous plains.

L'épagneul est le meilleur chien d'arrêt pour la chasse au marais, le griffon vient ensuite. Quant au braque il est bientôt hors de combat; les douleurs, les rhumatismes s'emparent de lui; les articulations se nouent : c'est un genre de chasse trop fort pour sa constitution.

Si vous voyez de loin des canards sur le bord d'une rivière, remarquez un arbre, une pierre dans le voisinage; faites un détour assez grand pour qu'ils ne puissent ni vous voir, ni vous entendre. Ensuite marchez sur l'endroit où vous savez qu'ils sont. Si la berge est haute, vous les approcherez facilement, mais ayez soin que votre chien soit derrière vous. Si le soleil jette votre ombre de leur côté, les canards partiront du moment qu'elle paraîtra sur l'eau. Le moyen d'escamoter l'ombre du chasseur n'est pas encore trouvé.

Dans un marais, il est facile d'attirer les canards sauvages en y mettant une troupe de canards domestiques. Cette méthode est connue depuis bien longtemps, puisque Alciat, qui vivait sous François Ier, en parle dans une des légendes placées sous ses emblèmes :

> *Altilis allectator anas.....*
> *..... Et cœrula pennis*

Adsueta ad dominos ire, redire suos;
Congeneres cernens volitare per aera turmas,
Garrit, in illarum se recipitque gregem,
Incautas donec prætensa in retia ducat,
Obstrepitant captæ, conscia at ipsa silet :
Perfida cognato si sanguine polluit ales,
Officiosa aliis, exitiosa suis.

Nous avons dit que des canards paresseux restaient quelquefois dans nos climats ; ils s'accouplent, pondent, et élèvent leurs petits. Lorsqu'on a découvert une couvée de halbrans, il est facile de la détruire ; mais il faut n'y songer que lorsque ces oiseaux sont assez forts pour être utiles à la cuisine. Du moment qu'on a pris la résolution de les chasser, on tue la mère. Après on a facilement raison des petits privés de leur guide. On les trouve, l'un après l'autre, dans les herbes, dans les roseaux ; et s'il en reste quelques-uns, on les attire le lendemain en attachant, près du rivage, une cane domestique. Les halbrans la prennent pour leur mère, et ne manquent pas de venir se faire tuer auprès d'elle.

Il est fort difficile de juger les distances sur l'eau ; pour y parvenir, il faut une grande habitude. Les propriétaires d'étangs peuplés de canards font planter des piquets dans l'eau ; ces piquets, placés tous à portée de fusil les uns des autres, servent de guides aux tireurs : ils savent qu'au-delà les coups seraient perdus, qu'en deçà tout est bon (1).

(1) « Je ne crois pas qu'il y ait de pays au monde plus abondant en canards, sarcelles, plongeons, cignes, oies sauvages, que celui-ci (la Laponie). La rivière en est partout si couverte qu'on peut facilement les tuer à coups de bâton. Je ne sais pas de quoi nous eussions

Les canards, les oies, les grues, ont un instinct admirable pour voyager ; la bande, séparée en deux ailes, forme exactement un V. Celui qui vole en tête des deux colonnes, à l'endroit où les deux branches du V se réunissent, a nécessairement plus de fatigue que les autres ; tous volent derrière lui, suivant le sillon qu'il trace dans l'air ; c'est le pilote, le chef de file : une troupe de canards est une armée dont chaque soldat devient général à son tour. Après un certain temps, qui toujours est le même, le dernier hâte le pas, prend la tête de la colonne jusqu'à ce qu'un autre vienne le remplacer.

« A peine l'hirondelle a-t-elle disparu, qu'on voit s'avancer sur les vents du nord une colonie qui vient remplacer les voyageurs du midi, afin qu'il ne reste aucun vide dans nos campagnes. Par un temps grisâtre d'automne, lorsque la bise souffle sur les champs, que les bois perdent leurs dernières feuilles, une troupe de canards sauvages, tous rangés à la file, traverse en silence un ciel mélancolique. S'ils aperçoivent du haut des airs, quelque manoir gothique environné d'étangs et de forêts, c'est là qu'ils se pré-

vécu pendant tout notre voyage, sans ces animaux qui faisaient notre nourriture ordinaire. Nous en tuions quelquefois trente ou quarante dans un jour, sans nous arrêter un moment, et nous ne faisions cette chasse qu'en chemin faisant. Tous ces animaux sont passagers, et quittent ces pays pendant l'hiver, pour en aller chercher de moins froids, où ils puissent trouver quelques ruisseaux qui ne soient point glacés ; mais ils reviennent au mois de mai faire leurs œufs en telle abondance, que les déserts en sont couverts. » REGNARD, *Voyage en Laponie.*

parent à descendre : ils attendent la nuit, et font des évolutions au-dessus des bois. Aussitôt que la vapeur du soir enveloppe la vallée, le cou tendu et l'aile sifflante, ils s'abattent tout-à-coup sur les eaux qui retentissent. Un cri général, suivi d'un profond silence, s'élève dans les marais. Guidés par une petite lumière, qui peut-être brille à l'étroite fenêtre d'une tour, les voyageurs s'approchent des murs à la faveur des roseaux et des ombres. Là, battant des ailes et poussant des cris par intervalle, au milieu du murmure des vents et des pluies, ils saluent l'habitation de l'homme.

« Il est remarquable que les sarcelles, les canards, les oies, les bécasses, les pluviers, les vanneaux qui servent à notre nourriture, arrivent quand la terre est dépouillée, tandis que les oiseaux étrangers qui nous viennent dans la saison des fruits, n'ont avec nous que des relations de plaisirs : ce sont des musiciens envoyés pour charmer nos bosquets. Il en faut excepter quelques-uns, tels que la caille et le ramier, dont toutefois la chasse n'a lieu qu'après la récolte, et qui s'engraissent dans nos blés pour servir à notre table. Ainsi les oiseaux du Nord sont la manne des aquilons, comme les rossignols sont les dons des zéphyrs : de quelque point de l'horizon que le vent souffle, il nous apporte un présent de la Providence (1). »

Le canard est l'espèce de gibier la plus universel-

____

(1) CHATEAUBRIAND, *Génie du Christianisme.*

lement répandue ; tous les voyageurs parlent des canards qu'ils ont tués dans toutes les parties du
monde. C'est l'espoir des naufragés. Abandonnez un
homme dans quelque île que ce soit, si vous lui donnez un fusil et de la poudre, il tuera des canards
pour se nourrir. Sans les canards, l'équipage de
l'*Uranie* serait probablement mort de faim aux îles
Malouines (1).

Le canard sauvage est plus fin et plus savoureux
que le canard domestique. Sa chair est échauffante ;
on la croit un puissant aphrodisiaque (2). Les Romains en faisaient grand cas ; cependant on ne devait manger que la tête et la poitrine du canard.
Ceci est prouvé par ces deux vers de Martial :

> *Tota mihi ponatur anas , sed pectore tantùm*
> *Et cervice sapit ; cœtera redde coquo.*

On trouve dans Apicius quatre différentes manières
de l'assaisonner. Soit rôti, soit aux navets, aux champignons, ou bien en salmis avec des truffes (accom-
pagnement obligé), le canard est un mets de haut
goût. Les pâtés de canards d'Amiens ont une grande
réputation, et ils en sont dignes.

On croit que le sang du canard était la base du
fameux antidote de Mithridate. Voici ce qu'en dit
Belon : « Les anciens, pensant que les canes du pays
de Pont se repaissent de venin, ont donné leur sang

---

(1) J**acques** A**rago**. *Promenade autour du monde.*
(2) *Caro multi alimenti ; auget sperma et libidinem excitat.*
Willughby, Ornithologia.

contre tous poisons; et de fait, Mithridate, qui n'était pas moins médecin que roi, et duquel nous avons tant recommandé le médicament de son nom, faisait endurcir le sang des canes afin qu'il le pût mieux garder et le détremper en médecine quand il voudrait (1). Guillaume Van den Bossche qui a fait un livre sur les remèdes que l'on pouvait tirer des animaux, donne beaucoup de vertus au sang et à la chair du canard. Il dit que Caton, par l'usage de cette nourriture habituelle, conserva sa santé et celle de tous ses serviteurs. Il recommande beaucoup le sang du canard comme contre-poison et pour neutraliser la morsure des animaux venimeux (2).

Tout ce que nous avons dit sur le canard peut s'appliquer à la grande et petite sarcelle, et en général à tous les oiseaux de marais; nous ajouterons seulement quelques observations sur la poule d'eau,

---

(1) *Nature des oyseaux*, page 160.

Belon, dans le même ouvrage, parle d'après Gesner de la cane à quatre pieds; il en donne ainsi la description avec la *pourtraicture* où les quatre pieds sont parfaitement figurés, deux par devant, deux par derrière. « La cane à quatre pieds ressemble en grandeur à une « petite cane de ce païs, en forme toutefois grandement différente, « ayant le bec fort large et mince, noir au bout et jaulne au demeu- « rant, le dessus de la teste est noir jusques au col, et la partie qui « est près les yeux cendrée : a d'avantage le col teint d'un collier « noir, le dos, les œlles, et la queuë noire, les pieds blancs et jaul- « nes ne distans guères les uns des autres. » Belon et Gesner avaient beaucoup voyagé, ce qui ferait croire que le proverbe *a beau mentir* est fort ancien.

(2) *Historia medica in qua libris IV animalium natura et eorum medica utilitas exactè et luculenter tractantur*, Bruxellæ, 1639. In-4° pag. 27.

que l'on rencontre en chassant les râles, les bécassines ou les canards. C'est comme en chimie, où l'on
trouve souvent ce qu'on ne cherchait pas.

La rencontre est agréable; c'est un fort beau coup
de fusil que celui qui pelote une poule d'eau. Mais
il faut qu'il soit bien dirigé, qu'il frappe en plein;
car s'il lui reste un peu de vie, l'oiseau plonge et
disparaît. Les poules d'eau possèdent un instinct
étonnant pour ne point aller prendre rang dans la
carnassière, et pour éviter les inconvénients de la
broche. Elles nagent longtemps sous l'eau; mais au
lieu de reparaître à la surface comme les canards,
elles se placent sous une feuille de nymphæa, de
nénuphar, laissent sortir le bout de leur bec pour
respirer, et demeurent immobiles. Il faut un bon
chien d'arrêt pour les trouver et les faire partir; il
doit battre les joncs, les roseaux, sur le bord des
étangs, et revenir souvent sur lui-même, car la poule
d'eau fait cent détours pour le dépister.

La poule d'eau, du reste, est très-facile à tirer.
Elle part sous les pieds du chasseur, qui la laisse
filer, l'ajuste en plein corps, et ne lâche la détente
que certain du succès. « Quand elle se tient immobile, on la prendrait avec son plumage noir et le ca-
chet blanc de sa tête pour un oiseau en blason, tombé
de l'écu d'un ancien chevalier (1).

(1) Chateaubriand, *Génie du Christianisme.*

CHAPITRE XIX.

GIBIER DE HASARD.

—

Tros Tyriusve mihi nullo discrimine agetur.
Virgile.

Nous réunirons sous ce titre tous les oiseaux qui, sans compter dans les espérances du chasseur au chien d'arrêt, n'en servent pas moins quelquefois à remplir sa carnassière. Lorsque chemin faisant il en rencontre à belle portée, il doit rendre grâces au hasard, sans se persuader que cela puisse tirer à conséquence.

Les vanneaux, les pluviers sont de passage, ils arrivent par bandes nombreuses; mais ils sont rusés, on les aborde difficilement. Il est rare qu'un chien les arrête, ce n'est que par surprise que ce cas peut se présenter ; lorsqu'un accident de terrain, un grand vent, sont cause que le chasseur tombe sur eux à l'improviste, alors deux coups de fusil tirés au milieu de la troupe donnent de superbes résultats.

Quoique le guignard soit de la famille des pluviers, il fait cependant exception à la règle. Il se laisse arrêter par le chien, j'en ai tué plusieurs de cette manière dans les plaines de la Beauce. Au mois de septembre, par un temps chaud, on les approche facilement ; quelquefois même on peut les tirer posés.

C'est un oiseau très-recherché des gastronomes professeurs ; les profanes le connaissent peu. Sa chair, extrêmement délicate, est bien supérieure à celle des vanneaux et des autres pluviers.

Dans les pays où la nombreuse famille des pluviers abonde, on en prend une grande quantité. La chasse à l'affût, les filets, les piéges de toute espèce sont employés pour leur faire la guerre ; nous n'en parlerons pas, nous sortirions de notre spécialité, car ici nous chassons au chien d'arrêt, rien qu'au chien d'arrêt.

La ville de Chartres s'enorgueillit de sa superbe cathédrale et de ses délicieux pâtés de guignards. Le célèbre Philippe de Chartres dut aux pâtés de guignards son immortalité. Que dis-je? Si Collin d'Harleville a fait *le Vieux célibataire, les Châteaux en Espagne, l'Optimiste,* etc., nous le devons aux pâtés de guignards. Collin, fort jeune encore, écrivit une épître charmante à Philippe le pâtissier. Ce premier

ouvrage fit grand bruit; Collin, enhardi, suivit la
carrière des lettres, ce qu'il n'eût point fait peut-
être, si les chasseurs de la Beauce n'avaient point
tué de guignards.

> Voyez combien voilà de choses enchaînées,
> Et par *les guignards* amenées.

En chassant le lièvre, le perdreau, dans les taillis,
on rencontre parfois des ramiers, des tourterelles;
c'est d'autant plus agréable qu'on y comptait moins.
Tout cela fait carnassière, et bien souvent le chasseur
ne doit qu'au gibier de hasard le plaisir de ne pas revenir bredouille.

Le pluvier, le vanneau, le ramier, empêchent la
bredouille; quant à la tourterelle, on n'est pas d'accord. Les meilleurs esprits sont partagés; je pense
toutefois qu'elle doit être considérée comme pièce
de gibier puisqu'on la tire au vol, et souvent de fort
loin.

Quant à la grive, au merle, à l'alouette, on ne
peut les compter qu'à la cuisine; en aurait-on des
carnassières pleines, on n'en serait pas moins bredouille, propre à recevoir des moustaches avec le
bouchon de liége brûlé, bon pour verser à boire au
roi de la chasse, et pour être le plastron de toutes
les plaisanteries, avec défense de se fâcher.

Ceci n'empêche pas de tuer des grives, quand
l'occasion s'en présente. Nous en avons quatre espèces
en France.

La grive ordinaire; elle arrive au mois de septembre; on la rencontre dans les vignes, dans les jardins; c'est la meilleure de toutes; sa chair est délicate, d'un fumet fort agréable et d'une bonne saveur.

La draine, appelée communément jocasse, claque, et en Provence sère. C'est la plus grosse des grives; on l'approche très-difficilement; elle est beaucoup moins bonne que la première.

La litorne, un peu moins grosse que la précédente, arrive pendant l'hiver. On la trouve en nombreuse compagnie. Il est rare qu'on puisse la tirer, à moins d'être à l'affût, mais si l'on se trouve par hasard dans un endroit où la bande vient de s'abattre, on en peut tuer cinquante d'un seul coup de fusil.

La mauvis vient en France à la même époque; on l'appelle aussi grive des Ardennes. C'est la plus petite de toutes; elle n'en est pas moins très-bonne à manger. On la rencontre dans les vignes avec la grive ordinaire; après les vendanges, elle vient grapiller ce qui reste.

Lorsque les grives sont abondantes la chasse en est fort agréable. Il faut être deux : on se place de chaque côté d'une pièce de vigne, on fait entrer le chien dans le milieu, chacun tire au vol tout ce qui part, et si les deux chasseurs sont adroits, ils font bientôt une bonne récolte. De cette manière on peut tirer énormément de coups de fusil, et cet exercice donne aux commençants une grande habitude. Il accoutume à mettre promptement en joue, à suivre la pièce avant de lâcher la détente. La grive ne part pas toujours de la même manière; tantôt elle file droit, tantôt elle fait plusieurs crochets; d'autres fois son vol est ondulé, comme les vagues d'une mer agitée ; enfin, on la voit piquer en l'air, retomber aussitôt, en décrivant la figure d'un accent circonflexe. Un chasseur qui tuera bien la grive au vol en toute circonstance, manquera peu de perdreaux.

Quand la grive est grasse, elle court entre les ceps de vignes et ne se lève que difficilement ; il faut lui jeter une pierre, un peu de terre, pour la faire partir ; mais on doit être prompt à tirer, car elle va tout de suite retomber à vingt pas, à dix pas, quelquefois plus près.

On tire aussi la grive posée sur les arbres, mais elle est difficile à voir; on est souvent tout près d'elle sans qu'on puisse la découvrir. Si vous vous trouvez à vingt-cinq ou trente pas de l'arbre sur lequel vient de se poser la grive, visez l'endroit où vous avez cessé de la voir, et tirez. J'ai réussi bien souvent de cette manière.

Toutes les grives sont des oiseaux de passage. Cependant il en reste toujours quelques-unes en France pendant l'hiver, comme il reste des alouettes, des pinsons et des linottes. Il paraît que chez les animaux comme chez les hommes, il existe des travailleurs et des fainéants, des diligents et des paresseux.

C'est dans le voisinage de la mer Baltique, à Dantzick, à Kœnigsberg, à Lubeck, à Stettin, que j'ai vu le plus de grives. Dans ces contrées, la quantité de grives est réellement prodigieuse aux époques des passages. Chaque arbre, et quelquefois chaque

branche, a sa grive; on en tue de pleines carnassières; on en sert sur toutes les tables des brochettes
d'un mètre de long, comme celles de rouges-gorges
en Lorraine. A propos, c'est une bien bonne chose
qu'une brochette de rouges-gorges. Allez à Metz, à
Verdun, à Thionville, au mois d'octobre, et vous
trouverez vos frais de voyage largement com-
pensés.

Une brochette de grives grasses, bardées, rôties,
est un mets fort délicat.

> . . . . *Gustu volucris gratissima turdus,*

comme dit **Philippe d'Inville,**

> *Quid melius turdo?*

dit **Horace,**

> *Texta rosis fortasse tibi, vel divite nardo,*
> *At mihi de turdis, facta corona placet.*

dit **Martial.**

On ne doit jamais les vider, pas plus que les
bécasses; la rôtie placée par-dessous n'en sera que
meilleure. Quelques personnes les mangent en salmis, d'autres les fourrent dans des pâtés; c'est une
hérésie. Ne fréquentez point ces gens-là, vous prendriez de fort mauvaises habitudes.

Dans les environs de Paris, et même plus avant
vers le nord, on rencontre des ortolans; toutes les
années j'en tue quelques-uns. Quoique cet excellent
oiseau ne soit réellement gras qu'après avoir passé

quelque temps en volière, nous en avons mangé plusieurs chargés d'une demi-graisse qui n'étaient pas
sans mérite. Peu de chasseurs parisiens connaissent
l'ortolan ; ils passeront près de lui sans le regarder,
ils le dédaigneront comme un moineau ; nous devons
plaindre les chasseurs parisiens.

Lorsqu'on chasse près d'une rivière il faut voir si
des culs blancs voltigent sur ses bords. Le cul-blanc
de rivière, bécasson, chevalier bécasseau, voyage par
bandes de dix à vingt, quelquefois moins, rarement
davantage. Il passe en France au mois d'avril et
d'août. On peut l'approcher en bateau, mais à pied
c'est plus difficile. Dans ce dernier cas vous pouvez
vous servir d'un moyen indiqué dans le chapitre du
canard. On remarque l'endroit du rivage où les culs-
blancs se trouvent, on fait un grand détour, et puis
on marche droit sur eux. Cet oiseau vole très-bas, il
rase la surface de l'eau comme l'hirondelle, son tir
est assez facile. Les gastronomes ne font pas grand
cas de sa chair ; mais préparée suivant les principes
des bons pères Bernardins, elle pourra vous faire
passer quelques moments agréables.

Un de mes amis chassait aux culs-blancs sur les
bords de la Seine près de Charenton ; il tire un de
ces oiseaux qui tombe dans la rivière, et son chien
ne veut pas se lancer pour le prendre. Mon pauvre
chasseur voyait son cul-blanc suivre le fil de l'eau, nul
doute qu'il allait jusqu'à la mer, s'il n'était point arrêté par les filets de Saint-Cloud. Que faire ? car enfin
M. T. N. voulait avoir son cul-blanc ; un chasseur

veut toujours toucher la pièce qu'il tue, quand même
ce serait un rat. Il se déshabille et se jette dans la
rivière ; il nage, il nage après son cul-blanc ; vingt
fois il est prêt à l'atteindre, mais l'eau qu'il pousse
en nageant fait avancer l'oiseau ; souvent celui-ci
disparaît dans les flots d'écume ; enfin de nouveaux
efforts amènent la victoire, et le cul-blanc est pris.
Le chasseur nage vers le bord, sa proie dans une
main, tel le Camoëns portait *la Lusiade* au-dessus des
vagues de la mer.

En suivant le cours de la rivière notre nageur
avait fait bien du chemin ; il regarde et voit son
chien, son fusil, sa carnassière fort loin. Comment
les joindre ? dans l'eau c'est impossible ; pour remonter le courant il n'a plus la force nécessaire.
Revenir à pied, tout nu, ce n'est ni agréable ni dé-
cent ; mais il faut opter : il prend ce dernier parti.
Bravement il se lance au milieu des rires des moissonneurs, il court, il galope ; au moment de toucher
au port il croit pouvoir s'habiller, ses vêtements ont
disparu, quelque passant les a volés. Le chasseur les
avait posés loin du fusil et de sa carnassière, et le
chien ne pouvait pas tout garder. Concevez-vous les
tribulations de ce pauvre homme ? Il crie, il appelle,
il promet sa bourse qu'il n'a plus à celui qui rapportera ses habits, l'écho seul répond à sa voix. A la
fin un *coucou* (1) passa sur la route, le cocher répon-

(1) On appelle ainsi des voitures fort sales, fort incommodes, où les
Parisiens s'entassent dix ou douze quand ils vont s'amuser à la campagne.

15.

dit aux cris de détresse, il partagea sa défroque avec le chasseur, qui rentra dans Paris tout penaud ; il avait perdu sa blouse, son pantalon, sa chemise et même ses souliers, mais en revanche il put montrer son cul-blanc.

Le chien arrête fort bien l'alouette, et son arrêt serait aussi ferme que pour la caille et le perdreau, si le chasseur l'y maintenait, s'il tirait à chaque fois, et s'il lui faisait rapporter des alouettes mortes. Mais lorsque le chien marque de faux arrêts sur ces oiseaux, le chasseur le gronde, et bientôt il ne s'en occupe plus.

Pour un apprenti chasseur, le tir de l'alouette au départ est un bon exercice que l'on peut répéter souvent, car on rencontre des alouettes à chaque pas, dans certaines saisons. Il faut de la promptitude, du coup d'œil, pour bien tirer cet oiseau, qui certainement est plus difficile à tuer que la caille ou le perdreau. Ce n'est plus comme l'hirondelle qui passe et repasse devant vous, et que vous tirez quand vous voulez ; il faut ici saisir le moment ; une fois l'occasion perdue, vous ne la retrouvez plus.

Dans les contrées où le gibier n'est pas abondant, la chasse de l'alouette au miroir est un plaisir que l'on prend faute d'autres. Dans les pays giboyeux, lorsque les perdrix ne sont plus abordables, on chasse aux alouettes, et c'est assez amusant. Soit coquetterie, soit curiosité, l'alouette aime à s'approcher d'un objet brillant ; elle regarde et se mire en chantant.

Dubartas a fait les vers suivants pour imiter le chant de l'alouette.

> La gentille alouette crie son tire lire,
> Tire lire à liré, et tire tiran lire,
> Vers la voûte du ciel; puis son vol vers ce lieu
> Vire, et désire dire : adieu Dieu, adieu Dieu.

On fait des miroirs qui tournent seuls et marchent comme une pendule, par l'effet d'un mouvement d'horlogerie. Ils sont fort commodes, mais l'éclat qu'ils répandent est trop uniforme. Je préfère l'ancien miroir dont se servaient nos pères, et qu'un cordeau fait agir. Suivant que le soleil est fort ou faible, on peut ralentir ou bien accélérer le mouvement. Cette chasse se fait le matin au mois d'octobre par un temps clair; elle dure jusqu'à deux heures. Un seul miroir peut suffire à plusieurs tireurs, si le passage des alouettes est abondant. Lorsque le temps est sombre, on peut, au lieu de miroir, se servir d'une chouette, les alouettes arriveront plus facilement encore. Quand elles ont vu le feu, le miroir ne les attire presque plus, mais l'envie de chercher noise au hibou les fait passer sur toutes les considérations. C'est une des chasses où l'on brûle le plus de poudre; comme il est important de charger vite, on fera bien de se servir de cartouches.

Si l'alouette est difficile à tirer au départ, c'est tout le contraire lorsqu'on la tire au miroir; elle papillonne, elle bat des ailes sans changer de place : c'est comme si l'on tuait un oiseau posé sur une branche. Cette chasse est fort agréable aux dames qui ne crai-

gnent pas de s'armer d'un fusil. Une brochette d'a-
louettes grasses et dodues a bien son mérite ; il ne
faut pas les vider; la rôtie est de rigueur. Je sais bien
qu'avec des alouettes on apaise difficilement une faim
dévorante, mais on les sert après des mets plus sub-
stantiels, et d'ailleurs on se rattrape sûr la quantité.

Nous étions un jour en plaine, et nous regardions
dans le lointain un chasseur qui semblait vouloir
sauter un fossé. Notre homme retirait sa jambe droite
en arrière, comme pour prendre son élan, et puis il
s'arrêtait.—Il sautera, dit l'un ; — il ne sautera pas,
dit l'autre ; et le mouvement recommençait toujours.
— Il faut que le fossé soit bien large, dis-je alors,
pour qu'il hésite si longtemps. — Il est tout petit,
dit l'un ; — il est très-profond, dit l'autre ; il est sec,
il est plein d'eau, il est.... Bref, en avançant, nous
voyons un honnête chasseur d'alouettes qui faisait
tourner son miroir avec une ficelle attachée à sa
jambe ; il ne cherchait nullement à sauter un fossé,
car il n'y en avait pas.

CHAPITRE XX.

ANIMAUX NUISIBLES.

—

Dans l'intérêt général, et dans son intérêt particulier, un chasseur doit chercher à détruire tous les animaux qui font la guerre au gibier. Ce sont des braconniers, ce sont des rivaux qui nuisent à ses plaisirs; s'il trouve l'occasion de tirer la belette ou le lapin, la perdrix ou l'épervier, il doit toujours tuer l'animal destructeur, il retrouvera les autres plus tard.

Si vous rencontrez un chat dans une luzerne, dans un bois, loin des habitations, tuez le chat; il guette les jeunes perdreaux, c'est pour lui viande trop délicate; qu'il prenne des souris. Lorsque le chat a goûté le gibier, il dédaigne toute autre nourriture;

bientôt il s'habitue au bois, devient sauvage, et ne rentre plus à la maison. Il existe un moyen bien simple d'empêcher un chat de chasser dans les luzernes, c'est de lui couper les oreilles, il craint alors que la rosée ne pénètre dans les conduits de l'ouie, il a peur de se mouiller le tympan et ne s'expose pas à ce danger très-grand pour lui, car vous connaissez le proverbe : « Il craint l'eau comme un chat. » On peut aussi lui attacher un grelot au cou, mais alors il ne prend plus de souris.

La fouine, la belette, le putois, sont de terribles ennemis des lapins et des lièvres, des cailles et des perdreaux. Ils mangent les œufs, les petits et les mères ; tout leur est bon ; ils ressemblent au lion de la fable qui mangeait quelquefois le berger. Croirait-on qu'un petit animal comme la belette attaque et tue un lièvre quarante fois plus gros que lui. La belette se blottit, elle se jette sur le lièvre qui passe et le saisit à la gorge. Le lièvre court, galope tant qu'il peut, la belette reste suspendue, elle suce le sang ; bientôt le lièvre perd ses forces, et tombe. Un jour, je surpris un malheureux lièvre dans cette situation fâcheuse ; je l'en délivrai tout de suite par un coup de fusil qui tua lièvre et belette. En expirant, ce pauvre diable semblait me remercier de sa mort honorable : car c'est mourir deux fois que d'être sucé par l'ignoble bête puante.

Dans un endroit fréquenté par une fouine, une belette, etc., que l'on veut détruire, il faut mettre une pierre blanche ou bien un plâtras ; l'animal sor

tant la nuit pour faire sa tournée, aperçoit de loin
cet objet qu'il n'a point vu la veille; il s'étonne, recule, avance en faisant de longs circuits; bientôt il
s'enhardit, s'approche, et finit par le couvrir de ses
excréments. Placez-vous sur un arbre dans les environs, et vous tirerez. Si vous n'avez point la patience nécessaire pour rester plusieurs heures de
suite à l'affût, mettez un lapin mort ou tout autre
appât sur le chemin que suit ordinairement le braconnier quadrupède. Attachez votre lapin avec une
ficelle de 2 ou 3 mètres de long, qui, par l'autre
bout, sera liée à la détente d'un pistolet fixé sur un
morceau de bois, ajusté de manière que le plomb en
s'échappant couvre l'appât que vous avez choisi ; le
lendemain vous trouverez la fouine morte. Ce piége
est excellent, il peut servir pour tuer les renards et
les loups; mais on ne peut l'employer que dans un
parc, en prévenant tous ceux qui pourraient s'y promener la nuit, et en renfermant les chiens et les
chats.

Les éperviers, les buses, tous les oiseaux de proie
mangent les perdrix, les faisans, les lapereaux et les
jeunes lièvres. On les approche difficilement, ce n'est
que par hasard qu'on trouve l'occasion de les tirer
à portée. Cependant si vous voyez de loin un épervier
enlevant un perdreau, fût-il à cinq cents pas de vous,
tirez vos deux coups en l'air, la peur lui fera lâcher
sa proie et vous la ramasserez. J'en ai fait plusieurs
fois l'expérience.

Les pies, les geais, les pies-grièches (tarnagas),

mangent les œufs de perdrix et de tous les autres
oiseaux. Un chasseur doit toujours les saluer à coups
de fusil, quand il les rencontre à distance. Lorsque,
au printemps, il voit un nid de pie au faîte d'un arbre, il doit, en passant, lâcher un coup chargé de
gros plomb au centre du nid; si la mère couve, elle
sera tuée. On peut aussi la faire sortir de son nid
pour la tirer au vol. Un petit gamin tape contre le
pied de l'arbre avec un caillou, la pie s'envole aussitôt en plongeant de haut en bas, mais elle est fort
difficile à tuer, un chasseur n'y parvient qu'après
en avoir manqué plusieurs.

La duchesse de Bar, sœur de Henri IV, avait un
garçon de cuisine appelé Touquet. Devenu proxénète
du roi, bientôt il s'intitula M. Touquet de la Varenne : les charges honorables anoblissent. Cathe-
rine lui disait : « On gagne plus à porter les poulets
« de mon frère qu'à piquer les miens. » Touquet
avait beaucoup d'esprit; il fut employé par Henri IV
à diverses négociations politiques. Il fonda la célèbre
maison des jésuites à La Flèche, et s'y retira lorsque
le roi mourut. M. Touquet de la Varenne devint
chasseur. Un jour, au moment de tirer une pie, il
l'entendit crier très-distinctement *maquereau*. Croyant
que c'était le diable qui lui reprochait son ancien
métier, le chasseur fut saisi d'une fièvre violente.
On eut beau lui dire que cette pie, échappée de la
maison voisine, avait appris ce mot par hasard, le
pauvre gentilhomme mourut le lendemain.

Aux mois de mai, de juin, un chasseur doit s'interdire le tir des perdrix ou des lièvres. En tuant une perdrix, il en détruirait vingt et n'en mangerait qu'une mauvaise; par la même raison, c'est alors qu'il doit faire la chasse aux animaux nuisibles. Ils sont plus faciles à trouver; on les approche plus aisément, et d'un coup de fusil on tue quelquefois toute la famille.

Au printemps, un propriétaire de chasse doit veiller à ce que ses gardes aillent à l'affût tous les matins et tous les soirs, pour détruire les fouines et les belettes. Il fera bien de les accompagner souvent pour les surveiller, et leur ôter l'envie, s'ils l'avaient, de tirer sur le gibier. Pour un amateur, c'est une chasse comme une autre, les produits ne vont pas jusqu'à la cuisine, ils s'arrêtent à la porte de la basse-cour pour y servir d'exemple; mais cette chasse, d'une utilité fort grande, est un plaisir par elle-même, et procure, ensuite, des résultats plus positifs.

Si vous avez une garenne trop fournie de lapins, si votre intention est de les détruire, ou de diminuer leur nombre, ce sera facile en les chassant au printemps. Chaque coup de fusil que vous tirerez depuis le mois de mars comptera double, triple et quadruple.

Avec les animaux nuisibles, les piéges, les filets, l'affût, tout est permis, vous avez carte blanche. Ils sont rusés, soyons rusés; ils nous font du mal, il faut les tuer. Tous les moyens sont bons, depuis le collet jusqu'au quatre de chiffre, depuis le fusil jusqu'à l'arsenic.

Le chien marque fort bien l'arrêt sur la fouine et la belette, mais comme elles sont toujours dans des tas de fagots ou de pierres, il est difficile de les tirer. Si les fagots ne sont pas en quantité trop grande, on les dérange, et du moment que la bête veut s'échapper, le chien la saisit.

Lorsqu'il fait beaucoup de vent, on peut tuer un renard à l'arrêt du chien ; c'est rare, mais cela m'est arrivé. Je chassais au Bois-l'Abbé, près de Chenevières-sur-Marne ; Médor sentait, s'arrêtait, marchait encore, mais doucement et choisissant la place où devaient poser ses pieds ; bref, l'arrêt eut lieu, arrêt bien marqué, la patte en l'air, la queue droite. Quelque chose partit à travers un fourré. Je vis remuer l'herbe à vingt pas ; je crus tirer un lapin, c'était un renard. Je le fis empailler, et depuis vingt ans il occupe dans mon cabinet une place fort distinguée.

Il arrive souvent que dans un petit bois où vous cherchez un lièvre ou quelque lapin, votre chien lève un renard. Il faut se poster pour le tirer au passage, mais au lieu de se placer sur les chemins, comme vous feriez pour un lièvre, vous choisirez les petites coulées entre les endroits les plus fourrés. Chassé par un chien d'arrêt, le renard ne craint pas grand'chose. Il se fait battre assez longtemps sans rentrer au terrier ; dans toutes ses allées et venues vous pourrez trouver occasion de tirer. Mais surtout ayez grand soin de ne pas confondre la queue avec le corps : tirez à la tête s'il part devant vous, tirez au

poitrail s'il vient droit à vous, tirez en plein ventre s'il
passe en travers ; la queue du renard est comme celle
du faisan, tout ce qui la touche ne compte pour rien.

C'est un superbe coup de fusil que celui qui culbute un renard. Si la chair est mauvaise, on se rattrape sur la peau, dont on fait un tapis qui sert de
trophée, de souvenir ; un manchon, une fourrure
quelconque, et cela dure plus qu'un lièvre. Et puis,
le renard est un braconnier, c'est un rival dont il
faut se débarrasser. Ne se nourrissant que de gibier,
tout celui qu'il mange est autant de pris sur vos plaisirs.

Nous étions en Souabe, près de la petite ville de
Memingen. Je logeais chez le comte Ferdinand de
Walbourg-Truchsses, curé du joli village d'Aichstet-
ten qu'il habitait. Son frère, le prince de Zeil-Wal-
bourg-Truchsses, demeurait au château de Zeil. J'allais souvent avec le comte Ferdinand visiter le prince,
qui me recevait fort bien, et me retenait toujours à
dîner.

Avant d'aborder mon histoire, il me semble que
j'aurai du plaisir à dire un mot sur ces deux excellents hommes. A notre arrivée, nous étions annoncés
et reçus avec tout le cérémonial allemand ; le prince
et la princesse étaient dans leurs fauteuils dorés. Ce
pauvre comte Ferdinand, le meilleur des hommes,
parlait courbé devant son frère, qu'il traitait toujours
de *furstliche gnaden* (bonté princière). Les deux frères
s'aimaient beaucoup, mais ils auraient cru déshono-
rer la longue suite d'aïeux dont les portraits étaient

alignés dans une superbe galerie, s'ils avaient manqué, l'un à donner toutes les marques du plus profond respect, l'autre à les recevoir avec dignité.

Comme tous les hommes, le prince avait sa manie,
son *dada*, son *califourchon;* il aimait à trôner. Au
château de Zeil, tout se faisait comme autrefois par
compas et par mesure. Dans cet antique et noble
castel, j'ai fait quelquefois oublier l'étiquette, en
dérogeant aux us et coutumes des anciens jours.
Après les premiers compliments, et lorsque chacun
avait épuisé le protocole ordinaire d'un cérémonial
qui m'ennuyait, je m'emparais de la conversation. Je
racontais des histoires : le prince les aimait beaucoup, surtout celles de caserne et de bivouac; et
comme ma collection est abondante, j'en trouvais
toujours une nouvelle encore inédite. Les contes les
plus ordinaires étaient trouvés charmants, les anecdotes les plus simples l'amusaient infiniment. Mais
lorsque je racontais quelque chose d'un peu saillant,
on se tenait les côtés, on étouffait de rire, et j'étais
obligé de m'interrompre pour que cela n'eût point
de résultats fâcheux.

> Qu'un pape rie, en bonne foi,
> Je ne l'ose assurer; mais je tiendrais un roi
> Bien malheureux s'il n'osait rire;
> C'est le plaisir des dieux.....

Il est tout simple que des gens toujours perchés
sur des échasses, et que l'on n'aborde jamais qu'a-
vec respect, s'amusent en écoutant quelques contes
pour rire; l'homme n'a pas été mis au monde pour

passer sa vie dans un fauteuil doré. Le prince et la princesse, entendant les drôleries que je leur débitais, riaient cent fois plus que des roturiers n'eussent fait à leur place. Gardez-vous de croire que ce fût par bêtise : l'un et l'autre étaient fort instruits, ils avaient beaucoup lu, parlaient de tout avec esprit; mais en les ramenant pour ainsi dire à l'état naturel, je leur donnais des jouissances jusqu'alors inconnues. Ils étaient toujours dans les cieux, je les faisais descendre sur la terre, et cela sans tirer à conséquence pour l'étiquette immuable du château. Français, oiseau de passage, enfant d'une révolution, j'étais excusable de ne pas connaître les lois infiniment respectables du cérémonial allemand, et l'on pouvait rire aujourd'hui, tout en faisant *in petto* des réserves pour demain.

Le prince de Zeil était grand chasseur, mais il avait la goutte. Je le savais très-jaloux de son gibier, et pour reconnaître les bontés qu'il me témoignait, mon fusil dormait dans son étui. Cependant un jour le naturel l'emporte, je tue un lièvre; n'osant pas l'apporter à la cuisine du comte Ferdinand, je l'envoie chez un de mes amis, espérant que le prince n'en saurait rien. Mais le lendemain, aussitôt qu'il me vit :

— Ah! ah! me dit-il, vous tirez bien un coup de fusil : vous êtes adroit, à ce qu'il paraît; hier on vous a vu rentrer de la chasse avec une carnassière bien garnie.

— Oui, monseigneur, elle était lourde en effet, car elle contenait un superbe renard; depuis quelques jours je l'avais vu rôder dans les environs; j'ai voulu vous en débarrasser, il ne mangera plus vos perdreaux.

Un nuage couvrit aussitôt la figure de son Altesse Sérénissime, et toute ma collection de contes n'aurait pu parvenir à le dissiper. La conversation changea d'objet. Quelque temps après, la comtesse Félicité, sœur du prince, me prit à part, et me dit à l'oreille :

— Vous auriez bien fait de mentir ; il fallait dire que vous aviez tué des perdrix, un lièvre, dix lièvres, plutôt qu'un renard. La chasse de cet animal est celle que le prince préfère à toutes les autres ; rien ne pouvait lui faire plus de peine que ce que vous avez dit.

— J'en suis d'autant plus fâché, madame, que je n'ai point tué de renard, mais un lièvre.

— Ah ! mon Dieu ! pourquoi donc avez-vous dit le contraire ?

— Parce que je croyais faire plaisir au prince, en annonçant la mort d'un animal qui détruit les autres espèces de gibier.

— Si c'était possible, il en remplirait ses bois.

— Ceci prouve, madame, qu'on ne doit jamais mentir, et je suis puni par où j'ai péché.

De tous les animaux qui parcourent les forêts et les plaines, le renard est le plus rusé. Ce n'est pas pour rien que notre La Fontaine l'a pris comme type de l'astuce et de la finesse. On dit que deux renards chassent un lièvre ensemble, qu'ils s'entendent parfaitement : l'un fait le chien et l'autre le chasseur. Celui qui fait l'office de chien courant, lève le lièvre, le poursuit en donnant de la voix ; l'autre qui l'entend se dirige de ce côté, comme ferait un chasseur, il se blottit, et lorsque le lièvre passe, il le saisit à la gorge. Bientôt arrive son compagnon ; tous deux se jetant sur leur proie partagent en bons frères, et font une ample curée.

Un de mes amis m'a raconté l'histoire curieuse et véritable d'un certain renard. Je vais vous la dire, car je ne veux rien avoir de caché pour vous.

Le chasseur était à l'affût d'un lièvre ; placé bien avant le jour derrière un rocher, il attendait avec la patience nécessaire à ce genre de chasse. Tout à coup il voit son lièvre qui vient droit à lui, mais quand il est à cent cinquante pas, un renard, à l'affût aussi pour son compte, se jette sur le lièvre, le manque, et le lièvre prend sa course. Le renard qui sait bien que la partie n'est pas égale, ne pouvant courir aussi vite, s'arrête. Il revient à l'endroit qu'il avait choisi pour se blottir, et saute de là jusqu'à la place qu'occupait le lièvre lorsqu'il l'a manqué, revient encore, saute encore ; il avait l'air de dire : « Maladroit que « je suis, rien n'était plus facile ; une autre fois je « prendrai mieux mes mesures. » Quand il eut fait cinq ou six fois tout ce petit manége, il partit, et s'enfonça dans le bois.

> Qu'on m'aille soutenir, après un tel récit,
> Que les bêtes n'ont point d'esprit !

Puisque je suis en train de vous raconter des anecdotes, et que nous avons le temps, vous de m'écouter, moi d'écrire, je vais vous parler de mon ours.

Lagingeole n'en eut jamais de plus intelligent. Sa mort fut celle d'un héros de l'ancienne Grèce.

Nous étions en Espagne, au milieu des Pyrénées, dans la neige jusqu'au cou, cantonnés par compagnies, gardant des passages, escortant des convois; tantôt battant, tantôt battus : c'était fort divertissant. Réunis un matin sur la place d'un village, nous voyons arriver un paysan tout essoufflé; voici ce qu'il nous raconte :

La veille, il s'était égaré : la neige avait brouillé tous les chemins, impossible à lui de retrouver son village. Il cherche un endroit pour passer sa nuit le moins mal possible, il trouve une caverne, des feuilles sèches lui servent de lit; mon homme se couche et s'endort.

A la pointe du jour, il se réveille, et voit, *horresco referens*, un ours énorme qui bouchait l'ouverture de la grotte. Ses mugissements de basse-taille faisaient vibrer les échos. Le paysan mourait de peur : c'est pardonnable, on aurait peur à moins. L'ours entre dans son domicile, s'approche de son hôte, le flaire, et se couche. Le paysan tremblait, bien d'autres à sa place auraient tremblé comme lui. L'ours se lèche les pattes, se tourne, se retourne, fait entendre quelques légers grognements, et puis s'endort ou fait semblant de dormir.

Le paysan ne dormait point; couché sur le dos, il se glisse et avance de 3 centimètres : l'ours ne bouge pas. Il continue, avance encore de 6, puis de 10, et puis de 30. L'ours lève la tête, re-

garde, et se recouche. Le paysan continue sa manœuvre, toujours couché, marchant toujours, il
s'approche de l'ouverture, il n'en est plus qu'à deux
pas : l'ours le regarde faire. Alors l'Espagnol se lève,
prend ses jambes à son cou, sort de la caverne, et
court le triple galop. Toujours courant sans regarder
derrière lui, notre homme arrive, et tombe presque
mort.

— Allons tuer l'ours, disent tous les officiers du
régiment. Le paysan s'offre à nous servir de guide ;
il retrouvera facilement la caverne en suivant ses pas
sur la neige. Les fusils sont chargés, vingt grenadiers
nous accompagnent, nous sommes en force pour
nous battre contre une douzaine d'ours.

— Voilà sa caverne, nous dit le paysan. Je suis
certain qu'il est encore là, je vois sur la neige qu'il
est entré, rien n'indique sa sortie. Il s'agissait de
débusquer l'ours, chose aussi difficile que d'attacher
le grelot au cou de Rominagrobis. Nul ne voulait
s'en charger. On s'approche de la caverne, le paysan
indique de quel côté se trouve l'ours, et plusieurs
coups de fusils sont tirés dans cette direction : rien
ne bouge. On tire encore, on tire toujours : nous ne
savions quel parti prendre, et déjà nous parlions de
retourner au village, lorsque tout à coup une masse
noire sort de la caverne ; en trois bonds l'ours est au
milieu de nous, il a saisi le paysan, il le brise avec
ses bras de fer, il l'étouffe entre ses griffes d'acier,
et bientôt vingt coups de fusil l'étendent mort sur la
place.

16.

CHAPITRE XXI.

CHASSEURS INTRÉPIDES.

—

> . . . . . . *Ad limina nota*
> *Ipse domum sera quamvis se nocte ferebat :*
> *Hunc procul errantem rabidæ venantis Iüli*
> *Commovére canes.*
>
> Virgile.

Si tous les temps ne sont pas agréables pour chasser, on peut dire qu'ils sont tous plus ou moins bons. Le mauvais temps est quelquefois le meilleur. Si vous êtes jeune, intrépide, si la pluie ne vous effraie point, marchez; les premiers pas seuls vous paraîtront pénibles; d'ailleurs le fusil à marteau ne craint rien.

Par une belle pluie, les perdrix se laissent facilement approcher; elle partent sous vos talons, leur vol est lourd, elles ne vont pas loin, on les retrouve à la remise. Mes plus belles chasses aux perdreaux, je les ai faites par une pluie battante, dans des

champs de betteraves. Les luzernes sont moins bonnes, elles ne peuvent servir d'abri, tandis qu'une
plante de betterave, bien garnie de ses feuilles, est
un parapluie, un hangar, pour toute une famille de
perdreaux. Elle s'y ramasse, s'y plaît, la paresse l'y
retient, elle ne part qu'à la dernière extrémité.

Mais je dois dire aussi que les chiens ont moins de
nez, l'eau qui pénètre leurs naseaux neutralise l'impression des atomes odorants; on y supplée avec des
marches et des contre-marches. Si le vent est très-
fort, on peut chasser encore, le gibier entend moins.
On surprend très-bien le lièvre, qui n'est pas plus
difficile à tirer que par un temps calme. Il n'en est
pas de même de la perdrix; la vitesse du vent ajoute
à la vitesse de son vol, elle part en tourbillonnant,
et, dans ce cas, il faut être professeur pour la *calotter*
proprement. Il est prouvé par mille observations que
le lièvre se laisse plus facilement approcher par le
vent du sud en hiver, et par le vent du nord en été.
Les vents d'ouest et sud-ouest sont bons en toute
saison.

Un chasseur dévoré du feu sacré part en tout
temps, il ne consulte jamais son baromètre; il manœuvre suivant l'état de l'atmosphère, mais il chasse,
parce qu'il a besoin de chasser. Il connaît les habitudes, les mœurs du gibier; il bat la plaine, s'il fait
beau; si le vent est fort, il parcourt les taillis, les
endroits abrités; il chasse par le froid, par le chaud;
il chasse avec la pluie, avec la grêle, il chasse toujours.

Il part à minuit pour se trouver à la pointe du jour à certain coin d'un bois où doivent passer des bécasses ; les bécasses manquent au rendez-vous, qu'importe ? il a joui par espérance, demain il jouira par effet. Que dis-je, demain ? Mais la journée est longue, aujourd'hui n'est pas fini. Le chasseur se lance dans la plaine, il bat tous les recoins du bois, il ne voit rien ; il fait dix lieues sans brûler une amorce ; il s'en retourne éreinté, harassé, mais chemin faisant un lièvre part et le lièvre est roulé. Dès lors plus de fatigue, rien ne délasse comme le poids d'un lièvre. Avant de le tuer, on était triste, on marchait la tête penchée, le jarret ployé ; mais du moment que l'intéressant quadrupède est mollement couché dans la carnassière, comme un marin dans son hamac, la figure du chasseur s'épanouit, ses yeux brillent, il porte la tête haute, il marche le jarret tendu : ce n'est plus le même homme. Quand je rencontre un chasseur en plaine, je devine, à cinquante pas, si la carnassière est vide ou bien garnie ; je ne m'y trompe jamais.

Pour tous les chasseurs, la chasse est une passion ; il faut se fatiguer pour la satisfaire, et cette fatigue elle-même est un plaisir. Le chasseur sait qu'en rentrant il se délassera, qu'un bon repas, un bon feu l'attendent, il revient plus tard pour rendre cette jouissance plus vive. Quel bonheur, en effet, de dîner près d'un feu pétillant, avec des habits secs, avec du linge blanc, lorsqu'on a barboté toute la journée !

Pour beaucoup de chasseurs, la chasse est plus

qu'une passion, c'est une rage. J'en ai vu, pendant le mois de novembre, se placer à l'affût, dans des roseaux, avec de l'eau jusqu'à la ceinture; et cela, pour guetter, pendant quatre heures, des canards, qui souvent ne venaient pas à portée de fusil. D'autres grimpent sur un arbre, ils y passent la nuit, dans l'espoir qu'un chevreuil, et quelquefois un lapin viendra se promener dans les environs. Un jour, deux jours, dix jours se passent sans rien voir, ils recommencent encore; enfin ils réussissent : dès ce moment tout est oublié.

En Angleterre, la chasse est la fureur de tous les âges. Le vieux philosophe Saunderson, professeur de mathématiques, à Cambridge, chassait encore à soixante-quinze ans, et il était aveugle. Son cheval suivait celui de son valet. Addisson voulant se moquer des Écossais, dit qu'un jour un renard traversa le camp, et qu'aussitôt toute l'armée courut après le renard (1).

En 1830, il vint pendant l'hiver des nuées d'oies sauvages sur les bords de la Marne. Ces demoiselles

(1) J'ai connu un jeune homme de la paroisse de Sixt, bien fait, d'une jolie figure, qui venait d'épouser une femme charmante. Il me disait à moi-même : « Mon grand-père est mort à la chasse, mon père y est mort, et je suis persuadé que j'y mourrai. Ce sac que vous me voyez et que je porte à la chasse, je l'appelle mon drap mortuaire, parce que je suis sûr que je n'en aurai jamais d'autre, et pourtant si vous m'offriez de me faire ma fortune, à condition de renoncer à la chasse du chamois, je n'y renoncerais pas. » Quelques années après, son pressentiment se vérifia.

Voyage dans les Alpes, par M. DE SAUSSURE.

ont l'oreille fine, il est impossible de les aborder. Ovide l'a dit :

> . . . . . *Canibusque sagacior anser.*

Pour les tuer, il faut les attendre; mais comment attendre des oies pendant la nuit, par un froid de quinze degrés de Réaumur? Un honnête boucher de Saint-Maur prouva que c'était possible. Pendant un mois ce brave homme ne coucha pas dans son lit. Il avait plusieurs trous près de la rivière, il s'y cachait jusqu'aux yeux, et là, grelottant, il passait quinze heures de nuit à guetter les oies sauvages. Il en tua beaucoup, il en vendit autant que de gigots de mouton, ou de filets de bœuf; mais peu de gens sont assez fortement constitués pour de pareils exploits (1).

Je n'ai jamais fait de ces tours de force, parce que je n'aime pas les chasses à l'affût, et puis je ne pourrais pas supporter le froid ou l'humidité dans une situation immobile; mais toutes les chasses qui se font en marchant, par tous les temps possibles, je les ai faites.

Quand la terre est couverte de neige, les perdrix

---

(1) Dans certaines contrées de l'Amérique du Nord, la principale ressource des habitants est la chasse des oiseaux sauvages, qui y sont en nombre si extraordinaire, surtout les oies blanches, qu'on prendrait à une certaine distance, le terrain sur lequel elles sont posées pour un champ de neige. Les perdrix de toute espèce y sont tellement multipliées, que dans un seul hivernage, dans la rivière du port Nelson, les gens de l'équipage anglais tuèrent dix-huit cents douzaines de ces oiseaux.   Samuel Hearne.

se pelotonnent, se ramassent ensemble pour se ré-
chauffer mutuellement. On les approche , en ayant
soin de s'habiller tout en blanc. Mettez un pantalon
blanc, une chemise par-dessus votre veste ou votre
blouse, que cette chemise couvre la carnassière; ca-
chez votre casquette ou votre chapeau sous un mouchoir blanc. Aucune couleur ne venant couper la
teinte uniforme de la plaine, les perdrix ne vous
apercevront pas de loin, et si vous êtes à bon vent,
si vous savez profiter des accidents du terrain pour
leur dérober votre marche, vous ferez quelques bons
coups de fusil.

Il ne faut pas chasser le lapin au furet par la neige.
Le lapin est frileux, paresseux; il se trouve bien au
terrier, il ne veut pas sortir et se laisse plutôt manger. Alors vous êtes obligé d'attendre et d'attendre
longtemps, car le furet, qui craint beaucoup le froid,
n'est pas pressé de revenir. J'ai passé par là : je vous
assure qu'il est fort désagréable de rester quatre
heures près d'un terrier, avec les pieds dans la
neige.

En général, toutes ces chasses par le froid, la
neige, la pluie, doivent se faire en marchant; le sang
circule, le mouvement vous réchauffe, mais il est
dangereux de s'arrêter. Il faut marcher, toujours
marcher, et si le besoin du repos se fait sentir, on
rentre pour se chauffer au foyer domestique, en ren-
voyant au lendemain les affaires sérieuses.

Nous avons parlé des plaisirs du chasseur, il est
juste de raconter ses désappointements; ils sont

nombreux. Par exemple : lorsqu'il part avec un soleil superbe, et qu'une fois lancé, l'orage le surprend loin de toute habitation, comme cela m'est arrivé souvent dans les vastes plaines de la Beauce; lorsqu'il n'a rien tué du tout et qu'il voit les autres carniers bien garnis; lorsqu'une affaire, une maladie le retiennent et qu'il voit partir la bande joyeuse; lorsqu'il entend raconter les exploits de la veille dans une chasse faite sans lui : chaque pièce dont on parle est un coup de poignard; lorsque, chemin faisant, il perd sa poudrière, son sac à plomb ou ses capsules; lorsque en plaine il ne rencontre rien, et que dans son voisinage les coups de fusil, toujours suivis du mot *apporte,* se succèdent sans interruption; lorsque, manquant un lièvre, il voit un autre chasseur le rouler, le ramasser, le faire pisser; lorsqu'il vient de tirer ses deux coups de loin et que des perdreaux s'envolent à ses pieds, etc., etc.

Le duc de Bourbon était chasseur intrépide; souvent il s'est cassé la jambe ou le bras, deux fois il s'est démis l'épaule; quant aux contusions, aux blessures à la tête, elles ne comptaient pour rien, puisqu'elles n'empêchaient pas de chasser. Le prince voyageait la nuit, dormait dans sa voiture, et chassait tout le jour. Une fois guéri, tout était oublié. Tel un marin échappé du naufrage, ne demande que l'occasion de se remettre en mer. La chasse compte ses héros comme la guerre. Dans le département de Puy-de-Dôme, demandez quel est le plus brave chasseur; un long cri partant des montagnes et des val-

lées vous nommera M. Dufour (Nicolas). Personne
jamais ne fut ni plus intrépide, ni plus adroit. Sa
vie se passe au milieu des perdreaux, son existence
se partage entre les soins qu'il donne aux bécassines
et sa tendresse pour les lièvres. Que de carnassières
pleines la carrière de M. Dufour représente à l'imagination ! et combien à sa place auraient renoncé depuis longtemps à poursuivre le cours de leurs exploits ! Mais son âme est fortement trempée ; à la
guerre, il eût été certainement un héros ; à la chasse,
sa gloire est immense, et ses triomphes n'ont coûté
de larmes à personne.

Le fusil de M. Dufour éclate et lui coupe deux
doigts de la main gauche, il chasse encore. Plus tard,
sa poudrière s'enflamme et lui brise la main droite ; il
chasse toujours. C'est peu : quelque temps après, son
fusil, appuyé contre son épaule droite, part, crève, fait
une épouvantable blessure, et le chirurgien est obligé
d'enlever l'épaule fracassée, comme on fait au perdreau rôti. Dufour supporte cette énorme douleur
sans se plaindre, avec une fermeté stoïque. Cependant l'Esculape opérateur l'entendait marmoter entre
ses dents. — Oui, disait Dufour : ce sera bien, mais
j'irai moi-même à la manufacture ; par écrit on ne
me comprendrait pas. — Où voulez-vous aller ? —
A Saint-Étienne. — Quand ? — Lorsque je serai
guéri. — Pourquoi faire ? — Commander un fusil.
— Est-ce que par hasard vous voudriez chasser encore ? — Si vous ne me tuez pas, il faut bien que je
chasse.

Il faut. Comprenez-vous la profondeur de ce mot. Dufour est guéri, mais il n'a plus qu'un bras. La main qui lui reste n'a que trois doigts ; n'importe, il a médité son fusil nouveau, fusil à crosse allongée, qu'il compte mettre en joue et tirer de la même main. Le poids de l'arme sera calculé, pour que la main, placée sous les platines, la tienne en parfait équilibre. Il part pour Saint-Étienne, explique son projet ; un habile armurier le comprend, et l'arme est fabriquée. Aujourd'hui M. Dufour fait le coup double sur la bécassine, par-devant et par-derrière, et tout mutilé qu'il est, ce brave chasseur est toujours le plus adroit de son département. — Vous n'avez plus que trois doigts, lui disait un de ses amis, il faut les conserver, car si vous les perdiez, vous ne pourriez plus aller à la chasse. — Vous vous trompez. — Et qu'y feriez-vous ? — Je verrais chasser mes chiens.

CHAPITRE XXII.

ROIS ET PRINCES CHASSEURS.

—

> Le roi daigna chasser lui-même dans
> la forêt de Saint-Germain.
>
> *Mémoire de* Dangeau.

La chasse est l'image de la guerre. Cette phrase fut
souvent dite et répétée comme beaucoup de sottises
le sont tous les jours. Un noble campagnard, qui jamais n'avait vu d'armée, demandait qu'on le fît maréchal de camp; il disait qu'ayant été chasseur toute
sa vie, et la chasse, selon Machiavel, étant une image
de la guerre, quarante ans de chasse valaient au moins
trente campagnes. Pour ne pas lui dire qu'il était un
sot, le ministre ne répondit pas : c'est beaucoup plus
honnête.

En quoi la chasse ressemble-t-elle à la guerre? parce qu'on y tire des coups de fusil? Mais le tir au pistolet de Lepage a, dans ce cas, beaucoup d'analogie avec la bataille de Wagram. Est-ce par les ruses qu'emploie le gibier? Mais elles se ressemblent toutes, et lorsqu'on en sait la liste, elles sont bientôt déjouées. Tous les lièvres, tous les lapins, ont toujours à peu près les mêmes recettes de conservation; ils ne font aucun progrès, et nous marchons tous les jours. Est-ce par la résistance du cerf et du sanglier? Mais les moyens d'attaque sont si puissants qu'elle ne peut entrer en comparaison. Ah! si les animaux avaient la faculté de se concerter entre eux pour nous faire la guerre, ce serait bien différent, et je doute fort que la victoire fût longtemps incertaine.

En effet, supposez une armée de taureaux et de loups, de tigres et d'éléphants, de lions et de rhino-céros, de serpents, d'hyènes, d'ours, qui, pour avant-garde, aurait des millions de cousins, de moucherons, de guêpes, de hannetons chargés de piquer les nez, les oreilles et les yeux; qui pour tirailleurs enverrait les lapins, les rats, les fouines et les chats pour mordre les jambes; les chiens et les renards pour mordre un peu plus haut, notre belle et bonne armée sans cavalerie, avec ses gros canons sans attelage, serait vite vaincue et mangée. Fort heureusement nous n'en sommes pas encore là.

La chasse n'est pas l'image de la guerre, mais elle accoutume le corps à supporter les grandes fatigues et l'intempérie des saisons. Henri IV, en chassant les ours dans les Pyrénées, se préparait à battre les ligueurs, à devenir Henri-le-Grand. Son fils, plaçant une garenne au bout du jardin des Tuileries, et tirant des lapins tout à son aise, se préparait à rester toujours Louis XIII. Ce prince était très-bon tireur; parmi ses titres de gloire on doit compter celui d'avoir été le premier à tirer au vol. Un mauvais plaisant de son époque, faisant allusion au titre de *juste* qu'on donnait au roi, disait : « Il est juste à tirer de l'arquebuse. »

Les rois aiment la chasse, la chasse est un plaisir de roi. C'est encore une sottise; les rois ne connaissent pas le plaisir de la chasse. Pour boire avec délices il faut avoir soif; le mot chasser signifie chercher avec l'espoir de trouver et de tuer. Pour goûter le plaisir que donne la vue d'une belle carnassière pleine, il faut l'avoir quelquefois rapportée vide et ballottée par le vent. Charles X était un grand chasseur, il tuait sept à huit cents pièces par jour; devant lui passaient continuellement perdreaux et lapins, lièvres et faisans; il n'avait que l'embarras du choix. C'était, à mon avis, une fort triste occupation. Supposez un fermier dont la basse-cour est bien fournie : il s'arme d'un fusil, tue tout, et le soir, quand le carnage est achevé, notre homme s'écrie tout joyeux : « J'ai tué huit cents pièces. » Ce gaillard-là s'est bien diverti (1).

---

(1) « Trajan joint la peine de chercher le gibier à celle de le prendre : le plus grand plaisir pour lui c'est de le trouver. »

PLINE. *Panégyrique de Trajan.*

Pour s'amuser à la chasse, il faut partir avec la crainte vague qu'on ne rapportera rien. La première pièce tuée est une grande jouissance, on est certain de ne pas revenir bredouille. La bredouille est toujours un sujet d'inquiétude pour le meilleur chasseur, surtout dans l'arrière-saison, lorsque le gibier ne se laisse plus facilement approcher. Quand le chasseur tient sa première pièce, il a l'esprit tranquille, il marche d'un pas plus assuré : cette pièce lui donne plus de jouissances que les trois ou quatre autres qui la suivront ; je soutiens que la proportion est la même entre une et zéro qu'entre six et une. Mais lorsque les journées heureuses sont de huit cents, les mauvaises de sept cents, la différence est nulle : qu'importe que le fourgon déborde ou qu'il soit aux trois quarts plein ? Le plaisir du vrai chasseur commence lorsque son chien rencontre ; les rois n'ont point de chiens, c'est-à-dire point de chiens d'arrêt ; s'ils en ont, ils ne s'en servent pas : deux cents rabatteurs en font l'office. Il augmente quand l'animal tombe en arrêt. Les rois n'ont jamais vu de chien en arrêt ; un fleuve de gibier coule sans cesse devant eux. Le chasseur jouit en recevant la pièce ; en l'examinant, il voit comment le coup a porté ; là-dessus il fait des commentaires qu'il a soin de renouveler le jour qu'on la lui sert rôtie et revêtue d'une cuirasse de lard. Il raconte longuement à ses amis comment elle est partie, quel crochet elle a fait ; il augmente les difficultés pour faire ressortir son adresse, le tout au profit de son amour-propre. Les rois ne voient les pièces de gibier qu'à vingt pas, ne les touchent jamais, et les mangent sans plaisir. Leur affaire est de tirer mille coups de fusil : une machine à vapeur en ferait autant.

« Non, messieurs, vous ne chasserez pas; pêchez,
« si vous voulez, » disait un jour M. de Montmorin aux pages de Louis XV. Les pages le prirent au mot. Un superbe sanglier apprivoisé venait tous les jours recevoir sa pitance sous les fenêtres du palais de Fontainebleau, dont M. de Montmorin était gouverneur. Nos étourdis jetèrent par une fenêtre un énorme hameçon garni de viande, et l'animal fut pris comme un brochet. Le sanglier tué, dépécé, les regrets arrivèrent : on eut peur du châtiment. Les pages envoyèrent la hure au roi; M. de Beringhen fut prié d'intercéder pour eux.

Que fit le roi? le roi se prit à rire.

M. de Montmorin arriva rouge de colère, et commença la plus belle des harangues. « Taisez-vous, lui
« dit Louis XV, ne faites pas de bruit; vous et moi,
« nous sommes complices. Vous, comme provoca
« teur; moi, comme recéleur, car j'ai la hure. Com
« ment voulez-vous après cela que le roi se fâche?
« Avouez que c'est un bon tour; je voudrais l'avoir
« fait. »

Le duc de Bourbon tirait bien, dit-on, c'est possible; mais il est toujours permis de douter de l'adresse d'un prince qui tire dans des troupeaux de lièvres. Je le vis un jour à Saint-Maur : douze gardes lui chargeaient des fusils, cent rabatteurs lui poussaient le gibier; le prince tirait, tirait, tirait; le champ de bataille était couvert de morts. J'aurais voulu voir ce bon prince, car il était excellent homme, j'aurais voulu le voir battre la plaine pendant deux heures sans rien trouver, et tout à coup surpris par un lièvre déboulant à l'improviste à quarante pas. L'aurait-il tué? je n'en crois rien. Il faut chercher le gibier; s'il vient à vous, le plaisir est moindre. Une belle femme qui s'offre elle-même perd les trois quarts de ses charmes; que dis-je? elle les perd tous.

Les grandes chasses à courre sont une promenade, un spectacle, comme une représentation d'Opéra. Le passant y trouve autant de plaisir que le roi; l'homme assis au parterre jouit autant que le financier dans sa loge. Le cerf est forcé, mais le roi n'a rien fait; la gloire est aux chiens, aux piqueurs, si l'on peut nommer cela de la gloire. Je mets la chasse au chien d'arrêt au-dessus de toutes les chasses; il faut manœuvrer suivant le temps, la saison, l'espèce de gibier que l'on cherche, et ces manœuvres sont un plaisir. Il faut être adroit, le premier venu ne saura pas en faire autant; mais si vous postez dans la forêt de Vincennes un homme qui jamais n'a manié le fusil, et si vous faites passer devant lui des nuages de faisans et de perdreaux, il tuera huit cents pièces.

Si jamais un roi s'avise de me nommer son grand-veneur, et c'est un excellent conseil que je donne en passant, je promets qu'il dépensera cent fois moins, et qu'il s'amusera bien davantage.

CHAPITRE XXIII.

AMOUR-PROPRE DES CHASSEURS.

Sensible à la gloire,
Fier de ta victoire,
A qui veut te croire
Tu la conteras.

Robin des bois.

L'amour-propre des chasseurs peut se comparer à
celui des auteurs, des acteurs et des joueurs de billard. Chez presque tous il est extrême : qu'une pièce
parte, si quatre chasseurs tirent et que la pièce tombe,
chacun affirme l'avoir tuée, tout le monde en est sûr,
ils donnent tous leur parole d'honneur. J'ai vu quelquefois des querelles violentes s'élever au sujet d'un
perdreau. Le bon chasseur cédera toujours plutôt que
d'engager une dispute, presque toujours suscitée par

celui qui, manquant de confiance dans son adresse, craint de revenir bredouille. Mais si chacun y met de la politesse, comme doivent le faire des gens bien élevés, on tire à la courte-paille et tout est fini. Règle générale : une pièce appartient à celui qui l'arrête dans son vol ou dans sa course. On doit toujours laisser filer une pièce sur le coup de fusil d'un autre chasseur. Ne tirez que lorsqu'il est évident qu'elle n'est point blessée, encore cela n'est permis qu'avec des personnes de connaissance. On ne doit jamais tirer à l'arrêt du chien d'un autre chasseur, à moins d'être invité par le maître du chien. Vous ne devez pas non plus aller à la remise d'une pièce levée par un chasseur étranger.

L'aïeul du connétable de Lesdiguières eut une querelle pour un lièvre avec l'évêque de Gap son voisin. Quelques amis entreprirent de les raccommoder, mais dans l'entrevue qui se fit au château de Lair, l'évêque altier et colère ayant fait beaucoup de bravades, M. de Lesdiguières le jeta par la fenêtre. Comme elle n'était pas haute, le prélat en fut quitte pour quelques contusions. Le pape et tout le clergé poursuivirent M. de Lesdiguières, qui fut obligé de quitter la France, et fut dépouillé de tous ses biens. Il ne revint que longtemps après; ses biens ne lui furent jamais rendus.

. . . . *Tantœne animis cœlestibus iræ.*

Lièvre qui court n'est pas mort. Tout le monde a le droit de tuer un lièvre qui court. Cependant si le lièvre est blessé par un de vos compagnons, si son chien le suit de près, vous ne devez pas tirer ; ou si vous le faites, il est bien d'offrir le lièvre à celui qui l'a blessé. Je me trouvais en plaine avec un inconnu ; nous tirons un perdreau qui tombe. — Il est à moi, me dit-il. — Je pourrais le réclamer aussi, car j'ai tiré comme vous. — Oui, mais je l'ai vu plier sous mon plomb, j'en ai la certitude, je vous en donne ma parole d'honneur. — Gardez le perdreau.

Pendant que nous chargeons nos fusils, je vois à la hauteur de sa baguette que mon camarade met double charge. Sur mon avis, il se sert du tire-bourre, et s'aperçoit que le coup n'était point parti. Son fusil avait raté pendant que le mien détonnait. Mon homme était certain d'avoir tué, puisqu'il avait donné sa parole d'honneur. Il voulut me rendre le perdreau, je le priai de le garder ; il n'en fut pas trop fâché, car on aime à montrer quelque chose en rentrant.

L'amour-propre d'un chasseur peut le pousser au crime : j'en ai vu de fort honnêtes devenir voleurs. Si vous perdez votre bourse ou votre montre, ils vous la rendront s'ils la trouvent ; mais s'ils rencontrent une pièce de gibier tuée par vous, ils la mettront dans le sac. Vous arrivez tout essoufflé :

— Je viens de tuer un faisan ; il est tombé près de vous, aidez-moi à le chercher.

— Votre faisan ? il est bien loin ; je l'ai vu tomber sur votre coup, mais il s'est relevé : ne perdez pas votre temps, il a déjà fait plus d'une lieue.

N'écoutez point ces propos, faites quêter votre chien ; votre faisan est là, tout près, il est mort. Le chasseur veut vous éloigner pour s'en saisir, s'il n'a point eu le temps de le fourrer dans sa carnassière. S'il marche à droite, marchez à gauche ; s'il va en avant, allez en arrière, vous le trouverez ; il veut vous faire perdre la bonne direction et revenir plus tard pour s'emparer de votre proie.

Un chasseur qui n'a rien tué mentira, volera ; je ne sais même pas s'il serait prudent de se trouver seul avec lui au coin d'un bois. Pour revenir triomphant, chargé de vos perdreaux, il est capable de vous assassiner. Nulle part on ne commet le péché d'envie autant qu'à la chasse ; des rouleaux de louis ne sont rien en comparaison d'une carnassière bien rebondie.

Un chasseur qui revient la carnassière vide passe tout honteux par les rues désertes, évite les regards, et prend toujours à gauche s'il rencontre quelqu'un. Si la carnassière est pleine, sa figure est rayonnante ; il prend hardiment la droite pour que le gibier puisse être vu de tous. Il passe par la grande rue, la grande place, s'arrête devant le café, cause avec les amis qu'il rencontre, et n'entre chez lui que lorsqu'il ne peut plus décemment se promener dans les rues.

Pendant plusieurs années j'ai fait de jolies parties de chasse à Courville, près de Chartres, chez un ancien compagnon d'armes. Lorsque nous rentrions, et que sa femme lui demandait si la carnassière était bien garnie : « Oui, disait-il, j'ai tué vingt pièces et

« lui douze. » Mais si le lendemain j'en avais tué vingt-cinq et lui dix, il répondait alors : « Nous « avons tué trente-cinq pièces. » Cette bonne madame M*** ne manquait jamais de me dire à l'oreille : « Vous en avez tué plus que mon mari, puisqu'il « parle au pluriel. »

« Les chasseurs sont bien aimables, disait madame M***, ils sont extrêmement galants. Lorsque ces messieurs se lèvent à quatre heures du matin, ils marchent tout doucement dans les corridors, ils ont même la précaution de ne mettre leurs gros souliers que lorsqu'ils sont descendus; ils craignent de me réveiller par le bruit de leurs pas, et puis ils déchargent leurs fusils sous ma fenêtre. »

Voyez un chasseur qui manque son coup, il aura toujours une bonne raison à donner pour sauver sa réputation : la pièce était trop loin, le cordon de la poudrière, accrochant la sous-garde, a dérangé le coup; ses canons sont sales, il a négligé de laver son fusil; certainement une autre fois il prendra mieux ses précautions. Ou bien sa poudre éventée ne pique pas assez, son plomb est mélangé, n'est pas bien rond, il écarte trop; un arbre l'a gêné; si ce n'est l'arbre, ce sera le soleil ou peut-être la lune. Il vous fera vingt autres histoires : soyez certain que ce n'est jamais par sa faute qu'il a manqué. Le chasseur augmente toujours les distances : il tire à trente pas, il dit à cinquante; s'il n'a point touché, c'est tout simple, la pièce était trop éloignée; s'il tue, le mérite est plus grand : il a fallu bien plus de justesse dans le coup d'œil, bien plus d'adresse, bien plus de choses que les autres n'ont pas et que lui seul possède. Remarquez-le bien, il a tué tant de pièces et cependant il n'a tiré que tant de coups. C'est positif, il a compté ses capsules et ses bourres, voyez, il en reste tant, donc ce qu'il dit est vrai. Mais qui sait si dans une poche secrète il ne s'en trouvait pas une ou deux poignées pour remplacer celles jetées au vent? Ceux qui portent des cartouches sont encore plus sûrs de leur fait à ce qu'ils disent, ils en avaient trois paquets de dix, ce qui fait bien trente coups, il leur en reste huit à tirer, ils ont tué vingt pièces en vingt-deux coups, certainement on ne peut pas mieux faire. Mais dans la carnassière il existe bien des poches et si l'on en trouve une pour les bourres et les capsules, pourquoi ne servirait-elle pas dans l'occasion à cacher deux paquets de cartouches !

Et puis, les pièces perdues ! voilà le grand cheval de bataille. Deux perdreaux démontés que le chien n'a pu retrouver, parce qu'il fait trop chaud ; un lapin culbuté qui disparaît dans le terrier ; un lièvre dont la cuisse cassée balaie la poussière, ou se place sur son échine en guise de porte-manteau (métaphore consacrée par l'usage). Le chien était prêt à le saisir, mais un maudit crochet a dégagé le lièvre ; il se trouvait à peu de distance du bois, et le chien l'a perdu.

Cela signifie : « Si j'avais autant de bonheur que « d'adresse, ma carnassière serait pleine. » On peut répondre à ces gens-là : « Lorsque vous trouvez un

« perdreau démonté par un autre chasseur, vous le
« gardez pour vous. Si votre chien attrape un lièvre
« à la course, quelqu'un l'avait blessé : dans ce cas,
« vous n'en dites rien ; tout cela fait compensa-
« tion. »

Non-seulement on veut briller auprès des autres
chasseurs, mais encore chacun pour augmenter son
propre mérite cherche à diminuer celui de ceux qu'il
rencontre. Si quelques chasseurs se sont séparés
pendant une heure et si plus tard ils se rejoignent,
remarquez-le bien, vous entendrez toujours ceci :

— Qu'est-ce que vous avez fait par là ?

— J'ai tué tant de pièces.

— Pas davantage ? vous avez cependant assez tiré,
on aurait dit une petite guerre, quel tapage, grand
Dieu ! nous avons cru que les Cosaques revenaient
en France pour la troisième fois.

Cela signifie : « Vous avez eu plus d'esprit que
« moi, vous avez été moins paresseux en cherchant
« le gibier, cela m'humilie, mais je veux me rattra-
« per en vous jetant votre maladresse à la figure.
« Vous avez tué deux perdreaux, j'en aurais tué dix
« à votre place, et puis je ne veux pas vous laisser
« croire que je suis votre dupe, vous avez tué deux
« perdreaux, c'est vrai : mais dix coups de fusil
« ont été tirés, donc vous êtes un pauvre chas-
« seur. Tout ce que je perds d'un côté mon amour-
« propre le rattrape d'un autre, et l'honneur est
« sauvé. »

Les chasseurs sont menteurs ; c'est un proverbe

de tout temps et de tous les pays. Le proverbe est vrai ; mais s'il ne l'était pas, il faudrait qu'il le devînt pour la gloire du proverbe, qui ne doit jamais avoir tort. Cependant il ne faut pas pousser le doute trop loin et croire fausses toutes les histoires des chasseurs. A la chasse, on voit quelquefois des événements extraordinaires, et souvent à cause du proverbe je n'ai pas osé raconter des choses qui me sont réellement arrivées : il est désagréable de voir un sourire d'incrédulité sur la figure des auditeurs.

Un de mes oncles chassait sur la montagne de Léberon, couverte de neige ; il était au sommet, près d'une pente très-rapide ; il tire un lièvre qui fuyait en descendant ; le lièvre culbuté tombe en roulant plusieurs fois sur lui-même ; la neige s'attache contre le lièvre et forme une boule qui grossit à chaque tour. Entraînée par son propre poids qui s'augmente, la boule continue à rouler jusqu'au pied de la montagne : elle était si grosse et si dure, qu'on fut obligé d'appeler des paysans pour la briser avec des haches et des pioches, car enfin mon oncle voulait avoir son lièvre.

Cette anecdote, tout invraisemblable qu'elle peut paraître, est cependant vraie. A la chasse les circonstances se multiplient, se combinent de tant de manières, qu'il arrive toujours quelque chose qu'on n'avait pas vu la veille.

Un jeune chasseur novice, désespéré de revenir toujours bredouille, et surtout de servir de risée à

ses compagnons, acheta certain jour un lièvre, et
puis au rendez-vous de chasse, il exhiba sa pièce en
simulant une joie qu'il n'éprouvait guère. Il raconta
longuement comme quoi le lièvre était parti, comment il l'avait tué ; bref, il broda son histoire le plus
élégamment possible. Mais on ne prévoit pas tout
dans ce monde : le lièvre, mort depuis huit jours,
avait les yeux enfoncés dans leur orbite, le ventre
bleu, presque en décomposition. Les chasseurs dé-
couvrirent aussitôt la fraude, et le novice devint le
plastron de leurs plaisanteries.

Quelques jours après, un paysan le rencontre avec
sa carnassière vide, et lui présente un lièvre superbe ;
il l'achète, après s'être assuré qu'il est frais. Il n'a
point oublié que les yeux ne doivent point être enfoncés, que l'abdomen doit être blanc. Au rendez-
vous, nouvelle histoire ; mais les vieux routiers veulent voir les blessures, on n'en trouve point ; on
aurait pu croire que le lièvre était mort de peur, si
certain collet de laiton caché sous le poil n'avait démontré jusqu'à l'évidence que la mort avait été causée
par asphyxie, suite nécessaire de la strangulation.
Là-dessus nouveaux rires, feu roulant de quolibets,
déluge de bons mots.

Huit jours plus tard, notre homme passant sur le
quai de la Mégisserie, voit à la porte d'un marchand
de poules, de lapins et de pigeons, un beau lièvre
vivant. « Parbleu ! dit-il, si je l'achetais, on ne dirait
« pas qu'il est pourri, celui-là, ni pris au collet ; en
« l'attachant, je puis facilement le tuer posé ; quand

« je le leur montrerai criblé de plomb, il sera tout
« chaud, et pour le coup ils seront bien forcés de me
« croire. »

Le lièvre est emporté vivant, le chasseur le lie au
pied d'un arbre; il tire, manque le lièvre, attrape la
corde qu'il coupe; le lièvre part et court encore.

CHAPITRE XXIV.

PRÉCAUTIONS NÉCESSAIRES.

Le père en prescrira la lecture à son fils.

—

On ne saurait trop prendre de précautions lorsqu'on a dans sa main une arme terrible, qui peut
donner deux fois la mort. Nous résumerons dans ce
chapitre tout ce que nous avons dit dans les autres,
en ajoutant les conseils que notre longue expérience
pourra nous dicter. Nous ne craindrons pas de nous
répéter, l'inconvénient serait d'oublier quelque
chose.

N'ayez jamais chez vous une grande provision de
poudre, il vaut mieux la renouveler plus souvent:
un incendie pouvant éclater, ses effets seraient bien
plus terribles. Que la poudre soit dans un endroit

sec, dans une armoire fermée, hors de la portée des enfants.

Quand vous aurez quelque manipulation de poudre à faire, occupez-vous-en pendant le jour. Si vous êtes obligé de remplir votre poudrière la nuit, placez la bougie à dix pas de vous, le plus loin possible; souvent une étincelle se détache, et l'on peut faire sauter la maison.

Dans l'auberge, dans la ferme où les chasseurs se donnent rendez-vous pour déjeuner, que les fusils soient placés de manière à ne point être touchés par les enfants, que les chiens en jouant ne puissent pas les renverser. Un fusil à marteau peut partir sans que la détente agisse, si le choc a lieu du côté des capsules. Si vous vous approchez du feu, quittez votre poudrière, quelques grains pourraient tomber, servir de conducteur, et vous sauteriez comme une bombe. La ville d'Eysenach, en Saxe, a péri de cette manière en 1810 : un convoi d'artillerie la traversait, quelques grains de poudre filtraient à travers un baril, le fer d'un cheval fit jaillir le feu d'un pavé, le baril éclata, le caisson sauta, cent caissons sautèrent, en une minute trois cents maisons furent renversées, et deux mille personnes mortes.

> . . . . . *Quæque ipse miserrima vidi.*

Lorsque vous revenez de la chasse, déchargez toujours votre fusil. Rentré chez vous peut-être n'y songeriez-vous plus. Que de choses à raconter! votre toilette à faire, l'appétit qui vous talonne : on place le fusil dans un coin, un enfant le guette, et si l'arme était chargée, tout serait possible.

Si pour votre sûreté personnelle vous voulez avoir chez vous un fusil chargé, que ce ne soit pas celui qui vous sert à la chasse. Ayez-en un autre placé dans votre chambre, dans une armoire fermée pendant le jour, ouverte pendant la nuit, pour être plus facilement à votre disposition. La charge de ce fusil devra de temps en temps être renouvelée; ce point est nécessaire. Si pour aller chasser vous montez en voiture, munissez-vous d'un étui de cuir très-fort, je dis de cuir et non pas de peau : il faut un corps rude qui, résistant aux cahots, empêche les canons de se bosseler, le bois de se meurtrir.

Les fusils à pierre partent quelquefois au repos. Cela n'arrive jamais avec ceux à marteau. Le chien est toujours abattu quand il n'est pas armé, le cran du repos existe, mais on ne s'en sert pas. Ces fusils exigent peut-être de plus grandes précautions que les autres. Si le chien abattu sur la capsule se trouve relevé par un corps quelconque, s'il retombe seulement de 4 ou 6 millimètres, sa force est assez grande pour enflammer la poudre. Je renouvelle ici le conseil de faire adapter à vos platines un cran de sûreté.

Je rentrai un jour de la chasse tout mouillé. J'essuyais mon fusil que je tenais debout sur une table; en passant le linge sur les canons, ma main tombe sur la platine, fait reculer un chien, le coup part et va cribler le plafond. Depuis cette époque, je décharge toujours mon fusil avant de rentrer.

Une autre fois, je venais de tirer et je chargeais le côté parti. Pendant l'opération, un perdreau s'envole à mes pieds; je lève mon fusil pour mettre en joue, mais le chien accroche un boucle de ma guêtre, il se soulève, retombe, le coup part à 10 centimètres de ma tête. Heureusement que l'explosion se fit au-dessus de mes yeux.

Avec un bon fusil à pierre, ces deux accidents ne pouvaient pas avoir lieu; le chien étant au repos, un mouvement l'aurait reculé de quelques millimètres, et soit qu'il l'eût armé, soit que le chien se fût remis au repos, le coup ne serait point parti.

Si votre fusil tombe, et qu'une certaine quantité de terre s'introduise dans les canons, il faut avoir soin de la faire sortir en passant plusieurs fois la baguette dans l'intérieur. Ensuite je conseille de mettre une bourre de plus; cette bourre fera descendre vers la charge des particules de sable qui pourraient être restées, et vous n'aurez à craindre aucun accident.

Lorsque vous sautez un fossé, désarmez toujours votre fusil. Si vous traversez une haie, un bois fourré d'épines, cette précaution ne serait pas suffisante, car vous comprenez qu'une branche pourrait relever le chien, et le résultat serait le même (1). Dans ce cas, il faut porter l'arme haute; quelquefois c'est impossible, parce que les branches sont trop épais-

____

(1) L'année dernière, un de mes compagnons d'armes, M. de Curten, s'est tué de cette manière en entrant dans un bateau. Cet événement tragique eut lieu dans les environs de Soissons, tous les journaux en ont parlé.

ses, vous ne pouvez passer qu'en vous courbant. Alors faites glisser votre fusil les canons en avant, et franchissez la haie, comme vous pourrez. En montant, en descendant une côte escarpée, si vous êtes obligé de vous servir de vos mains pour conserver l'équilibre, il ne faut pas se contenter d'abattre les chiens, vous devez ôter les capsules. De cette manière, rien ne peut faire partir le fusil. Si les capsules tiennent fortement, on se sert d'un couteau. Quand vous êtes arrivé, vous en mettez d'autres. Je dis qu'il faut abattre les chiens, après avoir ôté les capsules, parce que, sans cette précaution, la poudre des cheminées pourrait s'échapper ou se mouiller : dans les deux cas, le fusil raterait; ce qui n'est jamais agréable.

En plaine, portez votre fusil en formant un angle de quarante-cinq degrés; au bois, il doit être de quatre-vingt-dix, c'est-à-dire droit. Que votre main soit toujours à la poignée de l'arme, que l'index n'arrive jamais à la détente qu'au moment où vous mettez en joue. Si vous avez un voisin qui n'observe pas ces règles, ayez soin de l'en avertir; s'il ne s'y conforme pas, éloignez-vous, fuyez ces gens-là comme la peste, ce sont des choléras ambulants. En général, ne marchez en ligne qu'avec des chasseurs expérimentés, des gens raisonnables, fuyez les jeunes fous, ils blessent quelquefois les hommes, manquent toujours les perdreaux, et tuent souvent les chiens.

Quand le fusil rate, relevez le canon et tenez-le quelque temps dans la position verticale; souvent c'est un long feu, et il part un instant après.

Ayez soin de ne pas trop charger ni trop bourrer. Veillez à ce que vos bourres ne laissent aucun vide entre elles et la charge. Ce manque de précautions fait crever les canons, surtout quand ils sont sales.

Si vous êtes seul, ne tirez jamais en face d'une muraille, des grains de plomb pourraient revenir sur vous ; cet inconvénient n'aurait pas lieu si votre coup était dirigé obliquement ; mais, si vous êtes plusieurs, ne tirez jamais contre un mur, dans un toisé de pierres, sur un chemin pavé ; votre coup oblique ou direct serait toujours dangereux pour quelqu'un. Dans mon voisinage, à Chenevières-sur-Marne, un chasseur, M. P***, a perdu dernièrement un œil de cette manière. Son compagnon tire un lapin au milieu des pierres, lui se trouvait à trente pas sur le côté ; le même coup qui creva son œil, étendit le lapin raide mort.

Si vous tirez sur l'eau, songez que le plomb ricoche, et pensez à vos voisins. Ne tirez point dans une haie, souvent un paysan s'y repose et s'endort ; ne l'empêchez pas de se réveiller. Au bois, ne tirez jamais à hauteur d'homme, ne tirez par terre que dans les endroits clairs.

Dans les vignes, il est fort dangereux de tirer bas. On rencontre des enfants qui grappillent, qui volent les fruits et se couchent pour ne pas être vus ; ce n'est point à coups de fusil qu'il faut les punir ; d'ailleurs cela ne vous regarde en aucune façon, c'est l'affaire du garde champêtre.

Désarmez toujours votre fusil en entrant dans un

bateau ; la secousse qu'on éprouve à l'arrivée peut vous occasionner un faux pas, et la détente partirait.

En étant à la chasse, si vous montez en voiture avec votre fusil chargé, ôtez toujours les capsules.

Malgré cette précaution, le fusil pourrait partir encore ; quelquefois, le grain fulminant reste collé sur la cheminée ; vous enlevez la capsule, mais vous n'ôtez que le cuivre ; et, si le chien se relève, le coup peut s'enflammer. Il faut donc, pour éviter tout accident, mettre entre le chien abattu et la cheminée quelques morceaux de papier, une bourre ou un peu de linge.

Ces petits soins minutieux, toutes ces précautions épargnent bien des malheurs et des regrets. Non-seulement chaque chasseur doit les observer, mais il doit les faire observer par les autres. S'il est horrible de causer la mort d'un homme, il est fort désagréable d'être victime de l'imprudence d'un voisin.

Le Dauphin, fils de Louis XV, étant à la chasse, tua M. de Saint-Vigor, son frère de lait ; il renonça dès ce jour à cet exercice qu'il aimait passionnément. Certes il vaut bien mieux agir avec prudence, que d'avoir toute la vie son cœur bourrelé de remords et de vivre sans chasser. Mais une belle action que je dois consigner dans ce livre, c'est celle que fit Carloman.

Poursuivant un sanglier dans la forêt d'Iveline près Montfort, il fut blessé par un de ses gardes et mourut sept jours après. Pour sauver l'auteur de sa mort, il fut assez généreux pour dire que sa blessure avait été faite par le sanglier.

18.

Si vous êtes abordé par un garde insolent, un paysan grossier, par ces gens qui n'ont que des injures
en bouche, qui cherchent une dispute, une bataille
à coups de poing, désarmez votre fusil, craignez une
funeste tentation. Si la querelle s'échauffe, partez,
laissez dire ce qu'on voudra. Les paroles de cette espèce de chiens hargneux doivent glisser sans mordre,
et puis vous êtes armé, dans ce cas il est permis d'a-
voir peur.

Le paysan, en général, est jaloux du *bourgeois*; il
enrage de le voir s'amuser, pendant que lui fauche
ou laboure. Nous ne sommes plus au temps où les
paysans étaient les modèles des vertus patriarcales.
S'ils le sont encore, ce n'est plus que dans les romans
ou dans les opéras-comiques. Aujourd'hui l'ambition les dévore, ils sont propriétaires, et l'appétit
vient en mangeant. Il font des enfants par spéculation, pour que leurs femmes soient nourrices.
Quand vous voyez le matin un paysan regarder le
soleil, le temps qu'il fait, vous croyez qu'il pense à
la pluie ou bien à la chaleur : pas du tout, il réfléchit
aux moyens d'attraper le bourgeois. Le bourgeois
c'est sa bête noire, son ennemi qu'il déteste parce
qu'il l'attrape, et qu'il ne l'attrape pas assez. Souvent il apostrophe un chasseur qui traversera sa pièce
de terre. Nul dommage ne peut en résulter, puisque
la récolte est enlevée ; n'importe, il se vengera par
des injures du plaisir qu'il n'a pas le temps de prendre. Votre fusil ne l'intimide pas, il sait bien que
vous êtes un galant homme, et il en abuse. Le meil-

leur moyen de punir ces gens-là, c'est de leur tourner le dos sans répondre : j'en ai vu dont la colère allant toujours *crescendo*, devenait presque de la rage, quand ils voyaient leurs stupides injures emportées par le vent. J'en ai vu qui, pour recevoir un coup de fusil, ont fait l'impossiblé. C'est une spéculation comme une autre. « Je serai blessé, nous irons devant les « tribunaux, qui m'accorderont une indemnité, des « dommages et intérêts, peut-être une pension. »

Frappez, j'ai quatre enfants à nourrir.....

Il faut savoir déjouer ces vils calculs. J'avoue que beaucoup de sang-froid est nécessaire dans certaines circonstances. Mais c'est à cela qu'on reconnaît l'homme bien élevé, l'homme instruit, le bon chasseur. On voit des gens à Paris qui font métier de se faire renverser par les voitures. Ils crient, le peuple s'assemble, on vomit des injures contre les riches, dont le plus grand plaisir est d'écraser les pauvres; et le maître de l'équipage n'en est quitte qu'en déliant les cordons de sa bourse.

CHAPITRE XXV.

LES CHIENS D'ARRÊT.—ÉDUCATION DOMESTIQUE.

Vos un bon chin prèn lou de race.
Proverbe provençal.

Le chien est sans contredit l'animal qui montre le plus de dévouement à l'homme. Il s'attache à son maître, lui consacre sa vie, garde sa maison, veille sur son troupeau, qu'il fait manœuvrer en général habile; il guide les aveugles, ramène les voyageurs égarés dans la neige, et sauve les naufragés. Le chien est un excellent ami; si vous causez ensemble, il vous comprendra fort bien et saura vous répondre. Riche ou pauvre, votre chien restera près de vous : quelle différence avec vos autres amis!

Un riche marchandait le chien d'un malheureux ;
Cette offre l'affligea : « Dans mon destin funeste,
« Qui m'aimera, dit-il, si mon chien ne me reste ? »

Le chien est le plus fidèle, le plus intelligent, le plus courageux des animaux; il reconnaît son maître à sa voix, au bruit de ses pas, et le sent de fort loin. Il flatte les amis de la maison, et grogne à l'arrivée d'un inconnu. S'il fait un long voyage, il se souvient du chemin (1); il pleure son maître mort et l'accompagne au tombeau. S'il faut le défendre contre plusieurs ennemis, il ne les comptera jamais : il se lancera dans la mêlée, mordra partout, tiendra tête à tous, nul danger ne l'intimidera.

Nous ne parlerons ici que des chiens d'arrêt. En France il en existe trois races bien distinctes : le braque, l'épagneul, le griffon. Nous avons aussi le *pointer*, chien anglais, que beaucoup d'amateurs placent au premier rang.

Le braque a le poil ras; c'est le chien qui conserve le mieux la finesse de l'odorat par les grandes chaleurs. Il chasse très-bien en plaine et dans le taillis, mais en général il ne va pas à l'eau. Si l'éducation a vaincu chez lui cette répugnance naturelle, des maladies surviennent, ses articulations se nouent, et l'on regrette bientôt d'avoir forcé la nature.

(1) L'année dernière, un habitant d'Auxerre, suivi de son chien, arrive à Paris par le bateau à vapeur. Quelques jours après l'animal s'égare dans les rues de la capitale : son maître promet, par des affiches, 100 fr. à qui ramènera le chien. Bientôt il reçoit une lettre de sa femme; elle réclame la récompense, car le chien est chez elle, à Auxerre; il est revenu tout seul par le bateau à vapeur, sans payer sa place.

L'épagneul a le poil long, d'un luisant, d'une finesse qui ressemble à la soie. Il est plus fidèle que le braque, et beaucoup moins coureur; avec lui vous pouvez chasser partout, en plaine, au bois, au marais; mais il résiste moins à la chaleur : si pendant l'été vous chassez longtemps dans des plaines où le chien ne trouve pas à boire, son nez perd beaucoup de ses facultés, il passera près d'un lièvre sans le sentir. J'ai toujours eu des chiens épagneuls, ce sont ceux que je préfère. Lorsqu'il m'est arrivé de chasser dans des lieux arides, loin d'une rivière, des mares ou d'un village, j'ai toujours fait porter une cruche d'eau pour mon chien, et nous en prenions chacun notre part; sans cette précaution, point de chasse possible pendant les grandes chaleurs.

Les plus petits épagneuls, même ceux qui servent de joujoux à nos dames, sont bons à la chasse. M. Galiane, célèbre chasseur à Apt, avait deux épagneuls de la plus petite espèce, et ils arrêtaient fort bien le gibier. Ces chiens étaient si petits que M. Galiane les portait dans sa carnassière. Il chassait avec l'un et portait l'autre, puis il changeait de temps en temps pour faire reposer celui qui se trouvait fatigué.

Le griffon a le poil rude, taillé en aiguille, et ressemblant à la soie du sanglier. C'est un excellent chien; il va fort bien à l'eau, ne craignant ni les ronces ni les épines; nul ne sait mieux débusquer un lapin dans des landes. Au bord d'un fourré de buissons, le braque et l'épagneul s'arrêtent indécis : ce n'est qu'en les excitant de la voix et du geste qu'on parvient à les faire entrer, et l'on n'y parvient pas toujours. Ils sont douillets de leur nature, ils ne posent leurs pattes qu'avec précaution, ils ont peur de s'écorcher le nez ou les oreilles. On croirait voir de belles dames qui, se rendant au bal à pied, craignent de salir leur robe, et choisissent avec soin les pavés. Le griffon pénètre partout sans hésiter, il ne calcule rien. Tout est bon, pourvu qu'il chasse. C'est un grenadier français devant l'ennemi, qui ne demande jamais combien sont-ils? mais : où sont-ils ?

Les premiers *pointers* furent amenés en France par des officiers anglais, lors de l'invasion en 1814 et 1815. Un grand mal produit souvent quelque bien. Cette race de chiens paraît provenir du braque et du lévrier; au premier aspect on croirait voir un lévrier mâtiné. Mais en accouplant un lévrier à la chienne d'arrêt, vous aurez un animal tenant trop de son père, trop coureur et manquant de nez, quoiqu'en possédant déjà plus que le lévrier. Mariez ce produit avec le chien d'arrêt, vous obtiendrez le type de la race *pointer*. Bien des gens pensent que le lévrier n'a pas de nez : c'est peut-être vrai pour quelques individus, mais en général c'est faux. Ce chien n'a pas la finesse d'odorat du braque ou de l'épagneul, et cependant il prend comme un autre le sentiment du gibier lorsqu'il est à bon vent. J'ai vu plusieurs lévriers arrêtant comme des chiens d'arrêt : un, entre autres, appartenant au sieur Breuck, grand chasseur demeurant à Herin, village situé près de Valenciennes. Ce lévrier, ou pour mieux dire cette levrette, prenait les lièvres à la course, et arrêtait parfaitement les perdrix.

Il existe plusieurs espèces de *pointers* en Angleterre. Les meilleurs sont ordinairement noirs et blancs, hauts sur pattes, les pieds longs et étroits, le poil court et tellement ras qu'on voit leurs muscles comme chez les chevaux de pur sang. Ils ont l'œil saillant et vif, ordinairement noir chez les chiens noirs et noirs et blancs, ce qui leur donne quelque ressemblance avec le masque d'Arlequin; une marque distinctive, c'est le palais supérieur noir, et l'inférieur rose.

Le *pointer* est infatigable; l'ardeur de la chasse lui fait tout oublier. Tous les chiens, quand ils ont soif, se précipitent dans l'eau qu'ils rencontrent; le *pointer*, quand il est lancé, n'y fait pas attention; il craint de perdre un instant précieux.

L'espèce de *pointer* la plus répandue en Angleterre est de couleur blanche. Les individus sont moins grands, plus râblés, ont les pieds plus ronds; mais les grands amateurs préfèrent le *pointer* des montagnes d'Écosse au poil rude et presque toujours fauve ou roux foncé; ce chien est excellent dans les fourrés, il ne craint que l'eau, ce qui le distingue essentiellement des autres. Cependant on parvient à vaincre cette répugnance au moyen du collier de force. On peut aussi leur apprendre à rapporter, mais ce n'est jamais qu'à contre-cœur et du bout des dents qu'ils s'y soumettent. Au reste, les Anglais n'y tiennent pas; ils ont pour remplir ces fonctions des épagneuls ou des braques.

Le *pointer* est un chien qui chasse pour son compte personnel; il ne fait nulle attention à son maître; c'est au maître à veiller sur le chien. Il part au galop, prend le vent, court en tout sens, et tombe en arrêt. Vous êtes à mille pas de lui, qu'importe? son arrêt est si ferme que vous avez le temps d'arriver. Il fascine la perdrix, il la magnétise, elle ne partira point. Le *pointer* est excellent en plaine, mais ne vaut rien au bois : il en a peur, et n'ose s'y risquer. D'ailleurs, galopant toujours, si vous le perdez de vue quand il tombe en arrêt, c'est tout comme si vous n'aviez pas de chien.

La blancheur des dents est un signe de jeunesse chez les chiens, comme la couleur jaune est un signe de vieillesse. Les jeunes chiens ont les dents taillées en forme de fleur de lis; à deux ans et demi cette marque n'existe plus aux incisives; et à trois et demi, aux maxillaires. Si le chien a beaucoup mangé d'os, ces marques disparaissent plus tôt; on ne peut alors juger de son âge que par ses crocs, dont l'extrémité s'arrondit de plus en plus chaque année.

Un chasseur au chien d'arrêt a rarement un chenil, ses chiens sont libres; il renouvelle souvent la paille de leur cabane, qui doit être tenue avec une grande propreté. Les chiens peuvent à la rigueur se passer de nourriture pendant quelques jours, mais il leur faut de l'eau fraîche à discrétion (1).

(1) Une chienne, oubliée dans une maison de campagne, a vécu

Si vous avez une chienne de belle et bonne race,
vous devez chercher à vous procurer de ses rejetons.
Du moment qu'elle entre en chaleur, ce qui se voit
au gonflement de ses parties sexuelles, où paraît un
léger écoulement sanguin, vous la renfermez dans un
endroit inaccessible à tout autre chien que celui que
vous aurez choisi (1). Ce mâle doit être de la même
espèce et de pure race.

> *Voce, pede, et naso meliorem selige patrem,*
> *Huic matrem suppone parem.* . . . . (2)

Il doit avoir deux ans au moins, six ans au plus ;
ne le mettez en communication avec la femelle que
cinq à six jours après que vous l'aurez renfermée.
Une chienne de belle race, couverte par un mâtin,
engendre de beaux et de vilains chiens : cela se comprend. Mais cette même chienne faisant plus tard
d'autres portées, et n'ayant eu pour celles-là qu'un
beau chien de sa race, engendre encore des petits qui

quarante jours sans autre nourriture que l'étoffe ou la laine d'un matelas qu'elle avait déchiré.

(*Histoire de l'Académie des Sciences,* 1706, page 5.)

(1) Au temps de Charles IX, on voulait fourrer de l'astrologie partout. Voici ce que dit Du Fouilloux à ce sujet :

« Quand vous verrez que la lyce sera chaude, attendez le plein
discours de la lune à passer pour la faire couvrir : et la faictes emplir
soubz les signes de Gemini et Aquarius, car les chiens qui naistront en
ce temps ne seront si subjects à la rage, et en viendra plus de masles
que de femelles. Aussi on dit qu'il y a une estoile nommée Arcture,
et que si les chiens naissent soubz le règne d'icelle, qu'ilz seront fort
subjects à la rage. »

(2) *Album Dianæ Leporicidæ,* par JACQUES SAVARY.

sont mâtinés. Ce phénomène, pour être inexplica-
ble, n'en est pas moins certain ; il s'est renouvelé
souvent sous mes yeux.

Nam semel est imbuta recens quo semine vulva,
Et quicumque prior conjux impleverit alvum,
Concubitus æterna sui monumenta relinquet (1).

« Boire sans soif et faire l'amour en tout temps,
« voilà ce qui nous distingue des autres animaux. »
Quant à « boire sans soif, » Beaumarchais a raison ;
mais pour le reste, il se trompe de moitié. Pour être
exact, il fallait dire : « Voilà ce qui distingue les
« femmes des femelles des animaux ; » car chez eux
les mâles sont toujours prêts : je leur en fais mon
compliment bien sincère.

Un seul accouplement suffit ; cependant, après
deux jours d'intervalle, on peut recommencer ; ensuite vous séparez le mâle, et vous laissez la femelle
enfermée jusqu'à ce que sa chaleur soit entièrement
passée. Si vous n'avez pas l'intention de faire couvrir
votre chienne, vous pouvez facilement lui faire passer
sa chaleur, et pour cela je vais vous donner une
bonne recette pratiquée en Angleterre depuis longtemps. Hachez en très-petits morceaux un quarteron
de vieux plomb, le plus vieux que vous pourrez trouver ; faites quatre boulettes avec de la viande, et mettez-y votre plomb en parties égales. Donnez à la
chienne ces quatre boulettes en deux jours ; une le
matin et l'autre le soir. On peut se servir de plomb

(1) *Album Dianæ Leporicidæ,* par Jacques Savary.

à tirer, mais il faut qu'il soit vieux, ou qu'il ait servi souvent à rincer les bouteilles. Cette recette sert aussi pour faire avorter une chienne qui sans pudeur aurait commis une faute avec un caniche, un carlin, un chien de boucher.

« L'odeur qu'exhale une éponge imprégnée de la liqueur que répand une chienne en folie, ou le fumet d'un morceau de foie de cheval cuit dans le pot-à-feu, voilà des séductions auxquelles ne résistent pas les plus hargneux, comme les plus vigilants des chiens (1). » Les gens qui font métier de voler les chiens se servent de cette recette pour se faire suivre. On ne saurait trop prendre de précautions pour déjouer les ruses de ces industriels. Autrefois les voleurs de chiens étaient punis d'une assez drôle de manière. Les lois de Gondebaud, duc de Bourgogne, appelées lois Gombettes, les obligeaient à baiser le derrière du chien en place publique. *Jubemus ut convictus, coram omni populo posteriora ipsius osculetur*, etc., etc. Celui qui dérobait un épervier devait se laisser manger par l'oiseau volé 150 grammes de chair *sur l'estomac*, si mieux il n'aimait payer 6 écus d'or au propriétaire.

La chienne porte soixante-deux jours; un chasseur doit calculer ce temps pour que sa chienne puisse élever ses petits avant l'époque des chasses. Elle ne pourrait se fatiguer sans leur nuire, en les nourrissant avec un lait échauffé. Une chienne entre ordinai-

(1) *Mémoires de Vidocq.*

rement en chaleur deux fois par an : il faut préférer le mois de mars pour la faire couvrir. Les petits naissent en été ; quand la chasse commence, ils sont déjà forts et vigoureux, ils n'ont plus besoin de leur mère.

Pour engendrer des chiens bien constitués, la chienne doit avoir deux ans accomplis. Si vous la faisiez couvrir avant cet âge, les enfants seraient maigres, chétifs, et se ressentiraient toujours de la faiblesse de leur mère, dont les forces n'étaient pas suffisamment développées. On peut conduire à la chasse une chienne dont le ventre ne baisse pas encore ; plus tard, on se contente de la mener à la promenade. Quand elle sera sur le point de mettre bas, vous la surveillerez ; il arrive souvent qu'un petit chien mort s'arrête au passage, dans ce cas, avec un petit crochet de bois ou de fer vous pouvez aider la nature, en faisant l'office d'accoucheur.

Les chiennes font cinq, six, sept petits, cela va jusqu'à douze, et même au-delà. Pendant deux ou trois jours, on les laisse tous sucer le premier lait dont les mamelles sont abondamment remplies, ensuite on choisit les deux plus beaux, les plus forts, ceux qui ressemblent le plus à la mère, et puis on jette les autres.... Le sieur Habert, dans un poëme sur la chasse aux lièvres, dont Henri IV accepta la dédicace, conseille de nourrir les jeunes chiens avec du lait de chèvre pour les rendre plus vifs et plus *rebaudiz.*

Après qu'ils ont tetté leur mère naturelle
Jusques à quinze jours, leur faut faire tetter

D'un bouc cornu la femme, ou bien les allaiter
De son lait tiré chaud. . . . . .

Il est inutile de s'occuper du sevrage des chiens, la mère sait tout ce qu'elle doit faire. On leur donne de la soupe dès qu'ils veulent en manger. Le seul soin que l'on doive prendre, c'est de les maintenir dans une extrême propreté. Ne les touchez pas, ne les caressez pas à chaque instant, ce qui les empêche de grossir. Il ne faut point imiter Henri III, qui portait toujours une nichée de petits chiens dans un panier (1). Leur nourriture ne doit pas être succulente; on leur donne d'abord de la soupe au lait, plus tard on la remplace par du pain trempé dans de l'eau qui servit à laver la vaisselle. Des chiens trop bien nourris deviennent gras, lourds et paresseux; on doit pouvoir compter les côtes d'un chien sans le toucher. Cependant lorsqu'il chasse souvent, il est bien de lui donner une nourriture plus substantielle. La soupe doit toujours être froide quand on la leur donne; c'est une précaution nécessaire pour ne point altérer la finesse de leur odorat. Il ne faut pas leur donner des os, l'habitude qu'ils contracteraient en les mangeant leur rendrait la dent dure pour le gibier.

(1) « Je me souviendrai toujours de l'attitude et de l'attirail bizarre où je trouvai ce prince un jour dans son cabinet; il avait l'épée au côté, une cape sur les épaules, une petite toque sur la tête, un panier de petits chiens pendu à son cou par un large ruban; et il se tenait si immobile, qu'en nous parlant il ne remuait ni tête, ni pied, ni main. »

Mémoires de SULLY.

Les chiens doivent coucher dans un lieu sec, sur des planches recouvertes de paille souvent renouvelée. Il faut tous les jours enlever les immondices, balayer, laver le pavé du chenil; enfin l'habitation de votre ami doit être aussi propre que la vôtre. Beaucoup de chiens sont malades par la négligence de leurs maîtres.

Si vous n'avez pas de chienne, et si vous voulez faire un élève, choisissez-le de race pure; que le père et la mère soient beaux et bons. N'allez pas perdre vos soins et vos peines avec un chien bâtard. Votre élève doit avoir le nez gros, ses naseaux bien fendus, le cou gros et court, le poitrail étroit, les oreilles longues et pendantes; il ne doit point avoir de taches noires sur le corps; tout chien marqué de noir, à l'exception du *pointer,* est un chien mâtiné. Je sais fort bien que souvent un chien mâtiné se trouve excellent, qu'il est plus dur à la fatigue, que la chaleur a moins de prise sur lui; mais un chasseur qui se respecte doit avoir non-seulement un bon chien, mais un beau chien. Dans une réunion de professeurs, on rougirait de se présenter avec un chien de boucher ou de marchand d'oignons.

Lorsque votre élève aura l'âge d'un mois au moins, de deux mois au plus, vous ferez rougir une pelle au feu pour lui couper la queue.... J'entends les cris que vont pousser les chasseurs de la nouvelle école. « Barbare, vous voulez défigurer ce noble animal ! « La nature lui donna sa queue, de quel droit la cou- « per? Alcibiade avait un but, mais vous, quel est le « vôtre? Vous commettez un crime inutile. »

D'abord, je nie qu'en coupant la queue d'un chien d'arrêt on le défigure. Je soutiens au contraire qu'avec son tronçon de queue droite, il est plus beau qu'avec ce cerceau qu'il porte derrière lui ; l'épagneul surtout, fier de ses longues soies pendantes, est beaucoup plus gracieux avec la queue coupée.

Mais admettons qu'après cette opération le chien est défiguré : je soutiens encore qu'elle était nécessaire.

Si la queue est longue, le chien en quêtant dans les luzernes, dans les chenevières, dans toutes les hautes herbes, fera trop de bruit. Cette queue, toujours en mouvement, gâtera les récoltes, effraiera le gibier qui n'attendra pas l'arrêt. Lorsque cet arrêt aura lieu, le chasseur ne reconnaîtra plus à la position de la queue l'espèce de gibier qui se trouve sous le nez du chien. Cette queue en cerceau ne peut plus devenir horizontale, arquée en bas, inclinée ou raide. Pour un lapin, un lièvre, une perdrix, la queue sera toujours placée de la même manière ; et ce n'est pas chose de petite importance que de savoir d'avance quel est le gibier qui va partir. On prend ses précautions : si c'est un quadrupède, on se place pour intercepter l'entrée d'un bois voisin, ou si l'on est dans le bois, on l'empêche de pénétrer dans un fourré qui le déroberait à la vue. Si c'est une perdrix, vous la tournez, vous la faites partir de manière qu'elle aille sur vos terres et non sur celles du voisin.

Nos pères n'étaient pas si bêtes, et lorsqu'ils cou-

paient la queue des chiens d'arrêt, ils avaient de
bonnes raisons pour en agir ainsi. Depuis quelques
années les romantiques veulent tout envahir ; ce sont
eux qui les premiers ont proscrit la méthode classique de l'amputation des queues. Vous qui sortez du
collège et voulez devenir chasseur, ne vous laissez
pas influencer par de belles paroles, par de grands
mots vides de sens. Ces braves gens-là font de la sen-
siblerie à la journée; ils vous parleront en termes
choisis de la honte qui couvre le front d'un noble
chien veuf de sa queue; ils vous feront une belle
peinture des douleurs qu'il éprouve en subissant l'o-
pération ; ne les écoutez pas, laissez-les bavarder à
leur aise, et coupez la queue de votre chien; leur
mode passera comme leurs chefs-d'œuvre, et votre
chien n'ayant plus l'âge où l'opération se fait sans
danger, elle deviendrait impossible.

A l'âge d'un mois on purge les jeunes chiens avec
un peu de manne fondue dans du lait; on met un
bâton de soufre dans leur eau. Ces petites précautions rendent la maladie, dite *maladie des chiens,*
moins violente et moins dangereuse; nous en parlerons plus longuement dans un autre chapitre.

Méfiez-vous des jeunes chiens, si vous les laissez
libres ils déchireront tout ce qui se trouvera sur leur
passage. Leurs dents sont agacées, ils ont besoin de
mordre, et si vous n'y prenez garde vos plus beaux
meubles seront mis en pièces, ils déjeuneront avec
un châle de cachemire. Newton avait un chien qui
s'appelait Diamant, il le laissa seul dans son cabinet,
19.

l'animal en jouant renversa une bougie allumée sur la table couverte de papiers, le feu y prit et consuma des calculs qui avaient coûté vingt ans de travail au grand homme. « Diamant, dit-il, tu ne te doutes guère du malheur que tu viens de causer, au reste le plus coupable c'est moi, je devais avoir de l'esprit pour deux. »

Le nom à donner au chien n'est pas chose indifférente, il doit se terminer par une syllabe sonore, retentissante; le nom doit être court. Pirame, Thisbé, Zéphire, sont de mauvais noms; la bouche ne s'ouvre qu'à moitié, le son est faible, il se perd; si le chien est loin, il ne l'entend pas. Médor, Tudor, Diamant, Presto, Flore, Diane, sont excellents, parce que les terminaisons : or, ant, to, ore, ane, s'échappant avec force de votre bouche, vibrent dans l'air et vont frapper à de grandes distances le tympan de l'oreille.

Ovide nous donne les noms des chiens d'Actéon : Melampus, Pamphagus, Nebrophonos, etc. Ce devait être assez difficile à prononcer. Ne cherchez pas à faire de l'érudition en donnant un nom à votre chien; prenez le plus simple, le plus court, le plus sonore. Ce serait par trop grotesque d'entendre un chasseur dire : *Melampus, ici; Pamphagus, derrière; Nebrophonos, apporte.* J'ai pour moi l'autorité d'un chasseur illustre. Xénophon conseille de donner aux chiens des noms courts et faciles à prononcer; il en cite une litanie pour exemple; ils sont tous de deux syllabes.

Je ne terminerai pas ce chapitre sans protester hautement contre certains proverbes injurieux pour la race canine ; ces proverbes sont faux. *Méchant comme un chien. Vilain, puant, sale, comme un chien.* Tous les chiens ne sont ni méchants ni hargneux ; si par hasard on en rencontre quelques-uns, on devrait dire : Méchant comme un chien méchant, hargneux comme un chien hargneux. En général, les chiens ne sont ni vilains, ni puants, ni sales ; ils n'ont ce défaut que lorsqu'ils sont malades ; bien des hommes ne pourraient pas en dire autant. On dit un *caractère de chien*, pour désigner un homme difficile à vivre, mais c'est le contraire qu'il faudrait dire. Le chien a le meilleur caractère ; peu d'hommes pourraient supporter la comparaison.

Il a de la rancune comme un chien. Le chien n'est pas rancunier, il oublie les coups de fouet, il lèche la main qui le châtie et ne se souvient que des caresses. *Mener une vie de chien.* C'est encore une absurdité, la vie d'un chien n'est pas désagréable. En général, les chiens sont bien traités, bien nourris ; ils chassent, gardent la maison ou les troupeaux ; ils aiment l'homme, ils en sont aimés ; sauf quelques exceptions la vie d'un chien est une vie heureuse. « Allons, montez dans la calèche, partez et revenez bientôt, disait une dame à ses enfants et à son mari. — Maman, veux-tu que nous emmenions Azor ? — Non, non, la voiture ne vaut rien, elle pourrait verser. »

Il est comme le chien de Jean de Nivelle, qui s'enfuit

lorsqu'on l'appelle. Bien des gens croient que dans ce proverbe on parle du chien de Jean de Nivelle; pas du tout : c'est Jean de Nivelle que l'on traite de chien. Et pourquoi? parce qu'il souffleta son père, le duc de Montmorency. Le duc s'en plaignit au roi, le seigneur de Nivelle fut cité devant la cour pour répondre à l'accusation de son père. Il ne comparut point, on le somma de nouveau. Cette fois la cérémonie se fit à son de trompe, dans tous les carrefours de Paris, comme c'était l'usage alors pour les contumaces. Plus on appelait le seigneur de Nivelle, plus il se hâtait de gagner la Flandre, où se trouvaient les biens de sa femme. Son crime le rendit célèbre; on ne parlait plus de lui qu'avec horreur, comme d'un félon, d'un impie, et le peuple le traitait de *chien de Jean de Nivelle.*

CHAPITRE XXVI.

LES CHIENS D'ARRÊT.—ÉDUCATION THÉORIQUE.

—

> Gardant du bienfait seul le doux ressentiment,
> Il vient lécher ma main après le châtiment.
> Souvent il me regarde; humide de tendresse,
> Son œil affectueux implore une caresse;
> J'ordonne, il vient à moi; je menace, il me fuit;
> Je l'appelle, il revient; je fais signe, il me suit;
> Je m'éloigne, quels pleurs! je reviens, quelle joie!
> Chasseur sans intérêt, il m'apporte sa proie.
>
> DELILLE.

Le bon chasseur fait le bon chien; tout le secret consiste à savoir punir et récompenser à propos. Le chien du saltimbanque fait chaque jour cette réflexion : « Si je ne saute pas, je serai battu, mon « maître ne me donnera rien à manger, il m'empê- « chera de dormir. Si je saute, je mangerai, je dor- « mirai, je serai caressé ; sautons ! » et il saute. —

Imitez le saltimbanque ; il faut que vos paroles dures ou douces, que vos caresses ou vos coups de fouet, fassent naître ces idées chez votre jeune chien. Dès qu'il marche, il faut vous occuper de lui, le conduire à la promenade, l'accoutumer à votre voix et le faire obéir. Il faut aussi l'habituer de bonne heure au bruit du fusil : j'ai vu des chiens pour qui l'on n'avait pas pris cette précaution en avoir peur pendant long-temps. Après son nom, le premier mot qu'il doit connaître, c'est *derrière* ; il faut le lui répéter toutes les fois qu'on le rappelle, le caresser quand il obéit, le punir quand il n'obéit pas. Mais ces punitions doivent être légères ; on doit se contenter de quelques paroles dures, prononcées avec colère en montrant le fouet.

Le chien est très-intelligent de sa nature ; il aime son maître, il faut en profiter, agir avec patience et douceur. Par conséquent ne le punissez que lorsqu'il n'a pas fait à votre commandement une chose qu'il sait faire. Il est horrible de voir un chasseur briser les côtes d'un chien à coups de fouet ; la pauvre bête se traîne aux pieds de son bourreau, lèche sa main, et semble dire : « Pourquoi me battez-vous ? « Apprenez-moi ce qu'il faut faire, je le ferai, je ne « demande pas mieux. »

Du moment que le maître a parlé, le chien doit obéir ; il ne faut rien lui passer, surtout dans les commencements. Mais ne le punissez, même en pa-roles, que lorsqu'il a compris ce que vous lui deman-dez. Son obéissance doit être récompensée par beaucoup de caresses, de jolies paroles amicales ; il les comprend fort bien, et sait en témoigner sa reconnaissance : il faut en être prodigue, et en même temps être avare de punitions. Le chien aime à se voir flatté, caressé de la voix et du geste, on le punit déjà par un regard sévère, une parole dure est un châtiment plus fort. La menace du fouet vient après, ensuite on tire légèrement l'oreille, et puis un peu plus fort, enfin le coup de fouet pour les grandes occasions. Mais il ne faut recourir à ces moyens extrêmes que rarement, et dans le cas d'absolue nécessité.

> Autrefois, dans Carthage, un roi syracusain,
> Stipulant en vainqueur les droits du genre humain,
> Abolit à jamais ces sanglants sacrifices
> Que de ses dieux cruels exigeaient les caprices :
> Et moi, plaidant leur cause auprès de mes égaux,
> Je stipule aujourd'hui les droits des animaux (1).

Proportionnez toujours les punitions avec les fautes, et lorsque votre chien, ayant été châtié, finit par obéir, redoublez de caresses ; il sent la différence, et profite de la leçon.

Dans vos promenades, ayez soin d'étudier le caractère de votre jeune élève : s'il est doux et timide, agissez avec beaucoup de ménagements ; s'il est colère, malin, méchant, mettez de la sévérité : vous êtes son seigneur et maître, il doit lire son destin dans vos yeux. Un mot de vous doit le faire trembler, un autre doit le faire bondir de joie.

Mais surtout ayez soin de vous servir toujours des

______
(1) DELILLE.

mêmes expressions pour obtenir les mêmes choses ;
la langue des chiens n'admet pas les synonymes, elle
veut des termes techniques, et le dictionnaire n'est
pas long. Vous devez seul vous occuper de son éducation, une autre voix que la vôtre brouillerait ses idées,
les inflexions ne seraient plus les mêmes, et l'animal ne comprendrait rien.

Lorsque le chien est accoutumé depuis quelque
temps à cette obéissance passive, base d'une bonne
éducation, qu'il vient à vous à l'instant que vous l'appelez, interrompant ses gambades et ses ébats au
moindre mot de votre bouche, il faut l'instruire à se
coucher par terre à votre commandement. Les jambes
de devant doivent être allongées, et celles de derrière
ployées sous lui : votre chien devra toujours prendre
cette position, du moment que d'une voix forte vous
lui crierez : *A terre*. Bientôt il en aura l'habitude, et
le moindre signe de la main suffira pour le faire obéir.
Ainsi placé, vous le tiendrez immobile en tournant
autour de lui ; quand vous l'appellerez, il se lèvera,
mais pas plus tôt. Un chien bien dressé doit tomber
au commandement de *A terre*, comme si ses quatre
jambes venaient d'être brisées. Ensuite il faut qu'il
apprenne à rapporter. Ceci peut se faire en jouant,
mais on ne réussit pas toujours.

On commence à jeter devant le chien une pelote
de linge, et du moment qu'il la saisit, on lui crie :
Apporte. Caressez-le pour le faire venir ; quand il est
arrivé, prenez la pelote en lui disant : *Donne*. S'il
lâche la pelote avant le mot *donne*, on la lui remet

dans la gueule : elle ne doit tomber qu'au commandement. Chaque jour on répète la leçon, jusqu'à ce qu'il exécute ce qu'on lui demande.

Quand il est bien affermi dans l'exercice de la pelote, on passe à celui du chevalet. C'est un morceau de bois de 50 centimètres de long : à chaque extrémité se trouvent deux chevilles qui le traversent; de quelque manière qu'il tombe lorsqu'on le jette, il a toujours quatre pieds pour le soutenir à 5 centimètres de terre (1). Ce chevalet doit être rembourré par de la filasse et couvert d'une peau de lièvre ou de lapin. Si le bois était nu, le chien le serrerait trop, et cela lui rendrait la dent dure.

Il doit prendre le chevalet par le milieu; s'il saisit les extrémités, il ne faut pas le souffrir, vous devez le faire recommencer. Quand il apporte, et que vous lui dites : *Donne*, le chien doit ouvrir la gueule et laisser tomber la pièce, sans chercher à la retenir. Les jeunes chiens aiment à jouer ; si vous tirez d'un côté, certainement ils tireront de l'autre, et cela les amusera beaucoup, mais vous donneriez à votre élève de mauvaises habitudes. S'il ne lâche pas la pelote ou le chevalet au mot *donne*, vous ouvrez sa gueule en répétant plusieurs fois : *Donne. Donne, apporte, derrière*, sont des mots sacramentels ; il faut qu'il les connaisse, qu'il en sache la signification, et ce n'est que par mille répétitions que vous les infiltrerez dans sa tête.

On voit des chiens qui ne veulent pas rapporter, d'autres qui rapportent quand ils veulent; dans ce

---

(1) Voyez au frontispice, le chevalet se trouve au-dessus des fusils.

cas il faut employer le collier de force. C'est un collier garni de pointes en fer à l'intérieur (1); lorsqu'on veut faire revenir l'animal, on donne une saccade au moyen du cordeau qu'on lie au collier; les pointes piquent le chien, qui se trouve forcé d'obéir. Du reste, la leçon est la même avec le collier qu'en jouant; les saccades doivent être légères, surtout au commencement; mais lorsque le chien est entêté, donnez-les fortes et vigoureuses.

Si le chien a la dent dure, si vous voyez qu'il mâche la pelote ou le chevalet, vous pouvez facilement l'en déshabituer; vous le devez même, car c'est un grand défaut. Plus tard, votre chien vous rapporterait une perdrix, une caille broyée entre ses dents, et d'autres fois il la mangerait. On pique la pelote ou le chevalet avec des aiguilles à tricoter, de manière qu'elles soient cachées. Si le chien serre les dents, les aiguilles sortent, il les sent : bientôt il ne serre plus.

Lorsque le chien rapporte bien la pelote et le chevalet, on le fait rapporter du gibier mort, une perdrix, une caille, un lapin. Ce n'est que lorsque le chien est grand et fort, qu'on lui fait rapporter le lièvre. S'il avait encore la dent dure, on recommencerait la leçon des aiguilles piquées dans le gibier.

Votre chien rapporte, il obéit quand vous l'appelez, il connaît les mots *derrière*, *apporte*, *donne*, il faut qu'il apprenne à quêter. Son vocabulaire va s'augmenter de deux mots : *Cherche* et *tourne*.

(1) Au frontispice, on peut voir deux colliers de force placés sous les fusils.

En chassant, le chien doit faire cent fois plus de chemin que son maître. Il doit toujours marcher en zigzag, aller à droite, à gauche, ne point passer une touffe d'herbes sans la visiter. Pour le dresser à cette manœuvre, voici comment on s'y prend.

Le chien marche devant vous à quinze ou vingt pas (il ne faut jamais souffrir qu'il soit plus loin); vous l'appelez en changeant vous-même subitement de direction, et en disant : *Tourne*. Le chien vient à vous, vous lui faites signe d'avancer, en disant : *Cherche*. Cette fois, vous allez dans le sens contraire, vous recommencez, et toujours les mots *tourne, cherche*, accompagnent chacun de vos mouvements. Dans ce cas, le collier de force vous serait encore utile, si le chien n'y mettait pas de bonne volonté; mais ordinairement les chiens se prêtent à cette manœuvre, par l'inquiétude qu'ils ont de perdre leur maître de vue, quand ils le voient changer de direction.

L'instinct naturel d'un chien de bonne race le porte à quêter; du moment qu'il aura le sentiment du gibier, qu'il saura, par expérience, dans quels lieux on le trouve, il ira bien le chercher tout seul sans qu'on le lui dise. Car à la chasse, le chien éprouve au moins autant de plaisir que l'homme.

Votre chien rapporte, il quête, il tourne, il obéit; il s'agit de l'instruire à s'arrêter. La plupart des chiens couchants arrêtent naturellement; j'en ai vu qui dès l'âge de six mois, suivant leur mère à la chasse et la voyant en arrêt, allaient tout doucement se placer derrière elle, allongeant le museau, relevant la patte, raidissant la queue, et restaient là jusqu'au coup de fusil.

On jette au chien le chevalet ou la pelote, en disant : *Cherche ;* au moment qu'il s'en approche, on tire le collier de force en criant : *Tout beau !* Quand il a resté quelques moments, on lui crie : *Apporte,* et l'on recommence.

Vous pouvez aussi jeter au chien des morceaux de pain couverts de beurre ou de graisse, et ne lui permettre de les prendre que lorsqu'il s'est arrêté devant eux au commandement de *tout beau !* Quand il est en arrêt, vous le tournez avec votre fusil chargé seulement à poudre ; il ne doit saisir le pain que lorsque vous avez tiré.

On répète cette leçon jusqu'à ce qu'il l'ait bien comprise, et qu'il s'arrête au commandement, sans faire usage du collier.

Quelques chasseurs, dans ce cas, crient : *Pille,* à leur chien. Je condamne cet usage. Dans la plaine comme au bois, un bon chien ne doit jamais piller. Le gibier doit partir de lui-même et lorsque le chasseur s'approche doucement. Si le chien s'élance sur la perdrix ou sur la caille, elles partiront effrayées en tourbillonnant, et seront plus difficiles à tirer : en partant devant le chasseur, elles fileront droit. Si ce sont des perdrix rouges que le chien pille, toutes partiront à la fois ; dans le cas contraire, elles se lèvent ordinairement les unes après les autres.

Pour un lièvre, pour un lapin, l'inconvénient de

piller est encore plus grave, car le chien une fois lancé suivra l'animal; il en sera très-près, vous n'oserez pas tirer, et si vous tirez, vous risquez fort de tuer votre chien. Au marais, c'est différent; un chien doit piller, mais il ne faut le lui permettre que lorsqu'il est bien affermi dans les bons principes, et lorsqu'on ne pourra plus craindre que cette habitude lui fasse forcer l'arrêt au bois ou dans la plaine.

Les jeunes chiens sont ordinairement pleins d'ardeur, il s'agit de les calmer. Quand vous voyez votre élève s'emporter, et dépasser la distance de vingt pas, vous l'arrêtez par le collier de force, en criant d'une fois forte et sévère : *Là, là, là.* Du moment que vous l'avez rejoint, vous lui faites signe d'avancer, en disant : *Doucement, doucement.* Ensuite vous le faites quêter sans collier, vous le modérez avec la voix; si son ardeur est trop grande, à chaque fois qu'il s'emporte, en criant : *A terre*, il devra s'arrêter. S'il n'obéissait pas, on le corrigerait en le remettant au collier de force, si cela devenait nécessaire.

Toutes ces leçons, répétées avec beaucoup de patience, entrent dans la tête d'un chien de bonne race. Il faut savoir distribuer les récompenses et les châtiments, les donner à propos, prodiguer les caresses, avoir toujours en poche quelques friandises que le chien préfère, du sucre, du pain beurré, jamais de la viande, et les donner lorsqu'on est très-satisfait.

Quand votre chien saura tout ce que nous avons

dit dans ce chapitre, il sera dressé, théoriquement parlant. Beaucoup de chasseurs exigent davantage. Ils font mettre le chien *sur cul,* à leur commandement. Ils veulent que pour rapporter il tourne le dos, qu'il se lève sur ses pattes de derrière pour leur donner la pièce, sans qu'ils prennent la peine de se baisser. D'autres lui font chercher leur mouchoir oublié tout exprès, lui mettent du pain sur le nez avec défense d'y toucher, etc., etc. Je ne suis point partisan de ces inutilités : il faut qu'un chien d'arrêt sache tout ce qu'il est nécessaire de savoir; on doit apprendre le reste aux chiens de saltimbanques, aux *Munito,* que l'on montre pour de l'argent dans les carrefours ou dans les salons.

L'éducation du *pointer* est presque nulle, il se forme lui-même. Dans sa jeunesse il est tellement ardent, qu'il force, pousse le gibier, bouleverse toute la plaine; mais bientôt il comprend son affaire, l'instinct de la chasse le fait raisonner, il continue à galoper, mais il s'arrête quand il faut.

Un chasseur racontait les prouesses de son chien, ses auditeurs avaient peine à le croire, quand notre homme, fâché du peu de confiance qu'on avait en ses discours, fit venir son chien.

Il prit alors dans la cheminée un charbon embrasé, le jeta dans la chambre, en ordonnant au chien de le lui rapporter. L'animal tourna longtemps autour du charbon, et se retirait bien vite chaque fois qu'il voulait le prendre. Il revint auprès de son maître la queue basse, honteux de n'avoir pu réussir. Le chas-

seur le renvoya plusieurs fois en répétant toujours :
Apporte. Le pauvre chien ne savait comment faire,
quand tout à coup il leva la cuisse, pissa sur le charbon, l'éteignit et l'apporta triomphant à son maître.

Se non e vero. . . .

CHAPITRE XXVII.

LES CHIENS D'ARRÊT. — ÉDUCATION PRATIQUE.

—

> Le bon chasseur fait le bon chien.
> *Sagesse des nations.*

Procurez-vous une perdrix en vie, et coupez-lui les plumes d'une aile. Posez-la, traînez-la de temps en temps, de distance en distance, à divers endroits sur l'herbe d'une prairie. Ensuite attachez votre perdrix, avec une ficelle, au premier arbrisseau que vous rencontrerez. Elle va d'abord chercher à se sauver, mais reconnaissant l'impossibilité, bientôt elle se blottira ; laissez-la tranquille et retirez-vous. Votre chien n'a point vu ces préparatifs, allez le chercher ; armé de votre fusil prenez le vent, et marchez vers les lieux touchés par la perdrix.

Vous répétez alors la leçon de la quête. Le chien, à mesure qu'il prend le sentiment du gibier, devient impatient, il s'emporte; vous l'arrêtez par de légères saccades, vous le faites revenir sur vous en tempérant son ardeur par ces mots : *Là, là, doucement.* Comme vous n'avez qu'une perdrix, et qu'elle doit mourir dans la leçon, il faut ménager sa vie, en faisant durer la séance tant qu'il sera possible. Dites au chien de chercher, faites-le tourner à droite, à gauche, et puis enfin quand il arrivera sur le gibier, criez d'une voix forte : *Tout beau!* S'il ne s'arrête pas, une bonne saccade du collier de force devra l'y contraindre à l'instant.

Alors approchez-vous du chien, répétez à voix basse : *Tout beau! tout beau!* Décrivez un cercle autour de lui; votre voix, vos yeux le fixent dans la position qu'il a prise. Quand vous aurez fait plusieurs tours, vous prendrez la perdrix, vous la lui mettrez sous le nez pour qu'il la flaire, sans lui permettre de la saisir. Ensuite, lâchant la perdrix derrière vous, emmenez votre chien un peu loin, et revenez sur le terrain en recommençant cette leçon ; faites cela plusieurs fois, passez par toutes les catégories indiquées au chapitre précédent, et du moment que votre chien aura marqué l'arrêt sans le secours du collier de force, tuez la perdrix, et faites rapporter en suivant les principes.

Pendant que le chien se précipite sur la pièce, et qu'il jouit de la tenir toute chaude dans sa gueule, vous coupez la ficelle. Assurez-vous que le chien ne

20.

mâche pas la perdrix, qu'il vous la donne au commandement; jetez-la deux ou trois fois pour la lui
faire rapporter de nouveau, caressez-le s'il s'est bien
conduit, et recommencez toutes les fois que vous
pourrez vous procurer une perdrix vivante.

Cette leçon peut se donner encore avec un lapin
de basse-cour. On n'a pas besoin de l'attacher : ces
animaux, accoutumés à vivre dans une étroite cabane, ne songent nullement à se sauver en plein
champ : ils restent immobiles. Si le chien court après
le lapin ou le lièvre qui part, il doit être sévèrement
puni; car en tirant sur le gibier, vous pourriez tuer
le chien. Cette crainte vous ferait manquer bien des
coups, le chien ne doit partir qu'après la détonnation
du fusil. Nous sommes arrivés au point où vous pouvez mener hardiment votre chien dans la plaine. S'il
s'emporte, vous lui mettrez le collier de force dont
le cordeau traînera par terre; vous serez toujours
maître d'arrêter votre chien en posant un pied sur
le cordeau. L'animal reçoit une forte secousse, les
pointes de fer le piquent, il se corrige bientôt. Mais
à chaque fois que vous l'arrêterez, il faudra lui dire
pourquoi. S'il va trop vite en quêtant, vous crierez :
Là, là, et puis : *Doucement.* Si c'est une pièce de gibier qui se trouve devant lui, s'il cherche à la poursuivre, vous lui direz : *Tout beau!* Ces mêmes expressions, répétées toujours en circonstances semblables,
finissent par être parfaitement comprises, et chaque
fois que vous les prononcerez, votre chien saura tout
ce qu'on lui demande.

Lorsqu'on chasse avec un jeune chien, il faut tirer
sous son nez la pièce arrêtée, toutes les fois que l'occasion s'en présente. La pièce est souvent brisée et
perdue; mais qu'importe, vous rattraperez cela plus
tard. D'ailleurs, en prenant certaines précautions,
vous pouvez encore la conserver bonne pour la cuisine. Si c'est un lièvre, on vise le bout du nez; et
comme il est appuyé sur les pattes de devant, on les
lui brise en même temps que le museau. Le lièvre
est encore vivant, et il ne peut se sauver. Si c'est une
perdrix, une caille, on vise en dessous, et souvent on
la tue sans l'endommager.

Quelques-unes de ces leçons pratiques consolide-
ront le chien dans ses arrêts; bientôt il fera cette réflexion : « Si je bouge, le gibier part; si je m'arrête,
« on le tue; je le prends dans ma gueule, je plonge
« mon nez dans son sang, je jouis... Ne bougeons
« pas. »

Des perdreaux s'envolent, vous en tuez deux, trois,
quatre; votre chien vous en rapporte un, ne lui dites
pas où sont les autres, ils vont servir tour à tour
pour une excellente leçon. Vous chargez votre fusil
à poudre seulement, vous conduisez votre chien à
bon vent sur un perdreau mort; il est encore chaud,
votre chien le sentira très-bien, et marquera l'arrêt
comme sur un perdreau vivant. Décrivez plusieurs
cercles en répétant : *Tout beau!* d'une voix basse et
caressante; faites durer la leçon longtemps, vous ne
craignez pas que le perdreau s'envole : tirez en l'air
et faites rapporter. Recommencez pour les autres, et

ne manquez pas de répéter cette manœuvre toutes
les fois que l'occasion s'en présentera.

Un défaut général chez les jeunes chiens, c'est de
quêter le nez à terre; ils suivent le gibier à la piste,
et le prennent à contre-vent. Il ne faut pas le souffrir,
car de cette manière ils sentent bien moins, quelquefois ils ne sentent pas du tout. Du moment qu'on
voit le chien nasiller, on doit s'approcher de lui,
relever sa tête en criant d'une voix forte : *Haut le nez!*
Vous le verrez inquiet, incertain de ce qu'il doit
faire, dites-lui de chercher; dès l'instant qu'il aura
reçu par le vent quelques particules odorantes, il
suivra le filon, et chassera le nez haut. Cette expression de : *Haut le nez!* toujours accompagnée d'un coup
sous la mâchoire inférieure, est vite comprise; du
moment que le chien a trouvé le gibier en prenant
le vent, il s'en souvient et ne nasille plus. Les perdrix
tiennent bien mieux devant un chien qui les suit au
vent que devant celui qui les suit à la piste. Si dans
ce dernier cas il forme son arrêt, ce n'est que par
hasard, de fort près, par surprise, lorsqu'il a le nez
sur le gibier.

Il ne faut jamais laisser courir le chien après les
perdrix : à la première fois qu'il se permettra cet
écart, la correction sera sévère. Vous marcherez sur
le cordeau, vous donnerez une forte saccade en criant :
Tout beau! ou *derrière!* A la seconde fois, le fouet
devra faire son office, et à chaque coup que vous
appliquerez, ayez soin de dire : *Derrière, derrière!* Il
est des chiens à qui ces deux genres de correction

ne suffisent pas : leur ardeur les emporte après le gibier, ils sont sourds à la voix de leur maître ; on a besoin d'une leçon plus efficace : c'est un coup de fusil chargé de plomb n° 7, tiré de quarante pas dans les fesses. A cette distance il n'est nullement dangereux : il pique, fait sortir quelques gouttes de sang, et l'animal ne s'emporte plus. Tous mes chiens ont passé par ce remède, ils s'en sont très-bien trouvés ainsi que moi.

On finit par déshabituer les chiens de courir les perdreaux ; leur propre jugement et l'expérience ont bientôt prouvé que l'avantage est du côté des ailes, et qu'ils ne sont pas de force. Mais quant au lièvre, galopant tous deux à terre, ils espèrent toujours le saisir , parce qu'ils se souviennent d'en avoir pris plusieurs ; ils ne savent pas que ceux qu'ils ont attrapés à la course étaient blessés. « J'en ai pris un « hier, dit le chien, j'en veux prendre un aujour-« d'hui. » Si c'est possible, il faut l'empêcher de poursuivre ; mais ne vous fâchez pas trop, si vous ne réussissez point.

La première fois que vous vous trouverez en plaine avec votre jeune chien, vous devez l'empêcher de courir au coup de fusil d'un autre chasseur. Une saccade, le fouet et le mot sacramentel *derrière*, seront facilement compris ; les coups de fouet se comprennent toujours. Si le chien se permettait souvent cet écart, on pourrait répéter la leçon plusieurs jours de suite, en priant un ami de tirer des coups de fusil dans le voisinage.

Si votre chien, étant à l'arrêt, s'avise de piller le lièvre ou le lapin, la caille ou la perdrix, et que par hasard il saisisse la pièce, vous devez courir sur lui, le gronder, l'obliger à lâcher sa proie, et la tuer avec le fusil. Si vous souffriez cette énormité, le chien croirait pouvoir se passer de vous, il pillerait toujours, manquerait, et vous ne tireriez pas. Il faut que le chien soit bien persuadé que sans le chasseur il ne peut rien faire, ce qui du reste est l'exacte vérité.

Lorsque votre chien aura commis une faute grave, et que vous jugerez quelques coups de fouet nécessaires, il faut le saisir à l'improviste et les appliquer. Mais si, sentant sa faute, il hésite à venir près de vous, s'il décrit un cercle pour se trouver hors de portée, il ne faut pas l'appeler amicalement pour le punir ensuite; ce serait une trahison et il s'en souviendrait. Vous devez l'approcher en grondant, et le saisir si vous pouvez. Dans tous les cas, puisqu'il vous fuit, c'est qu'il se reconnaît coupable.

Mais lorsqu'il se conduit bien vous devez l'accabler de caresses, de mots flatteurs; il faut lui faire rapporter plusieurs fois la pièce, il faut qu'il la sente, qu'il la lèche; c'est un grand plaisir pour lui, ne l'en privez jamais. Lorsqu'un chasseur met trop tôt sa proie dans la carnassière le chien la suit des yeux, il semble dire à son maître : « Laissez-moi la lécher encore. » Mon grand-père recevait une rente d'un paysan, c'était e beaux louis d'or ne ufs. Le campagnard les comptait lentement pour ne s'en séparer que le plus tard possible. A la fin cependant il fallut bien les laisser sur la table et mon grand-père s'en saisit. Alors le paysan lui dit : « Je vous en prie, monsieur, permettez que je les manie encore un peu. *Leïssa mè leï enca un poou manégea.* »

A présent votre chien sait tout ce qu'il doit savoir, il ne manque plus qu'une chose à son éducation, c'est de le faire aller à l'eau. Gardez-vous bien de l'y faire entrer par force, de l'y précipiter à l'improviste, ni de choisir un temps froid ; vous le rebuteriez pour toujours. Cette leçon doit se donner en été, quand l'eau se trouve tiédie par le soleil. On commence par le conduire au bord d'un ruisseau peu profond, et en pente douce, de manière qu'il n'entre dans l'eau que peu à peu. Vous lui jetez un bâton, une pelote, et vous le faites rapporter. S'il s'y refuse, vous attendez qu'il ait faim, et vous lui jetez des morceaux de pain, d'abord très-près , ensuite plus loin, et vous le caressez quand il obéit bien. Plus tard, lorsque vous verrez qu'il nage sans crainte, vous lui jetterez une perdrix morte à de plus grandes distances, en ayant eu soin de la lui faire flairer auparavant ; il se précipitera dans la rivière sans hésiter. Pour terminer cette leçon, mettez un canard vivant dans une pièce d'eau, dites à votre chien de vous l'apporter ; le canard plongera, le chien nagera mais ne pourra l'attraper : quand cette manœuvre vous aura suffisamment amusé, tuez le canard d'un coup de fusil, et votre chien , avec sa proie dans la gueule, sera plus fier et plus heureux qu'un triomphateur aux jeux olympiques. Le bon chasseur fait le bon chien. Tuez beaucoup de gibier, votre chien deviendra parfait. Si celui que je vous ai fait acheter au commencement de cet ouvrage vous a rendu bon chasseur, vous devez à présent rendre à votre élève ce que vous avez appris, et de disciple devenir professeur. Le chien d'arrêt juge son maître comme le soldat juge son général ; si le chasseur tire mal, le chien se néglige.

Certainement c'est par égoïsme que l'homme soumet un chien à toutes ces leçons, qu'il le serre avec le collier de force, qu'il le châtie avec le fouet ; mais aussi l'homme prépare à cet animal des jouissances qu'il n'aurait pu goûter sans cela. C'est un écolier que l'on oblige à faire de bonnes études, pour qu'il devienne un jour homme instruit ; plus tard l'écolier remercie son maître. Si le chien pouvait parler, il vous remercierait aussi ; sans lui vous ne feriez pas grand'chose, sans vous il ne ferait rien.

Le chien d'arrêt aime la chasse par-dessus tout, il l'aime autant que le chasseur le plus déterminé. S'il est malade, la vue du fusil le ranime ; s'il est boiteux, il se traînera pour vous accompagner. S'il dort, il rêve perdrix, lapin, lièvre. J'ai connu certain chien qui se réveillait lorsqu'on prononçait les mots fusil, caille, perdreau, etc.; cet effet se faisait sentir sans que ces mots fussent accentués, ni dits exprès ; pourvu qu'on les prononçât dans la conversation, le chien levait la tête, ou poussait un grognement.

Mon fameux Médor, Médor Ier du nom, ne pouvait

ni manger ni boire, lorsqu'il me voyait revêtu de la
blouse ou bien quand j'avais mis mes guêtres; aussitôt qu'il apercevait le moindre symptôme annonçant
un projet de chasse, il devenait fou ; c'était à ne plus
s'entendre parler. Pour éviter cela, je ne m'habillais
qu'au moment précis où je voulais partir, et ses
cris se perdaient sur la grande route. Si je passais
devant la porte de l'écurie qui lui servait de chenil,
il me reconnaissait, rien n'est plus simple ; mais
si j'avais mon fusil, sans le voir il le sentait ; alors
ses cris redoublaient à tel point que, pour ne pas
le rendre malade, il fallait absolument ouvrir sa
porte.

Le chien est le meilleur ami de l'homme; on dirait qu'il fut créé pour lui servir de compagnon.
Frédéric-le-Grand était un jour au milieu de ses cour-
tisans, qui protestaient tous du plus entier dévouement à sa personne. Le roi les écoutait, lorsque tout
à coup la porte s'ouvre, son chien entre en gamba-
dant et vient lécher la main de son maître. « Vous
« avez beau dire, messieurs, leur dit le roi, mon meil-
« leur ami, le voilà. »

Il faudrait dix volumes pour raconter les histoires
des chiens célèbres ; je me borne à celle-ci, qui ter-
minera ce chapitre.

Pendant l'émigration, un marquis de ma connaissance fut accueilli chez un baron allemand. Le premier jour son étonnement fut extrême, en voyant à
la table du baron un énorme chien assis dans un fauteuil. Deux domestiques étaient aux ordres du mâtin,

qui mangeait de tout et beaucoup. Lorsqu'on faisait mine de servir quelqu'un avant lui, de sourds mugissements roulaient dans sa vaste poitrine, et on l'apaisait en remplissant son assiette.

« Vous êtes surpris, monsieur, dit le baron, de voir un chien à ma table, et traité comme vous et moi. Quand vous saurez quelle reconnaissance m'attache à ce bon et excellent Casca, vous ne me blâmerez pas, je l'espère. Le feu prit à mon château pendant la nuit, je dormais, mes domestiques se sauvèrent sans penser à moi. Certainement j'allais être brûlé, lorsque mon chien me saisit par les pieds, me mordit, me réveilla, me traça le chemin à travers l'incendie, et je fus sauvé. Je dois la vie à Casca, je ne crois pas trop faire en lui donnant pour le reste de ses jours toutes les jouissances qu'il est en mon pouvoir de lui procurer. »

Quelques années après, notre marquis, se trouvant à Francfort, est abordé par un inconnu.

— Bonjour, monsieur le marquis, comment vous portez-vous ?

— Monsieur....., je ne vous connais pas.

— Moi, je vous connais bien.

— Effectivement je vous ai vu je ne sais où, mais je ne puis me rappeler.....

— Vous m'avez vu chez M. le baron de ***, et bien souvent j'eus l'honneur de changer votre assiette.

— Ah ! oui, je me rappelle ; c'est ce bon vieux Johan. Je suis bien aise de vous revoir ; et par quel

hasard êtes-vous ici, vous avez donc quitté le service
de M. le baron ?

— Hélas ! monsieur, mon pauvre maître.....

— Quoi, ce brave baron est mort ?

— Non, monsieur, c'est Casca.

CHAPITRE XXVIII.

LES CHIENS D'ARRÊT. — MALADIES.

—

Non, docteur, je ne prétends pas
Que notre art obtienne le pas
Sur Hippocrate et sa brigade.
Votre savoir, mon camarade,
Est d'un succès plus général ;
Car, s'il n'emporte pas le mal,
Il emporte au moins le malade.

BEAUMARCHAIS.

Si la médecine appliquée à l'homme est une science conjecturale sujette à de graves erreurs, elle le sera bien davantage appliquée aux animaux, qui ne peuvent pas nous dire où se trouve le siége du mal, ni quelle espèce de douleurs ils éprouvent. Bien des maladies inconnues à l'homme sauvage attaquent l'homme civilisé. Les animaux domestiques s'éloignant de l'état de nature, par leur contact perpétuel avec nous, les habitudes que nous leur donnons, la nourriture qu'ils trouvent dans nos cuisines, ne peuvent éviter les inconvénients de la civilisation.

Beaucoup d'hommes sages, quand ils sont malades, restent en repos, boivent de la tisane, se mettent à la diète, et laissent leur médecin dormir en paix. Je conseille aux chasseurs de faire pour leurs chiens ce que les hommes sages font pour eux-mêmes. En effet, si votre médecin ne vous guérit pas lorsque vous expliquez de point en point tout ce que vous ressentez, comment voulez-vous qu'un artiste vétérinaire réussisse pour votre chien ? Obligé de deviner le mal d'abord, ensuite le remède, il doit se tromper deux fois plus que le médecin.

Plusieurs de mes chiens ont été malades : l'un fut pensionnaire à l'hôpital des chiens, l'autre à l'école d'Alfort, j'en fis soigner un autre chez moi par un artiste vétérinaire qui connaît fort bien son état; je n'ai jamais obtenu de guérison; j'ai dépensé de l'argent pour faire tourmenter ces pauvres bêtes, et voilà tout.

La nature est un grand médecin; elle indique au chien de manger de l'herbe à certaines époques; elle désigne l'espèce qu'il faut manger, et le chien ne se trompe pas. Gastaldi, médecin d'une haute réputation méritée, disait à ses amis affligés de le voir mourir sans successeur : « J'en laisse deux bien plus savants que moi : la diète et l'eau. »

Cependant, il est des cas où l'expérience a démontré qu'il était bien de seconder la nature. On connaît des remèdes, qui, s'ils ne font pas toujours du bien, ne font jamais de mal. Ceux-là, je les approuve pour l'homme et pour les animaux : par exemple, dans la maladie appelée *Maladie des Chiens*, les purgations se trouvent indiquées naturellement, puisque l'animal rend des matières par les yeux et les naseaux. Un séton au cou ne peut mal faire, puisqu'il établit une diversion, et procure un écoulement à l'humeur.

Le *pointer* ne ressemble en rien au chien français, on peut dire que c'est une race à part. Plusieurs amateurs qui depuis longtemps ont une assez grande quantité de *pointers* m'ont affirmé que ces chiens n'étaient point sujets à la maladie.

Cette maladie est la petite-vérole des chiens, elle les attaque presque tous ; elle en tue à peu près la moitié. Ceci durera probablement jusqu'à ce qu'on ait découvert une vaccine pour les animaux (1).

Quelques chasseurs prétendent qu'en purgeant un jeune chien toutes les semaines jusqu'à l'âge d'un an, on l'empêche d'avoir la maladie. Par expérience je puis assurer que ce n'est pas rigoureusement vrai. Mais je pense que, dans ce cas, la maladie est plus bénigne, et c'est toujours quelque chose : 60 grammes de jalap dans du lait ; une dose progressive de manne, en commençant par 15 grammes, et finissant par 75 grammes ; du sirop de nerprun ; des bou-

(1) Un amateur distingué, M. Jules Dinaux, m'a positivement assuré que MM. W****, qui possèdent une terre dans les environs de Bruxelles, font vacciner leurs chiens, et que, par ce moyen, ils les préservent de la maladie.

lettes de beurre contenant de la fleur de soufre, sont d'excellents purgatifs.

Comme la maladie des chiens est contagieuse, du moment que l'un d'eux s'en trouve atteint, il faut le séparer des autres.

Le chenil ou la cabane doit être purifié au chlorure de chaux. Le malade doit être tenu proprement, ses yeux et ses naseaux seront lavés le plus souvent possible avec de l'eau tiède; on lui donnera de l'air, du soleil, une nourriture légère et rafraîchissante, une boisson mêlée de lait, de fleur de soufre; la nature fera le reste.

Un de mes amis était en 1833 chez M. le comte de M*** dans les Ardennes, il fit connaissance avec un chasseur allemand au service de M. le comte. Ce chasseur est un homme *tout recettes*, qui lui donna ce moyen pour empêcher les chiens d'avoir la maladie. A l'âge de quatre à cinq mois on commence l'opération suivante : on presse avec deux doigts la colonne vertébrale du chien à 18 ou 20 centimètres de l'anus, et on suit en pressant fortement jusqu'à la naissance de la queue; on fait sortir une matière fétide par l'anus. On recommence de temps en temps, jusqu'à ce que le chien ait quatorze ou quinze mois. Le piqueur allemand prétend que cette matière fétide, montant de l'échine à la tête, cause toujours la maladie et souvent la mort de l'animal.

L'ami dont je parle affirme avoir fait trois fois l'opération, qui toujours a réussi. Quant à moi, je compte l'essayer à la prochaine occasion : en attendant, je ne garantis rien.

Lorsque le chien se roule en criant, qu'il se mord le ventre, ou se le frotte par terre, il a des coliques. Dans ce cas un ou deux lavements d'eau de mauve ou de graine de lin le soulagent bientôt.

On peut aussi plonger le chien dans un baquet d'eau tiède en l'y maintenant quinze ou vingt minutes. Il est essentiel après ce bain de bien sécher l'animal en le bouchonnant près d'un bon feu. Si la colique ne cède pas, on recommence.

Le gonflement des glandes parotides, glandes qui sécrètent la salive, cause aux chiens la maladie appelée oreillon; ce gonflement devient quelquefois si fort qu'il bouche le canal de la respiration et le chien meurt. Il faut rouler ces glandes entre les doigts trois fois par jour, en les pressant légèrement, faire avaler au chien une demi-cuillerée de vinaigre chaque fois; tout cela provoque la salivation et dégorge les glandes.

A l'école vétérinaire d'Alfort, on guérit les chiens de la gale en leur faisant prendre des bains deux fois par jour, une demi-heure chaque fois. Le sulfure de potasse est en rapport avec l'eau comme un est à trente-deux.

Le roux-vieux est un mal incurable, il attaque plus particulièrement l'épagneul; après avoir employé tous les remèdes, je n'ai jamais obtenu de guérison.

A la suite d'une longue journée de chasse, et lorsque le chien ayant bien chaud, s'est jeté dans l'eau froide, il est quelquefois atteint d'une courbature, il se tient couché, se plaint lorsqu'on le touche, étend difficilement ses jambes et ne peut faire aucun service; on lui fait prendre des bains d'une demi-heure, matin et soir, dans une décoction de fleur de sureau, de sauge, de camomille, de marjolaine; le repos opère aussi la guérison.

Lorsqu'un chien a chassé longtemps dans les chaumes, il a les pattes rouges en dessous, il faut le soir les lui graisser avec du suif. S'il boîte, on visite ses pattes; souvent une épine en est la cause.

Quand il chasse dans des pierres pendant plusieurs jours, un chien se dessole, la peau de dessous ses pattes s'enlève; alors il faut du repos; on lui trempe les pieds dans une mixtion de blancs d'œufs, de suie, de vinaigre et de sel.

Quelquefois les chiens ont des chancres qui leur rongent les oreilles : trempez la partie malade dans l'huile de navette deux ou trois fois par jour, ce remède est excellent.

L'absinthe et l'ail bouillis dans l'eau, l'huile de ricin, tous les amers, guérissent les vers chez les chiens. On leur ôte les poux en les lavant avec du vinaigre où l'on aura fait infuser des feuilles de noyer pendant vingt-quatre heures. Quant aux puces, on les fait mourir en frottant l'animal avec de la graisse de cheval fondue. Il suffit d'une petite quantité.

« Les femmes de chambre donnent des puces aux « chiens. » Voilà ce que disait madame la princesse

21.

de Vaudemont, et pour éviter cet inconvénient elle se faisait servir par des hommes.

Quelquefois les jeunes chiens meurent et la mère se trouve incommodée par le lait. Voici comment on peut la débarrasser : détrempez de la terre glaise dans du vinaigre et frottez ses mamelles deux ou trois fois par jour avec ce mélange ; si le lait se grumelle, servez-vous de saindoux, et opérez près du feu.

Pour la constipation, faites avaler au chien une cuillerée d'huile d'olive sucrée ; si la maladie conti-nue, administrez un lavement d'eau de savon. Pour la dysenterie, on donne à l'animal une nourriture succulente, de la soupe au bon bouillon bien gras. Comme cette maladie est contagieuse, il faut mettre le chien à part, et veiller à ce qu'il ne boive point de lait.

En étant à la chasse, si le chien est mordu par une vipère, il faut sur-le-champ cautériser la plaie, en la couvrant de poudre que vous enflammerez. Si l'effet du venin a déjà commencé, si la partie mordue est enflée, il faut raser le poil, ouvrir la plaie en quatre, laver le tout, et verser ensuite de l'alcali vo-latil. Un chasseur qui fréquente des lieux habités par des serpents, doit toujours avoir de l'alcali dans sa carnassière.

Dans beaucoup de villes, l'autorité municipale fait de temps en temps jeter des boulettes empoison-nées dans les rues, pour détruire les chiens errants. A ces époques, les chasseurs ne doivent jamais lais-ser sortir leurs chiens sans les museler. Cependant, si, par malheur ou négligence, votre fidèle compagnon se trouve empoisonné, je vais vous indiquer un remède infaillible pour débarrasser son estomac. Il faut lui faire avaler tout de suite 2 grammes de *staphisaigre* en poudre, délayé dans du sirop de nerprun, ou dans de l'eau, si vous ne pouvez pas vous procurer ce sirop à l'instant. Une demi-seconde après, l'animal a vomi tout ce que renfermait l'estomac. On réitère ensuite, et le sirop de nerprun passant dans le canal intestinal, le débarrasse de ce qu'il pouvait déjà contenir. La poudre de staphisaigre (herbe aux poux) est excellente, unique pour les cas d'empoisonnement; car l'émétique n'agit pas tout de suite, il laisse faire des progrès au mal, et puis le chien étant très-irritable, meurt souvent par l'effet du remède.

Je conseille donc aux chasseurs d'avoir toujours dans la carnassière un paquet de cette poudre précieuse; quelquefois, à la chasse, leur chien mangera d'une charogne empoisonnée exprès pour tuer les loups; d'autres fois il trouvera des boulettes jetées par de méchants paysans. Ayez toujours le remède en poche; vous auriez trop de regrets si, ne le possédant pas, il se présentait un jour l'occasion d'en faire usage. On trouve cette poudre chez tous les pharmaciens; pour un ou deux sous vous pouvez faire votre provision.

Si vous n'avez pas de la poudre de staphisaigre à votre disposition, vous chercheriez par tous les moyens possibles à faire vomir votre chien; on y parvient en lui faisant avaler beaucoup d'eau tiède, et en passant une plume à l'entrée du gosier. Aussitôt qu'il aura vomi faites-lui prendre deux ou trois pintes d'eau mêlée avec quelques blancs d'œufs battus. Cet antidote est excellent contre le sublimé corrosif et l'oxyde de cuivre.

Quant aux maladies graves, comme les chancres, les dartres, les abcès, les fractures, etc., on fera bien d'appeler un artiste vétérinaire. Ces maladies doivent être étudiées, suivies ; il faut les traiter suivant les circonstances, l'âge de l'individu ; le même remède ne saurait être appliqué de la même manière. Mais pour les petits maux qu'éprouvent tous les chiens, je conseille avant toute chose le repos et le soleil, la diète et l'eau : ce sont de grands médecins.

Je terminerai ce chapitre par la plus affreuse maladie qui pèse sur la race canine, c'est comme si j'avais nommé la rage. Charles IX, roi de France, qui dans son temps écrivit un bon livre sur la chasse, donne plusieurs manières de guérir la rage ; les voici : « Je ne « veux obmettre aussi à dire que les envoyer à la « mer, à monsieur de St-Hubert, ou à l'église de « monsieur St-Denis en France, ce sont des remèdes « usitez desquels je me suis bien trouvé. Quand on « les envoye à la mer, les faut plonger en icelle sans « qu'ils y pensent par deux ou trois fois, et les lais-« ser boire tout leur saoul : afin que par ce moyen « ils perdent la soif et la crainte d'eau, qui sont les « accidens qu'ils craignent le plus (1). »

(1) *La Chasse royale, composée par le roi Charles IX*, page 77.

Charles IX était sans doute bon catholique et bon chasseur, la fenêtre du Louvre est encore là pour le dire, mais il n'était pas fort en médecine.

Voici ce que raconte à ce sujet Du Fouilloux, qui vivait du temps de Charles IX : « J'ay appris une « recepte d'un gentilhomme en Bretaigne, lequel « faisoit de petits escripteaux où n'y avoit seulement « que deux lignes, lesquels il mettoit en une ome- « lette d'œufz, puis les faisoit avaller aux chiens qui « avoyent esté morduz de chiens enragez, et y avoit « dedans l'escripteau : YRAM QUI RANCAFRAM CAFRA- « TREM CAFRATROSQUE, lesquels mots disoyt estre « singuliers pour empescher les chiens de la rage. « Mais quand à moy je n'y adjoute pas foi (1). »

Cette méthode, à laquelle notre bon Du Fouilloux ne croyait pas, est encore pratiquée par certains *chevaliers de Saint-Hubert*, en l'an de grâce 1845. Ces messieurs n'ont peut-être pas les mêmes mots à fourrer dans leurs omelettes, mais ils en ont d'autres qui sont tout aussi bons.

Le roi Modus indique aussi certain remède que je suis obligé de reléguer dans les notes; les personnes susceptibles de s'effaroucher de quelques expressions trop crues voudront bien tourner le feuillet (2). De-

---

(1) *Vénerie de* DU FOUILLOUX, page 189.

(2) Ses aulcuns sont mors dung chien en raige, cet homme ou beste quelconque, hastivement qu'on pregne un vieil coq, et qu'on le plume entour le cul et qu'on le courbe par les jambes et par les aelles, et qu'on mette le trou du cul sur le pertuis de la morsure, et qu'on ait plume avecques le ventre dalée et venue à main affin que le cul du coq succe et lieve le venin de la morsure, et ainsi soit fait longuement sur chas-

puis le roi Modus, le roi Charles IX et Du Fouilloux, la science a fait d'immenses progrès ; nous possédons aujourd'hui le remède par excellence, il est infaillible contre la rage : c'est... un coup de fusil à bout portant.

Quelquefois la rage vient spontanément ; le plus souvent elle est communiquée. Une chienne en chaleur que l'on empêche de se livrer au mâle doit être surveillée : cette privation peut la faire devenir enragée ; on en a vu plusieurs exemples. Je ne conseillerais pas de tuer un chien dès qu'il est mordu par un autre que l'on dit enragé. Souvent il arrive qu'un chien égaré traverse un village : les enfants lui jettent des pierres ; il court, on crie, on le bat, il mord : si quelqu'un a la rage, ce sont les enfants, et c'est la rage de mal faire. Cependant, si votre chien est mordu, vous devez, dans votre intérêt personnel et pour l'acquit de votre conscience, l'enfermer dans un lieu sûr. Là vous verrez si pendant quinze jours aucun symptôme de rage ne se déclare ; s'il continue à manger, boire et dormir ; s'il conserve sa gaîté, s'il reconnaît votre voix, vous pouvez lui rendre la li-

---

cune des playes de la morsure et les playes sont petites, soit perces à une lancette. *Item* si le chien estoit enragé, le coq enflera et mourra, et celui qui est mors guérira ; et se le coq ne meurt, c'est signe que le chien n'estoit pas enragé. »

Le livre du roy Modus et de la royne Racio, fol. XXXIII.

L'auteur n'est pas connu : le livre porte la date de 1486, mais il fut composé vers le milieu du XIVe siècle. L'auteur dit avoir vu le roi Charles le Bel à la chasse en la forêt de Bertelly ; or Charles IV, dit le Bel, est mort en 1328.

berté; mais du moment que le plus petit accès paraîtra, le coup de fusil devra trancher la question.

Mais ce n'est que dans cette circonstance qu'un chasseur peut tuer son chien. Celui qui tue son vieux serviteur parce qu'il ne peut plus être utile est un infâme. Ce pauvre animal vous a consacré sa jeunesse, vous devez le nourrir; il n'est pas exigeant, un morceau de pain, de l'eau claire, de la paille, voilà tout : ses caresses journalières vous indemniseront au-delà de ce que vous dépenserez.

Les chevaliers de Saint-Hubert ont le don des miracles, ils guérissent de la rage. Partout, en France, il existe des chevaliers de Saint-Hubert. Allez dans le premier village, on vous indiquera la demeure du chevalier : elle est à quelques lieues de là. Si vous avez un peu de patience, on vous détaillera la kyrielle des guérisons miraculeuses opérées par un berger, un rustre qui prend le nom de chevalier de Saint-Hubert.

L'ordre militaire des chevaliers de Saint-Hubert fut institué par Gérard V, duc de Clèves et de Gueldres, en mémoire d'une bataille qu'il gagna le jour de la Saint-Hubert, en 1444, sur la maison d'Egmont. Les chevaliers portaient un collier orné des attributs des chasseurs, avec une médaille représentant saint Hubert. Par la raison que le saint avait le pouvoir de guérir de la rage, on a pensé que les chevaliers avaient hérité de sa recette. Des fripons, pour escroquer les imbéciles, se sont faits chevaliers de Saint-Hubert; et comme le nombre des sots est immense, ils ont trouvé des dupes, ils en trouvent encore tous les jours.

En supposant que les chevaliers de Saint-Hubert eussent le don de guérir, encore faudrait-il être chevalier avec diplôme. Or, en 1685, le duché de Clèves passa par héritage au duc de Neubourg, électeur palatin; lui seul ou son successeur peut conférer cette dignité. Si vous voulez confier votre chien à l'un de ces gaillards-là, priez-le de vous montrer son brevet.

CHAPITRE XXIX.

HALTES DE CHASSE.

—

> Rendez moy de non beuvant, beuvant.
> Que quiconque aura perdu la soif ne ayt a
> la chercher céans. Longs clystères de beu-
> verie l'ont fait vider hors du logis. Courez
> toujours après le chien, jamais ne vous
> mordera; beuvez toujours avant la soif et
> jamais ne vous adviendra.
>
> Rabelais.

« L'assemblee se doyt faire en quelque beau lieu,
soubz des arbres, aupres d'une fontaine ou ruisseau,
là où les veneurs se doyvent tous rendre, pour faire
leur rapport. Cependant le sommelier doyt venir avec
troys bons chevaux, chargez d'instrumentz pour arroser le gouzier : comme coutretz, barraux, barrilz,

flacons et bouteilles, lesquelles doyvent estre pleines
de bon vin d'Arbois, de Beaulne, de Chaloce et de
Grav. Luy estant descendu de cheval, les mettra ra-
fraischir en l'eau, ou bien les pourra faire refroidir
avec du canfre : apres il estendra la nappe sur la
verdure. Ce fait, le cuysinier s'en viendra chargé de
plusieurs bons harnois de gueule, comme jambons,
langues de beuf fumees, groings et oreilles de pourceau, cervelat, eschines, pièces de beuf de saison,
carbonnades, jambons de Mayence, pastez, longes
de veau, froides, couvertes de poudre blanche, et
autres menuz suffrages pour remplir le boudin : les-
quelz il mettra sur la nappe. Lors le roy ou le seigneur, avec ceux de sa table, estendront leurs man-
teaux sur l'herbe, et se coucheront de costé dessus,
beuvans, mangeans, rians, et faisans grand chere.
Et s'il y a quelque femme de reputation en pays, qui
face plaisir aux compaignons, elle doit estre. . .

. . . .

D'après ce passage de Du Fouilloux, vous voyez
que du temps de Charles IX, roi très-chrétien, comme
chacun sait, les chasseurs soignaient la partie du
déjeuner; de plus ils menaient joyeuse vie. Ils avaient
raison, et nous aurions tort cependant de faire comme
eux.

Nos estomacs ont dégénéré depuis ce temps-là;
nous ne pourrions plus digérer ce déluge de jambons, d'oreilles et de groings de pourceau. Il nous
faut des plats légers, délicats; nous sommes devenus
petites maîtresses. Remarquez une chose, c'est que la

chasse n'est jamais aussi bonne après le déjeuner qu'avant. On mange trop, on devient lourd, le coup d'œil est moins sûr, on manque plus souvent.

Je conseille aux amateurs de mettre un frein à leur indomptable appétit, ils s'en trouveront bien. Réservez-vous pour le dîner ; après on n'a plus rien à faire, et quand on est harassé de fatigue, on digère fort bien en dormant.

Je sais par expérience qu'il est difficile de se modérer dans ces circonstances ; avec une grande faim et une grande soif, il faut de la vertu pour calculer ce qu'on mangera ; mais si l'on veut chasser encore, on ne regrettera point d'avoir suivi mes conseils. D'ailleurs ce n'est que l'abus que je proscris, et puis chacun doit se connaître soi-même, et savoir à peu près les forces de son estomac.

Lorsqu'on habite la campagne, il est bien de faire porter au rendez-vous de chasse, dans des cantines, tout ce qui sera nécessaire, et même un peu de superflu. Le déjeuner sera plus frais que si chacun en avait une fraction dans sa carnassière. Je conseille aux dames, maîtresses de maison, chargées de ce soin, de ne rien négliger, les chasseurs leur en tiendront compte en temps et lieu. Les choses délicates seront très-bien reçues après les pièces solides ; on les négligerait peut-être chez soi ; dans une halte de chasse on les dévore. En garnison, les officiers ne regardent pas les vivandières, et au bivouac ils les... saluent.

Les vins blancs doivent être préférés aux vins

rouges : ils désaltèrent mieux, plus agréablement.
Si dans le lieu choisi pour le rendez-vous on ne
trouve point d'eau, faites-en porter pour les chasseurs, hommes et chiens. Un chasseur prévoyant
doit avoir dans *sa chasse* trois ou quatre cachettes
renfermant des bouteilles de vin et des cruches
d'eau, si c'est nécessaire. On choisit un fossé, des
terriers de lapin, des rachées bien couvertes de feuilles, aux quatre points cardinaux, et on les change
en caves. On a grand soin d'être seul lorsqu'on les
visite, rarement on trouve du déficit. D'ailleurs, si
par hasard un étranger en découvre une, il en reste
trois autres; et dans l'occasion, c'est un délice de
boire à discrétion, et surtout de boire frais.

Le vin que l'on porte sur soi dans une bouteille
est toujours échauffé, ballotté; le plus impérieux
besoin peut seul le rendre supportable, tandis que
celui qui se repose au frais depuis longtemps, cause
au palais d'un chasseur fatigué des jouissances inconnues aux gens du monde.

Dans une fort belle chasse que j'avais louée dans
la varenne de Saint-Maur, je possédais quatre caves
bien garnies; et lorsque un ami venait me visiter, je
l'étonnais beaucoup en lui demandant quel vin il
voulait boire, et surtout en lui présentant la bouteille
qu'il préférait.

Bien des gens répondront à cela qu'un vrai chasseur ne doit pas être un sybarite, qu'on déjeune fort
bien à la chasse avec du pain et du fromage, que le
vin que l'on porte est excellent. D'accord, le fromage

est fort bon, mais le poulet froid est meilleur; et lorsque dans ce monde on peut, sans nuire au prochain, augmenter la somme de ses jouissances, je ne vois pas de raison pour ne pas le faire. Les moines les plus sévères avaient coutume de se permettre en ce genre tout ce que l'Église ne leur défendait pas.

« Je me souviendrai toujours d'un frère convers
« qui, par un zèle indiscret, voulait non-seulement
« se mortifier, mais encore que tous les cordeliers
« du couvent se mortifiassent. En conséquence, il
« faisait le plus mal possible la cuisine de la commu-
« nauté. Il fut tenu un chapitre, on le condamna à
« cinquante coups de discipline : plusieurs frères
« opinaient pour cent (1). »

Lorsqu'on chasse tous les jours, il est ennuyeux de déjeuner perpétuellement avec de la viande froide ou du fromage; et puis bien des personnes, et je suis du nombre, sont incommodées par un déjeuner trop substantiel. Dans une boîte de fer-blanc qui se ferme bien, on peut porter tout ce que l'on veut. L'omelette est en général une fort bonne chose : à la chasse c'est un mets exquis; on la met toute bouillante dans la boîte, et longtemps après elle est encore chaude. Ainsi chacun, suivant ses goûts, peut déjeuner à la chasse comme dans sa salle à manger.

Quelquefois les dames viennent en calèche, sur des ânes, à pied, au rendez-vous de chasse. Les coffres de la voiture, les cantines, les paniers sont vidés sur

(1) *Histoire des Français des divers états*, par MONTEIL, t. II, p. 68.

le gazon qui sert de nappe; vous arrivez, et vous êtes émerveillés en apercevant à la fois de beaux yeux et de belles poulardes, de blanches épaules et des croupions dodus. Les pieds mignons de ces dames, leurs tailles élancées, font un contraste charmant avec le pâté de Strasbourg aux larges bases, aux formes de citadelle. Bientôt le champagne, versé par de belles mains, va faire jaillir les bons mots avec ses flots d'écume; et si la cafetière à l'esprit de vin n'a pas été négligée, vous aurez fait un délicieux repas.

On rencontre parfois des dames qui prennent hardiment le fusil et suivent les chasseurs; j'en connais une au Mans qui culbute le lièvre, pelote la perdrix avec une grâce infinie : depuis longtemps elle désire tuer un loup; espérons que son mari lui fera voir un de ces animaux féroces, et qu'elle pourra le tirer de près. Une femme charmante en robe de bal l'est encore plus lorsque, la guêtre au pied, la blouse sur le dos, le fusil en main, elle bat la plaine. Le vent déroule ses tresses de cheveux, qui voltigent avec les rubans du grand chapeau de paille; elle marche, sa taille élégante se dessine à l'horizon; elle s'arrête, met en joue, le coup part : *Apporte,* est le seul mot qui frappe votre oreille; mais ce mot est essentiellement harmonieux pour un chasseur.

Ces dames chasseresses ont sur les autres dames une supériorité non contestée. On les regarde d'un œil d'envie, on sait qu'elles ont une manière de plus de faire valoir leurs grâces; car pourquoi les femmes dansent-elles? Certainement ce n'est pas pour dan-

ser, c'est pour avoir le droit de prendre diverses
attitudes gracieuses qui leur permettent de se montrer à chaque instant sous un jour différent. L'étiquette du salon interdit tout cela : les dames sont
forcées de rester sur leurs chaises, dans une position
écrite. Au bal, on va, on vient, on rit, ou bien on a
l'air de rire pour montrer sa jolie bouche. Tantôt on
fait voir son profil, tantôt sa taille, ensuite le pied,
et puis les épaules ; on s'aperçoit de l'effet qu'on
produit, et l'amour-propre est satisfait. Mesdames,
apprenez à chasser, ce sera certainement une nouvelle manière de séduction ; je sais que vous n'en
manquez pas, mais enfin ce sera toujours une de
plus. Quant à moi, je m'offre pour professeur, je
donnerai des leçons à juste prix.

Dans les haltes de chasse il faut raconter des histoires ; c'est ce qu'on peut faire de mieux quand on
a déjeuné.

> Vous pouvez expliquer par quel art assassin
> Vous avez débusqué ce timide lapin ;
> Comment cette perdrix, dans sa fuite imprudente,
> Est tombée à vos pieds éperdue et sanglante ;
> Comment a succombé ce lièvre malheureux,
> Malgré les vains détours de son train sinueux (1).

Chacun va vous imiter, et bientôt vous entendrez
des choses incroyables : qu'importe ? ayez l'air de les
croire, et ripostez par de plus fortes encore. Je ne
vois pas de raison pour que cela finisse, direz-vous ;
soit : eh ! pourquoi finirait-on ? Un chasseur racon-

(1) *La Gastronomie.*

tait un jour des merveilles de son chien, qui restait
en arrêt trois heures de suite : un sourire d'incrédulité sillonnait déjà les lèvres des auditeurs, lorsque,
de l'air le plus bouffonnement sérieux, j'affirmai que
cela n'avait rien d'extraordinaire. J'avais vu des
choses bien plus étonnantes : un certain Médor, que
ces messieurs avaient connu pour le meilleur des
chiens, était mort dernièrement victime de sa téna-
cité pour l'arrêt. Je l'avais oublié dans une luzerne,
immobile, en face d'un lièvre; j'ai le temps, me di-
sais-je, je tuerai mon lièvre après avoir déjeuné. Le
déjeuner fini, mon domestique vient me chercher,
une affaire pressée me rappelle chez moi; le soir, je
pars pour un voyage de huit jours. Au retour, je
demande Médor : on croyait qu'il m'avait suivi. Tout
le monde s'inquiète, on cherche, on s'informe; point
de Médor. Enfin je me souviens de la fatale luzerne :
j'y cours, et je vois... Médor et le lièvre, tous les
deux morts de faim, tous deux couchés; mais le
chien avait toujours la patte pliée, il marquait encore
l'arrêt.

> J'aime à braver ainsi ces conteurs de nouvelles,
> Et sitôt que j'en vois quelqu'un s'imaginer
> Que ce qu'il veut m'apprendre a de quoi m'étonner,
> Je le sers aussitôt d'un conte imaginaire
> Qui l'étonne lui-même et le force à se taire.
> Si tu pouvois savoir quel plaisir on a lors
> De leur faire rentrer leurs nouvelles au corps (1).

Parmi les aventures extraordinaires racontées par
des chasseurs, je vais en citer une qui n'a pas son

_____
(1) CORNEILLE. *Le Menteur.*

égale. Je l'ai trouvée en bouquinant à la Bibliothèque royale; l'auteur la raconte sérieusement; écoutez, je copie :

« Un homme étant allé sur le soir au coin d'un bois attendre un lièvre à l'affût, peu de temps après en ayant vu paroître un, lui tira un coup de fusil et le renversa par terre, et l'étant allé ramasser, le lia par les pieds de derrière entre lesquels il passa son fusil, et le portoit ainsi sur son épaule en s'en retournant chez lui. Cependant il fut bien étonné en chemin faisant, de sentir que la proie qu'il avoit chargée sur son dos s'appesantissoit insensiblement, en sorte que, ne pouvant plus la porter davantage, il la jeta de dépit par terre : le lièvre sans cérémonie se leva aussitôt sur ses pieds de derrière, et ayant pris le fusil par le bout du canon avec les deux pattes de devant, l'arracha des mains du chasseur, et lui en donna vingt coups de crosse sur les épaules : le chasseur, qui ne s'attendoit pas à un pareil régal, fut bien surpris et fit serment de ne plus aller à l'affût, de crainte que quelque nouvelle aventure aussi fâcheuse et peut-être pire ne lui arrivât. Cette histoire paroîtroit fabuleuse s'il n'y avoit point de sorcier dans le monde; mais comme il y en a beaucoup, et surtout dans le pays des Ardennes, je n'ai pas de peine à la croire (1).

(1) *L'éloge de la chasse, avec plusieurs aventures surprenantes et agréables qui y sont arrivées; présenté au roi par* LE CHEVALIER DE MAILLY, *filleul du feu roy et de la reine sa mère, de glorieuse mémoire.* Paris, 1723, page 32.

22.

Je terminerai ce chapitre par une autre anecdote que vous pourrez raconter quand les dames seront parties et lorsque les cigares seront allumés.

Un noble marquis, colonel de naissance, rencontra, certain jour, un grenadier de son régiment qui braconnait sur ses terres; il le surprit sous un arbre, au moment où, le fusil d'un côté, la carnassière de l'autre, il venait de faire certaine chose qui... que... une chose enfin que l'empereur de la Chine lui-même est obligé de faire en personne, sans que jamais ses mandarins puissent le remplacer. Vous comprenez?... c'est fort heureux. Le marquis en colère couche mon homme en joue.

— Ah! je t'y prends enfin, c'est toi qui manges mes faisans, mes perdrix et mes lièvres; aujourd'hui, tu mangeras autre chose.

— Eh! quoi donc?

— Allons, demi-tour à droite, c'est cela qu'il faut manger.

— Oh! monsieur le marquis!

— Il n'y a pas de monsieur le marquis, pas de oh! qui tienne; mange, ou bien je te tue comme un lapin.

— Mais....

— Mange, morbleu! ou tu es mort.

Que faire? Le fusil braqué sur la poitrine du grenadier montrait ses deux canons prêts à vomir la mort, le marquis était furieux, la position grave..... Le grenadier mangea, tout en rechignant, et faisant la plus piteuse grimace. Cela fit rire monsieur le colonel; il pardonna sans que le repas fût complet.

— Assez, dit-il; à présent, donne-moi ta parole d'honneur que tu ne chasseras plus sur mes terres.

— Je vous la donne.

— Adieu.

Le marquis avait mis son fusil sur l'épaule, et le grenadier s'était habillé; profitant du moment où son colonel tourne le dos, il le couche en joue.

— A mon tour ! vous allez manger le reste, ou bien je vous tue comme un lièvre.

— Comment, coquin, drôle...?

— Il n'y a pas de coquin, pas de drôle qui tienne; mangez, sacrebleu! ou bien vous êtes mort.

— Mais....

— Mangez, mille tonnerres ! je sais bien que je serai pendu, mais je m'en f...

Que faire?.... Monsieur le marquis mangea.... ou du moins approcha le détestable mets de ses lèvres. Le grenadier, plus généreux, l'arrêta.

— Assez, lui dit-il : nous sommes quittes ; à présent, vous allez me donner votre parole d'honneur que vous oublierez tout cela.

— Je te la donne; tiens, prends ce double louis pour boire à ma santé.

— Merci, colonel.

Le lendemain, le marquis passait la revue de son régiment; arrivé devant le grenadier, il s'arrête :

— Bonjour, un tel.

— Bonjour, mon colonel.

— Cela va bien ?

— Oui, mon colonel, et vous ?

— Très-bien, mon ami.

— Diable! dirent les camarades, il paraît que tu n'es pas trop mal avec monsieur le marquis.

— Mais... assez bien ; hier nous avons déjeuné tous les deux ensemble.

CHAPITRE XXX ET DERNIER.

LA SAINT-HUBERT.

—

Ora pro nobis.

Chasseurs intrépides, les Gaulois célébraient tous les ans la fête de Diane par des sacrifices suivis d'un grand repas. Arrien nous dit que la victime était une brebis, une chèvre, un veau. Nos ancêtres l'achetaient avec le produit d'une taxe qu'ils s'imposaient pendant l'année pour chaque pièce de gibier qu'ils tuaient : le lièvre coûtait deux oboles au chasseur ; le renard une drachme ; le cerf, la biche, le chevreuil, etc., quatre drachmes. Le père dom Martin assure que, vers la fin du vi^e siècle, les Gaulois célébraient encore les mystères de Diane sur une montagne des Ardennes, en présence d'une idole colossale et d'un grand renom. Là, sans égard pour la chaste déesse, ils se livraient à toutes les débauches de l'amour et du vin.

Le saint diacre Vulfilaïc, semblable à saint Simon Stylite, fit élever une colonne sur laquelle il demeura fort longtemps, sans autre nourriture qu'un peu de pain et d'eau ; plusieurs fois il perdit ses ongles par suite du froid qu'il souffrit. Les habitants des Ardennes accoururent de tous côtés pour voir cet homme extraordinaire qui passait ainsi sa vie. Le saint profitait du moment pour les prêcher ; son éloquence porta ses fruits : les chasseurs des Ardennes furent convertis et renversèrent leur idole (1). Vulfilaïc fit bâtir un monastère à sa place, et le mit sous l'invocation de saint Martin, qui dès lors devint le patron des chasseurs. Dans d'autres cantons, ce fut saint Germain, évêque d'Auxerre.

Saint Germain l'Auxerrois avait coutume de pendre sur un arbre, comme trophée de ses exploits, les têtes et les pattes des animaux qu'il tuait. Cette tradition s'est perpétuée; nous les clouons encore à nos portes.

Saint Martin et saint Germain avaient détrôné Diane, et saint Hubert les détrôna. Saint Hubert est resté paisible possesseur, et probablement il restera jusqu'à la consommation des siècles ; car à présent on ne fait plus de saints. Plus heureux que saint Germain, saint Martin devint le patron des gourmands,

______

(1) FLEURY. *Histoire ecclésiastique*, t. VIII, page 53, édition in-4°.

et chacun sait que ces messieurs ont avec les chasseurs une certaine analogie. Si le jour de Saint-Hubert on tue beaucoup de gibier, on le mange le jour de Saint-Martin, et c'est toujours quelque chose. C'est le saint le plus généralement invoqué par les hommes de bon appétit ; de tous les bienheureux habitants du ciel, saint Martin est celui dont le culte est le plus répandu. Tout le monde le fête, même les incrédules, même les philosophes, même les athées ; ma foi, devenir le patron des gourmands après avoir été celui des chasseurs, c'est une fort jolie fiche de consolation.

Saint Hubert, d'une famille noble d'Aquitaine, était dans sa jeunesse au service de Pépin d'Héristal, père de Charles Martel. Il aima d'abord le monde et la chasse avec passion ; bientôt les conseils de saint Lambert, évêque de Maestricht, lui firent embrasser l'état ecclésiastique, et quand saint Lambert mourut, il devint évêque à sa place, en 708.

Tout en détruisant le culte des idoles dans les Ardennes, le saint s'amusait à tuer les loups et les sangliers. Sa réputation s'étendit au loin ; il faisait des miracles, entre autres, la pluie et le beau temps, recette fort agréable pour un chasseur.

En 721, il transféra son siége épiscopal de Maestricht à Liége, dans la cathédrale qu'il fit bâtir, et mourut en 727.

Son corps, déposé d'abord dans cette église, fut transporté, par ordre de l'empereur Louis le Débonnaire, à l'abbaye d'Andain, dans les Ardennes, et dès ce moment, en l'année 825, cette abbaye prit le nom de Saint-Hubert.

Cette translation, approuvée par le concile d'Aix-la-Chapelle, se fit avec une grande pompe. L'empereur y voulut assister, tous les chasseurs l'accompagnèrent. L'année suivante, on fit une procession commémorative de cette cérémonie, et de là, les pèlerinages qui se font encore tous les ans.

La dévotion pour saint Hubert devint si grande, que tous les seigneurs des environs offraient à l'abbaye d'Andain les prémices de leur chasse et la dixième partie du gibier qu'ils tuaient chaque année : probablement saint Hubert ne les mangeait pas, mais les moines s'arrangeaient de manière que rien ne fût perdu.

Corneille Delapierre, dans ses Commentaires sur l'Écriture sainte, rapporte qu'un moine soutenait que le bon gibier avait été créé pour les religieux, et que si les perdreaux et les faisans pouvaient parler, ils diraient : « Serviteurs de Dieu, soyons mangés « par vous, afin que notre substance, incorporée à « la vôtre, ressuscite un jour dans la gloire et n'aille « pas en enfer avec celle des impies. » Quand venait la fête de saint Hubert, on célébrait une messe avec la plus grande solennité; les chasseurs accouraient de toutes parts; les chiens étaient admis dans l'église, et cela les préservait infailliblement de la rage. On admettait les chiens, mais on repoussait les braconniers comme indignes. Il fallait être chasseur *à cor et à cri,* chasseur franc et loyal, pour être reçu.

Avant la révolution de 1789, il était d'usage, dans le midi de la France, de dire de très-grand matin une messe pour les chasseurs, comme on en dit une fort tard aujourd'hui pour les élégantes qui vont se faire voir à Saint-Roch.

Tous les dimanches, une heure avant le jour, les chasseurs aux filets, au fusil, se rendaient à l'église; de là, chacun prenait sa direction, et se lançait dans la plaine ou s'enfonçait dans les bois. Nul ne manquait à ce devoir religieux; en le négligeant on se serait cru maladroit, et cette persuasion aurait fait manquer bien des coups (1).

En Provence on chasse aux filets à nappes tous les oiseaux de passages qui s'y donnent rendez-vous de tous les points de l'Europe. Les amateurs partent munisd e beaucoup de cages renfermant les ortolans ou les pinsons, les alouettes, les linottes ou les chardonnerets. Ces prisonniers appellent ceux qui sont dans les airs, et, quelquefois, par l'acharnement qu'ils mettent à les entraîner dans le piége, vous diriez que la jalousie les pousse à leur faire ravir la liberté qu'ils ont perdue.

Tous ces oiseaux réunis dans l'église, apercevant

(1) Les chasseurs ne doivent pas oublier ou négliger Diane, ny Apollon, ny Pan, ny les nymphes, ny Mercure qui préside aux chemins et qui guide ceux qui en ont besoin, non plus que les autres divinitez des montagnes, car sans cela ils ne font jamais qu'à demy ce qu'ils souhaiteroient, les chiens se blessent, les chevaux boitent, et les hommes font beaucoup de fautes.

Traitez de la chasse composez par Arrian, appelé Xénophon le Jeune. Traduction de M. de Fermat; Paris, 1690, page 116.

la lumière des cierges, la prenaient pour celle du jour et commençaient leur ramage. Chacun débitait sa phrase musicale, sans s'inquiéter de ce que disait son voisin, et le concert était charmant. Dans une belle matinée du printemps, écoutez l'harmonie de la forêt voisine ; le rossignol et la fauvette font entendre leurs modulations variées, le pinson sa roulade uniforme, le merle son sifflement aigu, la caille son chant martelé. Chacun agit pour son compte, et cette mélodie n'en est pas moins délicieuse. Si la pie ou le geai viennent y joindre leur cri perçant et rauque, eh bien ! votre oreille n'en est point offensée. Or, mettez une douzaine de musiciens dans un salon, que chacun joue à volonté, vous entendrez un beau charivari.

La messe des chasseurs était presque une messe en musique ; au chant de tous les oiseaux, ajoutez les aboiements des chiens, leurs cris d'impatience, l'obscurité de la nef, l'autel illuminé dans le fond, et vous aurez un tableau de genre digne du pinceau de nos meilleurs artistes. Mon grand-père, chasseur distingué, ne manquait jamais cette messe le dimanche, et cent fois il nous en a fait des descriptions charmantes.

La messe des chasseurs se disait dans les villes, dans les villages, et jusque dans les chapelles isolées en plein champ.

Le desservant d'une de ces petites églises à Saint-Ferréol, près de Cavaillon, était chasseur déterminé, bon compagnon, buveur jovial, copie de frère Jean des Entomûres, type du curé de Chamarande. On voyait, dans sa sacristie, le fusil à côté de la chasuble ; la carnassière près de l'étole. Tour à tour prêtre ou chasseur, de quelque costume qu'il fût revêtu, la bouteille le suivait toujours. Son chien, gardé par le bedeau, s'échappait quelquefois, et dans son impatience venait jusqu'à l'autel tirer son maître par la soutane. Souvent le père Dellabour interrompit un *oremus* par un : *Tout beau! Médor,* qu'il appuyait d'un coup de pied pour se faire mieux comprendre.

Poëte, digne émule de Saboli, le père Dellabour écrivait des noëls provençaux ; lorsqu'on le complimentait sur ses vers, il répondait naïvement : « Ils ne « m'ont pas coûté beaucoup de travail, je les ai faits « en disant ma messe. »

Certain samedi, le père chasseur rencontre Cascavel ; or, vous saurez que ce Cascavel avait une réputation colossale justement méritée ; nul ne savait mieux tirer un coup de fusil. Voyant un lièvre, le sentant ou le devinant à cinq cents pas à la ronde, il le guettait au passage, ou le surprenait au gîte. Pourvu que le lièvre existât, l'affaire était bonne, c'était toujours un lièvre mort au profit de Cascavel.

— Bonjour, père Dellabour.

— Bonjour, Cascavel.

— A quelle heure la messe demain?

— A trois heures.

— C'est trop tard.

— Trop tard! A peine si le jour commence à quatre heures.

— Eh bien! le temps de la dire, le temps d'aller sur le terrain, surtout quand on veut chasser à l'affût.... Vous savez, il faut être au poste avant le jour.

— A qui dis-tu cela? Ne suis-je pas du métier? Tout est calculé, puisque je veux moi-même tuer un lièvre que j'ai vu rôder aujourd'hui dans les environs, et j'espère que demain il aura de mes nouvelles.

Cascavel réfléchit sur l'indiscrétion du père Dellabour; près de la chapelle il existe un petit bois, le lièvre doit y rentrer au matin : c'est Cascavel qui mangera le lièvre.

Le lendemain, pendant que le père Dellabour est à l'autel, Cascavel s'esquive sans attendre l'*ite missa est*, il va se poster à l'endroit où sa longue expérience indique le passage du lièvre. Cascavel a choisi le bon sentier, l'animal doit y passer, impossible qu'il passe ailleurs.

Cependant le père Dellabour, beau débrideur de messes, se dépêchait pour finir plus vite. Au moment d'attaquer le *Domine non sum dignus*, un coup de fusil fait vibrer les vitraux de la chapelle; il s'arrête stupéfait, la main sur la poitrine. S'adressant à voix basse au petit enfant de chœur chargé du soin des burettes :

— *Domine non sum dignus* : regarde, lui dit-il, si Cascavel est encore ici.

— Oui, père Dellabour.

— *Domine non sum dignus* : le vois-tu?

— Non, père Dellabour.

— *Domine non sum dignus* : j'en étais sûr, allons, mon lièvre est f...u.

Notre siècle est peu dévôt; nous n'allons plus à la messe le jour de saint Hubert; j'en connais qui n'y vont pas, même le dimanche. Mais le 3 novembre, nous allons à la chasse, et ce jour-là, nous ne regardons pas le temps qu'il fait. La partie est organisée depuis un mois, le repas est prêt, il faut le manger; pour le manger, il faut avoir faim; pour avoir faim, il faut marcher. Quand vient ce grand jour, on chasse en battue; le gibier a vu le feu depuis le 1er septembre, il part de loin; au lieu de le poursuivre, on le fait venir à soi.

En général, dans les grandes parties de chasse, il est bien d'avoir un chef qui dirige toutes les manœuvres. On choisit un chasseur vieilli sous le harnais, un chasseur de haut renom, et tous les autres doivent obéir à ses ordres, comme des soldats à leur général. C'est lui qui désigne l'étendue de terrain que chaque battue embrassera, par quel canton les rabatteurs commenceront, de quelle manière ils devront marcher, quelles évolutions ils feront en marchant. Quant aux places que chacun doit occuper, le hasard en décide. Au moment du départ, on tire au sort le rang des chasseurs : le n° 1 se place d'abord, ensuite le n° 2, ainsi jusqu'au dernier. A chaque station, chacun conserve sa même position relative, et tout se passe à merveille.

Les rabatteurs sont conduits par un garde; ils ne se mettent en mouvement que lorsqu'ils ont vu tous les chasseurs cachés, blottis, derrière les arbres ou dans les fossés. Les chiens doivent être tenus en laisse, car s'ils étaient libres, le naturel l'emporterait; vous auriez beaucoup de peine à les empêcher de courir, lorsque, sur toute la ligne, ils entendraient la fusillade.

Quand une pièce de gibier tombe, il faut la laisser sur le terrain jusqu'à ce que la battue soit finie. Si la pièce n'est que blessée, on remarque la remise pour y courir lorsque les rabatteurs ont fait jonction avec les tireurs.

Je rappelle ici ce que j'ai dit au sujet du tir du lièvre en battue, dans le chapitre des *Ruses de guerre*. Je recommande la méthode à tous les propriétaires de chasse; l'année suivante, ils seront surpris fort agréablement.

Le hasard est pour beaucoup dans les chasses en battue; ce ne sont pas toujours les meilleurs tireurs qui tuent le plus. En effet, il ne s'agit pas de chercher le gibier, de deviner l'endroit qui le cache, c'est lui qui vient droit à vous. S'il ne juge point à propos de se idriger de votre côté, vous ne tirerez pas, et vous courez grand risque de revenir bredouille.

On nomme roi de la chasse celui qui tue le plus de pièces; il occupe à table la place d'honneur, et la bredouille ou les bredouilles lui servent à boire. J'ai connu de ces rois dont la soif était vraiment effrayante; ils demandaient si souvent à boire, que le pauvre échanson n'avait pas le temps de s'asseoir. A peine était-il de retour à sa place, qu'un nouveau cri : *A boire !* le rappelait aussitôt.

Nous étions en cantonnement dans la Moravie, au château de Ratschitz, à quelques lieues du Brünn et d'Austerlitz. Notre hôte, vieux gentilhomme, grand chasseur, a probablement servi de type à Walter Scott pour son baron de Bradwardine. Le château de Ratschitz, ancienne commanderie de l'ordre du Temple, avec pont-levis, tour du nord, herse et machicoulis, m'a toujours paru le beau idéal des manoirs du moyen âge.

Jamais château ne mérita mieux de devenir le lieu de la scène d'un roman bien noir. Anne Radcliffe a dû le visiter avant de faire la description de celui d'Udolphe. Je ne connais en France qu'un château que l'on puisse comparer à Ratschitz, c'est celui de Villebon, près de Chartres, bâti par Sully ; vous y rencontrez à chaque pas des souvenirs de Henri IV. J'engage les amateurs qui n'ont pas le temps d'aller en Moravie, à visiter le château de Villebon dans le département d'Eure-et-Loir ; ils trouveront des hôtes fort aimables, qui savent en faire les honneurs avec beaucoup de grâce.

Le vieux baron de la Ratschitz nous faisait admirer sa vieille gentilhommière qu'il n'aurait pas échangée contre une province. Les bâtiments du château forment un carré parfait entourant une grande cour ; là, certainement les preux chevaliers ont rompu bien des lances en l'honneur des dames. On voit encore de superbes balcons pour elles et de vastes corridors pour la canaille. Dans ces corridors, deux cents cerfs peints sur les murs montrent leurs têtes en relief ornées de bois véritables ; rien n'est bizarre comme l'aspect de cette farandole de cerfs galopant toujours et toujours immobiles.

Le jour de saint Hubert, le château de Ratschitz, fort triste ordinairement, avait changé de face. Sur l'invitation de notre hôte, tous les hobereaux du voisinage étaient accourus des quatre points cardinaux. Les officiers français logés à Ratschitz et dans les environs avaient pris leurs fusils : les uns bons chasseurs, les autres voulant le devenir, et j'étais du nombre des derniers. Nous partons, vous eussiez dit une bataille : cerfs, chevreuils, lièvres, lapins, perdrix, faisans ; la boucherie fut immense.

> . . . . *Fertur plaustro*
> *Præda gementi, tùm rostra canes*
> *Sanguine multo rubicunda gerunt* (1).

Pendant toute la journée on fit feu de tribord et de babord : saint Hubert dut bien se divertir en entendant nos pétarades.

Tout le monde avait fait bonne chasse, excepté le baron et moi. Nous n'avions rien tué du tout, lui parce qu'il était trop vieux; moi, parce que j'étais trop jeune. Je débutais alors, et je ne savais tuer que

______

(1) L. ANN. SENECA. *Hippolytus.* Chapelain , dans *le Rêve d'un chasseur*, a traduit ce passage avec l'élégance qu'il mettait dans toutes ses poésies.

> Nous rapportons des champs le gibier par voitures,
> Et nos chiens dans le sang ont lavé leurs figures.

les moineaux posés sur les arbres. Nous revenions tous deux fort tristes au château; les cris de joie de nos compagnons nous perçaient le cœur.

— Le plus désagréable de tout cela, me dit le vieux baron, c'est que nous serons obligés de verser à boire au roi.

— Eh bien! soit, nous boirons aussi.

— Oui, mais avant de nous mettre à table, on nous fera des moustaches avec un bouchon de liége.

— Qu'importe? on se lave après.

— On sert de risée à tout le monde.

— On rit les premiers et plus fort.

— Oui, je comprends; vous êtes un jeune homme, vous, cela vous amuse; mais moi, vieux chasseur, qui certainement ai tué plus de gibier que tous ces freluquets n'en tueront de leur vie, je vais leur servir d'amusement. Mais... oui... je suis le maître, c'est chez moi que l'on dîne, je puis supprimer la cérémonie, et je la supprimerai.

— Le dîner sera triste.

— Il sera ce qu'il pourra, mais je ne veux pas être bafoué devant mes domestiques; car enfin ils y seront, et quel respect voulez-vous qu'ils aient ensuite pour moi s'ils me voient remplir leurs fonctions?

— Ils savent bien que c'est un usage consacré par le temps, une plaisanterie.

— Et pour vous-même, il me semble que ce serait fort désagréable.

— Ne vous occupez pas de moi, je verserai du vin tant qu'on voudra boire; j'aurai des moustaches

23.

d'une oreille à l'autre, cela m'est parfaitement égal.

— Ce serait avilir vos épaulettes.

— Bah! les plaisanteries n'avilissent rien.

— Oui, mais vos généraux pourraient fort mal prendre la chose, s'ils savaient qu'un officier français a rempli chez moi l'office de sommelier. Le maréchal Davoust est sévère... L'empereur Napoléon ne plaisante pas... tout cela retomberait sur ma tête... on dirait... on me condamnerait peut-être à payer quelque contribution... à loger plus de troupes.

— Soyez bien tranquille, monsieur le baron, l'empereur et le maréchal Davoust ont bien autre chose à faire.

— Tout pesé, considéré, calculé, la cérémonie n'aura pas lieu.

— Tant pis.

— C'est par rapport à vous. Allons, c'est fini, les domestiques verseront à boire.

Nous étions à deux cents pas du château : le baron entre dans une terre labourée qui raccourcissait un peu le chemin; le soleil était couché, mais on y voyait encore : un lièvre part sous les pieds du baron, qui tire et culbute le lièvre. Alors tout fut oublié, les résolutions changèrent; il ne pensa plus à l'honneur de mes épaulettes; ivre de joie en me montrant son lièvre, il cria d'une voix de stentor : « Jeune hom-
« me!... vous aurez des moustaches. »

FIN.

VOCABULAIRE

DU

CHASSEUR AU CHIEN D'ARRÊT.

A.

ABORDER LA REMISE. Lorsque le gibier se jette dans une remise, on
doit l'aborder sous le vent.

ACCUL. Extrémité du terrier où le furet saisit, tue et mange le lapin
qui ne veut pas sortir.

AFFUT. Endroit où l'on se cache pour attendre les animaux nuisibles,
tels que fouines, belettes, éperviers. Un vrai chasseur ne tue jamais le gibier à l'affût.

AILE. Lorsque les perdreaux ont vu le feu, quand ils partent de loin,
on dit qu'ils ont l'aile longue.

AILE MARCHANTE. Lorsque les chasseurs marchent en ligne, ils se
placent de manière à rejeter le gibier sur leurs propriétés. Ceux qui
sont aux frontières décrivent nécessairement un plus grand cercle;
ils forment l'aile marchante de la conversion, ils doivent toujours
dépasser les autres.

AJUSTER. Viser juste. Pour ajuster une pièce, il faut que l'œil la
voie dans le prolongement d'une ligne droite, partant de la visière
du fusil, et passant par le guidon ou point de mire.

Aller a pied. Se dit d'une perdrix, d'un faisan, de tout gibier-plume qui marche.

Alouette. Oiseau de passage, facile à tuer au miroir, difficile à tirer au départ, bon à manger quand on n'a plus faim. Nous avons connu, vous et moi, certain Suisse qui pouvait en manger toujours.

Amorçoir. Ustensile de chasse renfermant les capsules : on en fait de plusieurs sortes. *Voyez* chap. II.

Apparier (S'). Se dit des perdrix qui s'accouplent ; c'est ordinairement vers le mois de février, quand il ne gèle plus, ou bien au mois de mars.

Apporte. Terme que le chasseur emploie pour se faire apporter par le chien la pièce qu'il a tuée ou blessée.

Armer un fusil. C'est faire passer le chien au cran qui suit celui du repos. A ce point, la moindre pression sur la détente fait agir la gachette, le chien s'abat et le coup part.

Arrêt. Action du chien couchant qui, sentant le gibier près de lui, s'arrête pour donner au chasseur le temps d'arriver et de tirer. Il est certain que le chien fait ce raisonnement : « Si j'avance, la pièce « partira ; je ne suis pas de force à la prendre en courant, et je se- « rai grondé, peut-être battu. Si je reste, mon maître la tuera, je « la rapporterai, ma gueule plongera délicieusement dans sa chair « encore chaude, je serai flatté, caressé, remercié ; restons. »

Assommoir. Piége dont on se sert pour tuer les fouines, les belettes, etc.

Avorter. Une chienne avorte lorsqu'elle met bas avant terme. Dans ce cas, les petits meurent presque toujours ; mais s'ils vivaient, il ne faudrait pas les élever.

B.

Baguette. Morceau de bois, de baleine ou de fer, mince, de la longueur des canons d'un fusil, et servant à bourrer la charge.

Bartavelle. Perdrix rouge d'une très-grosse espèce ; on ne la trouve en France que dans les provinces méridionales.

Battre la plaine. C'est la parcourir en tout sens. Cela doit se faire à bon vent ; on doit passer partout, ne rien oublier, et revenir plusieurs fois dans les endroits couverts.

Battre (Se faire). Lorsqu'un animal se fait chasser dans un bois, un taillis, une luzerne, sans vouloir sortir, on dit qu'il se fait battre.

BATTUE. Chasse que l'on fait avec des traqueurs ou rabatteurs. Lorsque le gibier ne se laisse plus approcher, les rabatteurs le poussent du côté du chasseur.

BÉCASSE. Oiseau de passage, excellent gibier qu'on trouve dans les bois, en automne, en hiver, au printemps. Broche et salmis.

BÉCASSINE. Oiseau de passage plus petit que le précédent; il voyage aux mêmes époques; mais on le trouve dans les marais, dans les prairies inondées, en général dans les terrains bas et humides.

BELETTE. Petit animal fort joli, d'une taille élégante; il détruit le gibier, par conséquent on doit le tuer lorsque l'occasion se présente.

BÉQUILLE. Morceau de bois couvert de fer, ayant la forme d'un champignon. Placé sous le canon d'un fusil, à 20 centimètres en avant des platines, il sert à garantir la main si le fusil crève. *Voyez* ch. II.

BLOQUER. Un chien bloque une perdrix, une caille, lorsqu'il la surprend, qu'il la voit. Un chien qui bloque est un mauvais chien qui n'arrête pas.

BOIS DE FUSIL. *Voyez* chap. II.

BOUCHES. Ouvertures d'un terrier.

BOUCHON. Un lièvre fait le bouchon, lorsque, frappé sur la tête, il meurt en culbutant sur lui-même.

BOUQUIN. Lièvre ou lapin mâle.

BOUQUINAGE. Temps où les lièvres et lapins sont en amour.

BOUTON. Partie sexuelle de la chienne. Le bouton enfle quand elle est en chaleur.

BOURDON. Mâle de la perdrix.

BOURRE. Il en faut une après la poudre, une autre après le plomb. Les meilleures bourres sont en papier brouillard, celui dont on fait les papillottes. *Voyez* chap. II.

BOURRER. Assurer les bourres dans le canon. *Voyez* chap. IV.

BOURRER. Un chien bourre lorsqu'il cherche à saisir le gibier qu'il tient en arrêt. Cette énormité doit être punie à coups de fouet.

BOURSES. Filets dont les braconniers se servent pour prendre les lapins. Inventions diaboliques, bonnes à confisquer lorsque c'est possible.

BRACONNIER. Animal à deux pattes qui veille la nuit, dort le jour, et détruit tout le gibier qu'il trouve. Il chasse en toute saison, il emploie les filets, collets, traîneaux, pantières, et autres diableries pour approvisionner les marchands de lièvres et de lapins. Les articles 295 et 304 du Code pénal défendent aux chasseurs de tuer cet animal. C'est vraiment dommage !

BRANCHÉ. Se dit d'un faisan posé sur un arbre. « J'ai tué ce faisan branché. »

BRAQUE. Chien d'arrêt à poil ras : il chasse bien en plaine. Ce nom est fort ancien. A l'époque où écrivait le roi Modus, on connaissait déjà *le braquet* : on s'en servait pour suivre au bois les bêtes blessées par la flèche du chasseur.

BREDOUILLE. Terme de trictrac qu'on applique à la chasse. Un chasseur qui n'a rien tué revient bredouille. Dans les dîners de chasseurs, il verse à boire au roi de la chasse. Ce service est souvent très-pénible.

BROCHETTE. Petit morceau de fer traversant la cartouche des fusils à culasse mobile ; il communique la pression du chien à la capsule qui se trouve dans la charge.

BUSE. Oiseau de proie gros comme une poule. Il mange les perdrix, les faisans, les lapins, les levrauts, etc. On ne le mange pas, mais on le tue.

C.

CAILLE. Oiseau de passage. Les cailles arrivent en France au mois de mai : les chasseurs les appellent alors cailles vertes ; elles partent en septembre. Chair mignonne et grassouillette, excellente à manger rôtie et non autrement.

CAILLETEAU. Jeune caille. Différente en cela de tous les autres gibiers, la jeune caille est moins bonne que la vieille, parce qu'elle est ordinairement moins grasse.

CALIBRE. Grandeur de l'ouverture d'un canon de fusil. Dans ceux de chasse, le calibre est ordinairement de vingt et vingt-quatre, c'est-à-dire de vingt ou vingt-quatre balles pour 500 grammes.

CALOTTER une perdrix, un lièvre. Terme familier exprimant fort bien l'action de tuer franchement une pièce de gibier.

CANARD. Oiseau de passage. On le trouve dans les marais, les étangs, les rivières. Superbe coup de fusil. Le canard est facile à tuer lorsqu'on peut tirer à bonne portée, mais on l'aborde difficilement. Viande noire et de haut goût : la broche lui convient, il ne dédaigne pas la casserole.

CANON. Il existe quatre sortes de canons : les canons ordinaires, les canons tordus, les canons à rubans et les canons damassés ; les deux derniers sont les meilleurs.

CAPSULE. Petit tube en cuivre renfermant la poudre fulminante dont on se sert pour embraser la charge. Les capsules cannelées sont préférables, parce qu'elles se fendent sans lancer des éclats qui souvent blessent le chasseur.

CAPUCIN. Terme familier pour désigner un lièvre.

CARNASSIÈRE. Sac de peau renfermant les munitions et le déjeuner du chasseur. Elle est garnie d'un filet à l'extérieur pour recevoir le gibier.

CARTOUCHE. Rouleau de papier, de carton, de cuivre, contenant la charge entière d'un fusil. On s'en sert principalement avec les fusils à culasse mobile.

CENTRE. Ceux qui sont au centre d'une ligne de chasseurs doivent marcher plus lentement que les autres. L'aile marchante les dépasse beaucoup et le pivot un peu. *Voyez* AILE MARCHANTE et PIVOT.

CÉPÉE. Réunion, touffe de plusieurs arbrisseaux ; haie vive.

CHALEUR. On dit qu'une chienne est en chaleur quand elle est en amour, qu'elle désire le mâle.

CHANCRES. Maladie des chiens. *Voir* au chapitre XXVIII.

CHANTERELLE. Femelle de perdrix ou de caille ; on s'en sert pour attirer les mâles.

CHARGE. La charge d'un fusil se compose de poudre, de plomb et de deux bourres. *Voir* au chapitre IV.

CHASSE. Action de poursuivre toute espèce de gibier. Exercice procurant la santé, donnant du plaisir sans regret.

CHASSER. Pour être bon chasseur, il ne s'agit pas seulement de savoir bien tirer, il faut encore savoir bien chasser.

CHASSEUR. Homme aimable, jovial, bien portant, mangeant bien, buvant encore mieux, se couchant de bonne heure, se levant matin, dormant toute la nuit. En général, les dames n'aiment pas les chasseurs.

CHAT SAUVAGE. Le chat domestique devient sauvage lorsqu'il a goûté le gibier. Quand on en rencontre, on les tue pour leur apprendre à vivre.

CHATONNER. On dit qu'un chien chatonne, lorsque étant près du gibier, avant de tomber en arrêt, il marche doucement, à petits pas, choisissant la place où ses pattes doivent poser. Il craint d'agiter la tige des herbes, car il sait que le moindre bruit ferait partir les perdreaux.

CHAUME. Champ de blé, de seigle ou d'avoine, dont la récolte est enlevée. On y trouve les cailles de grand matin. Quand les perdreaux sont dans un chaume on ne les aborde pas facilement.

CHEMINÉE. Tube en fer sur lequel on pose la capsule. Avant de la poser, on doit voir si la poudre remplit la cheminée.

CHENIL. Cabane où l'on renferme les chiens; il doit être aéré, tenu très-propre. Les chiens doivent coucher sur des planches couvertes de paille souvent renouvelée.

CHEVALET. Morceau de bois de 50 centimètres de long. Le chasseur s'en sert pour apprendre au chien à rapporter le lièvre. *Voir* chapitre XXVI.

CHIEN. Animal charmant, ami de l'homme. Nous avons quatre espèces de chiens d'arrêt : le braque, l'épagneul, le griffon, le *pointer*. *Voir* chapitre XXV.

CHIEN DU FUSIL. Pièce de la platine dont le choc embrase la capsule.

CHIENDENT. Herbe excellente pour les chiens; elle les purge, et la nature la leur indique. Un chasseur, habitant de la ville, doit conduire souvent son chien dans les champs pour lui faire manger du chiendent.

CHIFFON. Une pièce de gibier fait le chiffon, lorsqu'elle tombe sans mouvement.

CHOUETTE. Oiseau de nuit détruisant le gibier. Bon à tirer en tout temps.

CHOUPILLE. On donne ce nom au chien qui n'arrête pas, mais qui quête bien et tout près du chasseur. Un bon tireur peut chasser avec un choupille.

COIFFÉ. On dit qu'un chien est bien coiffé, lorsqu'il a de belles oreilles pendantes, et plus longues que son nez.

COLLET. Instrument diabolique pour prendre les lièvres et les lapins. Un chasseur qui trouve des collets doit toujours les enlever.

COLLIER DE FORCE. Collier de cuir ou de fil de fer garni de pointes à l'intérieur; il est nécessaire pour dresser les chiens d'arrêt.

COMPAGNIE. On donne ce nom aux couvées de perdreaux ou de faisandeaux qui commencent à voler. Les compagnies restent réunies jusqu'au temps des amours. A cette époque, les perdrix, au lieu d'aller en bande, vont toujours par deux.

CONSERVATEUR DES CHASSES. On appelle ainsi par dérision les chasseurs qui manquent souvent.

CONSTIPATION. Maladie des chiens. *Voir* le chapitre xxviii.

CONTRE-PIED. Lorsqu'un chien, au lieu d'aller dans la direction que le gibier suit, va dans le sens contraire, on dit qu'il prend le contre-pied.

COQ. On dit coq faisan, coq perdrix, pour désigner le mâle de ces oiseaux.

COUCHANT (CHIEN). *Voyez* ARRÈT.

COULER. On dit qu'une chienne a coulé, quand elle avorte peu de temps après avoir été couverte.

COUP DU ROI. Lorsque la pièce est perpendiculairement sur la tête du chasseur, et qu'en la tirant il la fait tomber à ses pieds, on dit que la pièce est tuée au coup du roi.

COUVÉE. Famille entière de faisans, perdrix ou cailles. Elle conserve ce nom jusqu'au moment où les petits peuvent voler ; alors elle prend le nom de compagnie.

COUVERT. On dit que dans une plaine il y a du couvert, lorsqu'il s'y trouve des champs de pommes de terre, de betteraves, de luzerne, de sainfoin, ou des taillis.

COUVRIR. On fait couvrir une chienne, lorsqu'on l'accouple avec le mâle. *Voir* le chapitre xxv.

CROCHET. On dit qu'une pièce de gibier fait le crochet, lorsqu'elle s'écarte de la ligne droite qu'elle semblait d'abord vouloir suivre. Le lièvre, le lapin, la bécassine, sont sujets à cette manœuvre, qui ne les sauve pas toujours.

CROSSE. Partie du bois du fusil que l'on appuie à l'épaule lorsqu'on tire. Le bois doit être de droit fil.

CULASSE. Partie du canon d'un fusil ; elle est forgée séparément, et ensuite vissée. Lorsqu'un corps étranger se trouve dans le canon, et qu'on ne peut l'en extraire avec le tire-bourre, on ôte la culasse.

CUL-LEVÉ. Lorsqu'on tire une pièce de gibier, au moment du départ, sans lui donner le temps de filer ni de faire ses crochets, cela s'appelle tirer au cul-levé. Ce tir est avantageux dans les chasses au marais.

CULOT. On appelle culot celui qui, dans une partie de chasse, tue le moins de pièces.

CULOT. Morceau de cuivre qui sert de base à la cartouche des fusils à culasse mobile. Quand on a tiré, le culot s'enlève avec la griffe ; on le jette, ou bien on le garde pour une autre occasion.

D.

DARTRES. Maladie des chiens. *Voir* chapitre XXVIII.

DÉ. Partie de la poudrière servant à mesurer la charge.

DÉBOULER. On dit qu'un lièvre déboule, lorsqu'il part à l'improviste devant le chasseur, et sans que le chien en ait eu le sentiment. Il semble sortir de terre comme un diable de l'Opéra. Il faut être chasseur exercé pour rouler franchement un lièvre au déboulé.

DÉFAUT. Un chien est en défaut, lorsqu'il perd la voie de la pièce qu'il suivait.

DÉMONTER. Casser l'aile d'un oiseau, ce qui souvent ne l'empêche pas de se sauver des mains du chasseur et des pattes du chien.

DERRIÈRE. Terme dont le chasseur se sert pour appeler son chien derrière lui. Lorsque le chien n'obéit pas, et qu'on le corrige à coups de fouet, il faut, à chaque coup qu'on lui applique sur le derrière, répéter le mot *derrière ;* il comprendra le calembourg.

DESCENDRE une pièce de terre. C'est revenir à mauvais vent, après qu'on a battu la pièce à bon vent.

DÉTENTE. Petite pièce de fer ou d'acier placée sous la sous-garde ; elle appuie sur la gachette, quand le fusil est armé, si l'on presse la détente, le chien s'abat et le coup part.

DONNE. Mot que doit connaître le chien ; il ne doit lâcher la pièce qu'il rapporte que lorsque son maître a dit : *Donne.*

DRESSER UN CHIEN. C'est l'instruire dans tout ce qu'il doit savoir, c'est-à-dire obéir, quêter, arrêter, rapporter.

DRAGÉE. *Voyez* PLOMB.

DUC. Oiseau de nuit qu'il faut tuer.

DYSENTERIE. Maladie des chiens. *Voir* chapitre XXVIII.

E.

ÉBAT. Mener les chiens à l'ébat, c'est-à-dire à la promenade.

ÉBOUQUINER UNE PLAINE. C'est tuer les bouquins au printemps, lorsqu'on s'aperçoit qu'ils sont en trop grand nombre relativement aux hases.

ÉCARTER. On connaît peu de moyens efficaces pour empêcher un fusil d'écarter. Avant de l'acheter, il faut l'essayer à plusieurs reprises pour s'assurer qu'il n'écarte pas trop.

ÉCOQUETER UNE PLAINE. C'est tuer les coqs de perdrix au printemps ; ils sont toujours en plus grand nombre que les poules. Il est bien d'en tuer quelques-uns, mais il ne faut pas en tuer trop.

ÉCUMOIR. Lorsqu'en tirant un fusil sur une feuille de papier, contre un mur, etc., les plombs se trouvent réunis dans un rayon d'un pied, sans laisser de grands espaces vides, on dit qu'on a fait un bel écumoir.

ÉMOUCHET. Oiseau de proie ; guerre à mort.

ÉMÉRILLON. *Idem.*

ÉPAGNEUL. Chien originaire d'Espagne, à longs poils, bon en plaine. au bois, au marais.

ÉPAULER. Mettre en joue. La crosse du fusil doit entrer dans le creux de l'épaule. Pour que ce creux se forme, il faut élever le coude autant qu'il sera possible sans se gêner.

ÉPERVIER. *Voyez* ÉMOUCHET.

ÉPINER. Au mois d'août, à mesure que les blés, les avoines sont moissonnés, on plante des épines dans les champs d'une manière irrégulière ; cela sert à déchirer les filets des braconniers. On dit : *Epiner une plaine, cette plaine est bien épinée.*

ÉPREUVE. Il faut éprouver les fusils avant de les acheter. Deux espèces d'épreuves sont nécessaires, l'une pour la solidité, l'autre pour la justesse. *Voir* le chapitre II.

ESGAIL. Ancien terme de chasse qui signifie rosée. En Provence, on dit encore *eï gagne.*

ÉTRAQUER. Suivre les traces d'un animal sur la neige.

ÉVENTER. Un chien évente une pièce de gibier, lorsque chassant le nez haut, le vent lui jette les atomes odorants émanés du corps de l'animal ; le chasseur s'en aperçoit tout de suite aux mouvements de la queue, qui sont plus vifs et plus précipités.

F.

FAISAN. Superbe oiseau originaire des bords du Phase. Un chasseur qui tue un faisan (dans les lieux où l'on en rencontre rarement) ressemble au triomphateur romain chargé de dépouilles opimes.

FAISANDEAU. Jeune faisan.

FAUCON. Oiseau de proie, jadis d'une grande importance. Il était défendu de les tuer, de les dénicher : aujourd'hui nous les tuons lorsque l'occasion s'en présente. *Sic transit gloria mundi.*

FAUX-ARRÊTS. Arrêts que marque le chien aux endroits où, peu de temps avant, se trouvait le gibier.

FAUX-FUYANT. Petit sentier de bois.

FER A CHEVAL. Marque de couleur marron placée sur la poitrine des coqs-perdrix grise.

FERME. Un chien arrête ferme, lorsque sérieux, impassible, il n'éprouve aucune envie de bourrer.

FEU (LONG). Cet accident, très-fréquent avec les fusils à pierre, est rare avec ceux à marteau. Lorsqu'on pose la capsule, il faut voir si la cheminée est garnie de poudre, si dans la poudre il ne se trouve pas quelque corps étranger, et si le grain fulminant est dans la capsule.

FEU SACRÉ. Un chasseur dévoré du feu sacré ne dort jamais la veille d'un jour d'ouverture. Il chasse par tous les temps ; il rêve perdrix, lapins, lièvres, et préfère la chasse à tous les autres plaisirs. Pour devenir bon chasseur, il faut avoir le feu sacré.

FIENTES. Excrément des bêtes puantes.

FIÈVRE DU CHASSEUR. Transports, palpitations qu'éprouvent tous les jeunes chasseurs à la première pièce qu'ils tuent.

FILER. Le gibier file quand il court ou vole droit devant le chasseur. On laisse filer une pièce, lorsqu'on attend pour la tirer qu'elle soit plus éloignée.

FLATTRER UN CHIEN. Appliquer une clef rougie sur son front pour le préserver ou le guérir de la rage. Superstition encore de mode aujourd'hui chez quelques imbécilles.

FORCER. *Voyez* PILLER.

FORME. *Voyez* GÎTE.

FOUET. Instrument pour corriger les chiens. Il ne faut s'en servir qu'après avoir épuisé tous les autres moyens.

FOUET. Queue des chiens de chasse.

FOUET DE L'AILE. Extrémité de l'aile d'un oiseau.

FOUILLER. On dit qu'un chien fouille lorsqu'il chasse le nez à terre. Tous les jeunes chiens sont sujets à prendre cette habitude, il faut les en corriger.

FOUINE. Bête puante qui mange le gibier. Tuez.

Fourré. Partie de bois impénétrable à l'homme ; on y fait entrer les chiens

Fusée. Une pièce de gibier fait la fusée, lorsqu'elle s'élève perpendiculairement.

Fusil. *Voyez* chapitre II.

Furet. Petit animal de l'espèce de la belette ou de la fouine. Mis dans un terrier, il court après les lapins et les force à sortir.

Fureter. Chasser avec un furet.

G.

Gachette. Pièce de la platine en fer coulé, que la détente du fusil fait partir.

Gagnage. Lieux où le gibier mange.

Gale. Maladie des chiens. *Voyez* le chapitre XXVIII.

Gaulis. Bois de quinze à vingt ans.

Garde-chasse. Homme gagé par un propriétaire pour veiller à la conservation du gibier. Il prête serment devant le juge, et ses procès-verbaux font foi devant les tribunaux, à moins de preuves contraires.

Garde champêtre. Officier nommé par l'administration pour veiller à la conservation des récoltes. Il a le droit de verbaliser contre un chasseur qu'il trouve dans une terre dont les produits ne sont pas enlevés. Ses procès-verbaux font foi jusqu'à preuve contraire.

Geai. Oiseau qui mange les œufs de perdrix ou de cailles, quand il en trouve. Quand on le trouve lui-même, on le tue.

Gelinotte. Espèce de perdrix que l'on rencontre en Dauphiné. dans quelques montagnes de l'Auvergne, dans la Lorraine, etc.

Giberne. Boîte de cuir servant au transport des cartouches.

Gibier. On comprend sous ce nom tous les animaux sauvages bons à manger. On appelle gibier-poil les lièvres et les lapins ; gibier-plume les faisans, perdrix, cailles, etc. Quant aux fouines, belettes, etc., on les désigne sous le nom de bêtes puantes.

Gîte. C'est l'endroit où le lièvre se repose pendant le jour. Il le fait exactement conforme à son corps. Jamais un petit lièvre ne s'est placé dans un grand gîte.

Griffe. Petit crochet en fer avec lequel on enlève le culot de cuivre qui sert de base à la cartouche des fusils à culasse mobile.

GRIFFON. Espèce de chien d'arrêt, excellent à la chasse au marais.

GRIVE. Oiseau de passage. On la trouve dans les vignes en septembre et octobre. Excellente à manger quand elle est grasse ; elle se plaît à la broche avec une rôtie ; le vin de Bourgogne lui convient assez.

GUÉRÊT. Champ labouré non ensemencé.

GUEULE. On désigne ainsi la bouche du chien et l'orifice d'un terrier.

GUIGNARD. Espèce de pluvier, oiseau de passage extrêmement délicat ; on le trouve dans les plaines de la Beauce et aux environs d'Orléans. Un fin gourmet ne peut pas avouer que jamais il n'a mangé de guignard, il serait déshonoré.

GUIDON. On appelle ainsi le point de mire que l'on place à l'extrémité des canons d'un fusil. Le guidon doit toujours être sur la même ligne avec la visière et la pièce que l'on tire.

H.

HALBRAN. Jeune canard. On l'appelle ainsi pendant les mois de septembre et d'octobre. En novembre on tue des canards, on ne tue plus de halbrans. Ce mot est évidemment dérivé de l'allemand *halbe ente*, qui signifie demi-canard.

HALTE DE CHASSE. C'est le moment où les chasseurs et les chiens se reposent. On doit choisir pour la halte de chasse un lieu frais ou chaud, suivant la saison. Dans tous les temps, le déjeuner doit être bon et abondant ; la partie des liquides doit être soignée.

HASE. Femelle du lièvre. Ce mot est allemand, et signifie lièvre en général, sans distinction de sexe. Il est francisé depuis bien longtemps, car je l'ai trouvé dans les plus anciens livres de chasse, *le roi Modus*, et *Phébus de Foix*.

HOBEREAU. Le plus petit des oiseaux de proie. On donnait autrefois ce nom aux gentilshommes campagnards qui passaient leur vie à la chasse.

HOUPER. Lorsqu'on chasse dans un taillis, chacun doit houper son voisin, c'est-à-dire crier de temps en temps : *Houp ! houp !* Et celui-ci doit répondre. De cette manière, sans se voir, les chasseurs se tiennent sur la même ligne, et ne risquent point de se blesser en tirant.

HUBERT (SAINT). Patron de la chasse, notre protecteur dans le ciel. *Ora pro nobis.*

I.

IMMONDICES. Excréments des chiens. On se moquerait d'un chasseur qui se servirait de tout autre mot.

J.

JARRET. Endroit où se plie la jambe de derrière des chiens. On dit qu'un chien a du jarret, quand il chasse longtemps sans se fatiguer.

JOUETTE. Petit terrier creusé par le lapin ; il est sans profondeur.

JOUIR. Le chien jouit lorsqu'il prend une pièce toute chaude, qu'il la rapporte et qu'on la lui laisse lécher. Un chasseur doit faire jouir son chien.

JUDELLE. Espèce de poule d'eau.

JUGER. Tirer au juger, c'est tirer à l'endroit où l'on suppose la pièce. Dans les bois, on tire souvent le lapin au juger : avec une grande habitude on réussit très-souvent.

L.

LADRE. On appelle lièvre ladre un lièvre malade, dont le corps est plein d'humeur. On trouve les lièvres ladres dans les endroits marécageux, soit que la maladie les leur fasse rechercher, soit que ces lieux leur donnent la maladie. Quand on tue un de ces lièvres, il faut le laisser sur la place, sans lui donner les honneurs de la carnassière.

LAISSE. Cordeau qui sert à retenir le chien près du chasseur. On doit mettre le chien en laisse quand on chasse en battue.

LANDES. Terres plantées de bruyères, de genêts ou d'ajoncs. L'ajonc est un arbuste à fleurs jaunes, garni de piquans. Une terre plantée d'ajoncs est une excellente remise pour le gibier. Peu de chiens osent y pénétrer ; le griffon est le meilleur pour débusquer un lapin caché dans ces landes.

LAPEREAU. Jeune lapin.

LAPIN. Aimable petit quadrupède qui donne bien des jouissances au chasseur. Il faut des lapins dans une chasse bien organisée, mais il n'en faut pas trop. Le lapin est fort difficile à tirer, il glisse plus qu'il ne court, sa direction n'est jamais droite, il fait cent zigzags ; ce n'est que par une grande habitude qu'on parvient à tuer franchement le lapin. Broche et gibelotte.

LEVER LE GIBIER. C'est-à-dire le faire partir. Se lever, se dit d'une pièce qui part à l'improviste.

LEVRAUT. Petit du lièvre. A quatre mois, on l'appelle demi-levraut ; à six mois, il prend le nom de trois quarts. Ce n'est que lorsqu'il a neuf ou dix mois, qu'on lui donne le glorieux titre de lièvre. Papillotes et broche.

LIÈVRE. Le lièvre a les mêmes rapports avec le lapin, que le cheval avec l'âne. Cependant, accouplés ensemble, ces deux animaux n'engendrent pas. Le tir du lièvre est bien plus facile que celui du lapin. Broche et civet.

LITORNE. *Voir* GRIVE.

M.

MAILLÉ. Quand les perdreaux quittent leurs premières plumes, il leur en pousse d'autres d'une couleur plombée et couleur marron. Les chasseurs disent alors que les perdreaux sont maillés. C'est ordinairement vers le 15 août que ce changement s'opère, un peu plus tôt, un peu plus tard, suivant que la couvée est précoce ou tardive. Un perdreau qui n'est pas maillé est un pouilleux; le chasseur consciencieux ne tue jamais que des perdreaux maillés.

MAIN. Un chien chasse sous la main, lorsque habituellement il marche à quinze ou vingt pas de son maître. C'est une des premières qualités d'un bon chien d'arrêt.

MARAIS. Terres pleines d'eau sans écoulement. Les bécassines, les râles, les poules d'eau, etc., s'y plaisent. C'est une chasse fort agréable que la chasse au marais. On rencontre toujours quelque chose, on tire souvent; *ergò*, l'on s'amuse.

MARCHER. Ce n'est pas celui qui marche le plus, qui tue le plus de gibier, mais celui qui marche le mieux. *Voir* le chapitre V.

MARQUER. Un chien marque, lorsqu'il fait de fréquents faux arrêts aux lieux où peu de temps avant se trouvait le gibier. Un jeune chien marque, lorsqu'il commence à faire quelques arrêts mal assurés Un perdreau marque, lorsqu'il commence à mailler.

Matin. Chien qui n'est pas de bonne race pour chasser. Un chien est mâtiné lorsque son père ou sa mère n'était pas de bonne race. On ne doit point élever les chiens de cette sorte. Quelquefois ils sont très-bons, ils résistent mieux à la fatigue que ceux de race pure, mais ils ne sont pas beaux, et un amateur doit avoir non-seulement un bon chien, mais encore un beau chien.

Mener. On dit qu'un chien mène une pièce, lorsqu'il suit avec ardeur la voie qu'elle vient de parcourir. On ne doit jamais laisser mener un lièvre, un lapin au jeune chien; il prendrait de mauvaises habitudes. Mais un vieux routier, ferme à l'arrêt, qui connaît bien son affaire, c'est différent, on peut tout lui permettre.

Mettre bas. Se dit d'une chienne qui fait ses petits.

Monter une pièce de terre. C'est la battre à bon vent.

Moulinet. *Voyez* Chevalet.

N.

Nasiller. Se dit d'un chien qui quête le nez à terre; c'est un grand défaut dont il faut corriger les chiens d'arrêt.

Nez. Organe admirable chez le chien. Entre le nez de l'homme et celui du chien, aucune comparaison n'est possible. Tous les chiens n'ont pas le nez également bon.

Nuit. Quand le gibier a mangé dans un endroit, on dit qu'il y a fait sa nuit.

O.

Odorat. *Voyez* Nez.

Oreillon. Maladie des chiens. *Voyez* chapitre XXVIII.

Ouverture des chasses. C'est l'époque où chacun peut chasser sur sa propriété. Avant l'ouverture, il n'est permis de chasser que dans les bois ou dans les parcs. Le jour d'ouverture est un grand jour pour les amateurs; la veille ils ne dorment jamais.

P.

Pantière. Invention du diable ou des braconniers pour prendre les perdrix.

Patron (Chasser a). C'est-à-dire chasser avec deux chiens d'arrêt qui se croisent toujours et ne s'écartent pas de leur maître. Pour

24.

chasser à patron, il faut que les chiens soient bien dressés : lorsque l'un tombe en arrêt, l'autre doit rester immobile. Cependant un bon tireur peut chasser avec deux chiens qui n'arrêtent pas et qui quêtent sous la main, mais il faut être bon tireur.

Pariade. Le temps de la pariade est celui où les perdrix s'accouplent. Alors, au lieu d'aller en compagnies, elles vont deux à deux. Lorsqu'on les chasse à cette époque, il ne faut tuer que les mâles, qui partent toujours après les femelles.

Partir. Action du gibier qui fuit. Malgré l'Académie, les chasseurs disent : *Il me part* un lièvre, *il lui est parti* un faisan, etc.

Passée. C'est le moment où la bécasse passe le long des chemins dans les bois ou dans les clairières. Chasser à la passée est synonyme de chasser à l'affût de la bécasse.

Pelote. Boule de linge nécessaire pour instruire le chien à rapporter la caille ou la perdrix. *Voir* chapitre XXVI.

Peloter une perdrix. La tuer sans qu'elle fasse le moindre mouvement.

Percer. Un chien perce lorsqu'il quête droit devant lui, en s'éloignant de son maître. Correction.

Perdreau. Petit de la perdrix. A la Saint-Remi, les perdreaux sont des perdrix. Chair tendre et délicate. Piqué, rôti, citron, ou mieux encore orange amère. Le vin de Bordeaux accompagne le tout d'une manière satisfaisante.

Perdrix. Nous avons en France trois espèces de perdrix : les rouges, les grises et les bartavelles, qu'on ne trouve que dans les provinces méridionales. C'est un excellent gibier qui donne de grandes jouissances aux chasseurs et aux gastronomes. Sa chair a moins de fumet que celle du faisan ou de la bécasse, mais on s'en lasse moins vite. La vieille perdrix doit être cuite à la casserole, aux choux, aux lentilles, etc.; à la broche, elle serait trop dure.

Pie. Oiseau qu'il faut tirer en tout temps, parce qu'il mange les œufs de perdrix.

Pièce. On appelle pièce de gibier tout animal sauvage d'une certaine grosseur que l'on tue, soit au vol, soit à la course. La caille et le lapin sont des pièces. On refuse ce nom à l'alouette, à la grive, parce qu'elles sont trop petites ; au pigeon biset, parce qu'il est trop facile à tuer. Mais on l'accorde à la fouine, à la belette, à l'épervier, à la pie, non pour leur mérite personnel, mais comme prime d'encouragement au chasseur qui peut les compter parmi ses autres droits à la royauté d'un jour.

PIED. On dit qu'un chien est sur le pied, quand il sent une pièce de gibier et qu'il la suit dans tous ses détours, marches et contre-marches. Il faut le laisser faire sans rien dire, pour ne pas lui donner de fâcheuses distractions. Si cependant il a l'air de vouloir s'emporter, on le retient en lui disant : *Tout beau ! tout beau !* Si l'on a soigné son éducation, il obéira.

PIE-GRIÈCHE, ou **TARNAGAS**. Cet oiseau mange aussi les œufs de per-drix : on doit le traiter comme la pie, le geai, l'épervier, et tous les autres *ejusdem farinæ*.

PIETER. On dit qu'une perdrix, une caille piette, lorsque, au lieu de se laisser arrêter par le chien, elle marche devant lui, cherchant à le fuir sans employer les ailes.

PIEU. Lorsqu'un chien est ferme dans son arrêt, qu'il ne le force jamais, on dit qu'il arrête comme un pieu.

PILLER. Action du chien qui ne tient pas l'arrêt, se jette sur la pièce et cherche à la prendre. Faute grave, correction immédiate.

PIQUER. On dit qu'un oiseau pique, lorsque son vol est presque vertical, dans un angle de soixante-dix à quatre-vingts degrés : la perdrix rouge pique souvent. On dit qu'une pièce est piquée, lors-que des grains de plomb l'ont touchée sans l'arrêter.

PISTE. Voie qu'a suivie une pièce de gibier.

PIVOT. Lorsque les chasseurs marchent en ligne, ceux qui sont le plus loin des frontières de leurs propriétés forment le pivot de la conversion. Ils font beaucoup moins de chemin que les autres. On place au pivot les paresseux et les vieillards. *Voyez* AILE MAR-CHANTE.

PLATINE. Assemblage des différentes pièces qui concourent ensem-ble à l'inflammation de la capsule; le grand ressort, la noix, la bride de noix, la gachette, le ressort de la gachette, le chien, etc.

PLOMB. Le plomb de chasse doit être uni, rond, et de grosseur égale; il faut regarder s'il ne contient pas des grains creux. Il existe du plomb de douze numéros différents: on se sert de chacun suivant la saison ou les circonstances. *Voir* chapitre IV.

PLUME (GIBIER). Perdrix, faisan, caille, canard, etc., etc. On dit qu'un chasseur tire mieux la plume que le poil, quand il tue plus souvent les oiseaux que les quadrupèdes.

PLUVIER. Oiseau de passage, délicat, bon fumet; broche et salmis.

POIL (GIBIER). Lièvres, lapins. Lorsqu'un chasseur tire également bien le lapin et la perdrix, le faisan et le lièvre, on dit qu'il est bon au poil comme à la plume.

POINTER. Une perdrix pointe, lorsqu'elle s'élève perpendiculairement après le coup de fusil, ce qui prouve qu'elle est blessée à la tête. Souvent elle tombe fort loin du chasseur ; regardez bien, cherchez... Vous ne la trouverez pas toujours.

POINTER. Chien anglais. *Voir* chapitre XXV.

PORT-D'ARMES. Un chasseur doit se soumettre aux lois. *Voir* à la fin du volume toutes celles relatives au port-d'armes.

PORTÉE D'UNE CHIENNE. Quand une chienne fait ses petits, on dit qu'elle fait sa portée. C'est sa première, sa seconde portée.

PORTÉE D'UN FUSIL. Un fusil porte bien, lorsqu'à la distance de quarante pas il crible une feuille de papier comme une écumoire.

POUDRE. Composition de soixante-dix-huit parties de salpêtre, douze parties de charbon et dix de soufre : invention attribuée à Roger Bacon, en 1216 par les uns ; et par d'autres au moine Berthold Schwartz, en 1320. Les Chinois ont connu la poudre plusieurs siècles avant les Européens. *Voir* le chapitre II.

POUDRE FULMINANTE. Composition de mercure, d'eau forte, d'esprit de vin à 36 degrés, de salpêtre, et d'une légère quantité de soufre. La poudre fulminante sert à charger les capsules.

POUDRIÈRE. Ustensile servant au chasseur pour porter sa poudre. *Voir* le chapitre II.

POUILLEUX ou **POUILLARD.** On désigne ainsi le très-jeune perdreau de la grosseur d'une caille. Tuer un pouilleux est un crime de chasse qui doit être puni par les risées, les sarcasmes, les plaisanteries des chasseurs consciencieux.

POULE. Femelle du faisan, de la perdrix. On dit une poule-faisane, une poule-perdrix.

POULE D'EAU. Oiseau de marais, beau coup de fusil. *Voir* le chapitre XVIII.

PROCÈS-VERBAL. Point de roses sans épines. Il faut éviter le procès-verbal, en ne se mettant point en contravention. Le chapitre IX donne plusieurs moyens pour se tirer d'affaire : s'ils ne sont pas efficaces, on doit subir les conséquences d'une faute, sans l'aggraver par des querelles souvent dangereuses et toujours désagréables.

Q.

Quêter. Lorsqu'un chien quête le nez haut, qu'il sait prendre le vent, et ne laisse pas une touffe d'herbes sans la visiter, on dit qu'il quête bien.

R.

Rabattre. Pousser le gibier vers le chasseur. Quand on chasse en battue, on a des rabatteurs.

Rabouillière. Trou que le lapin creuse loin des terriers pour y faire ses petits, et les sauver de son mâle qui les mangerait.

Raccourcir un chien. Lorsqu'un chien chasse loin de son maître, qu'il s'emporte à la vue du gibier, il faut le raccourcir, c'est-à-dire diminuer son ardeur. On y parvient avec le collier de force, quelques bonnes saccades, et enfin avec un coup de fusil dans les fesses. On doit charger avec du petit plomb, et tirer à quarante pas.

Rachée. Touffe de jeune bois poussant sur une vieille souche.

Rage. Maladie des chiens. Remède : un coup de fusil à bout portant.

Rale d'eau, Rale de genêt. Oiseaux de passage. Charmant gibier pour le chasseur, délicieux pour le gastronome. Broche et salmis, truffes, quand c'est possible ; et, dans toutes circonstances, grand vin de Bourgogne.

Randonnée. Grand circuit que fait le chasseur autour des terres de son obéissance. Lorsqu'on chasse en ligne, celui qui se trouve à l'aile marchante fait toujours la plus grande randonnée.

Rappeler. Quand une compagnie est dispersée, les perdreaux chantent pour s'appeler mutuellement et se réunir : ce chant se nomme le rappel. Une perdrix rappelle bien, se dit d'une bonne chanterelle.

Raser (Se). Action du gibier qui se tapit contre terre pour se cacher. Le lièvre, le lapin, se rasent quand ils sont poursuivis, c'est-à-dire qu'ils se blottissent dans une place où leur intention n'est pas de rester longtemps. La perdrix, la caille, se rasent aussi devant le chasseur, ou quand un oiseau de proie plane dans l'air.

Rater. Le fusil rate lorsque la charge ne prend point le feu de la capsule, ou lorsque la capsule mal faite ne s'enflamme pas. Avant de la poser, il faut voir si la cheminée est pleine de poudre, s'il ne s'y trouve aucun corps étranger. On doit regarder aussi l'intérieur de la capsule ; quelquefois le grain de poudre fulminante se détache.

Recoquée. Seconde couvée de perdreaux, lorsque la première n'a pas réussi.

Remarquer la remise. C'est la principale chose dont il faut s'occuper lorsque le gibier part, ou quand on a tiré.

Remarqueur. C'est un homme que l'on fait grimper sur un arbre pour voir la remise des bécasses.

Remettre. Une perdrix, une caille, etc., se remettent, lorsque après avoir achevé leur vol elles s'abattent. On dit aussi remiser.

Remise. Endroit où s'arrête le gibier qu'on a fait lever.

Renacler. On dit qu'un chien renacle, lorsque, sentant la place où le gibier se trouvait peu de temps avant, il se délecte à saisir toutes les particules odorantes. Il manifeste la jouissance qu'il éprouve par une espèce d'éternuement.

Renard. Braconnier à quatre pattes, sans fusil ni filet. Il ne vend pas le gibier, mais il le mange.

Rencontrer. Action du chien qui commence à sentir la voie suivie par le gibier. Un chasseur connaît toujours quand son chien rencontre. Les mouvements de la queue sont plus vifs.

Rendez-vous. Endroit où les chasseurs se réunissent, soit pour entrer en chasse, soit pour déjeuner.

Repaire. Crotte du lièvre et du lapin. On dit aussi le repaire de la perdrix, du faisan, etc.

Repos (Cran du). Lorsque le chien, sans être armé, n'est pas abattu, le fusil est au repos. Ce cran n'est d'aucun usage dans les fusils à marteau.

Rivoter. C'est-à-dire marcher sur les bords d'une chasse, soit pour empêcher le gibier d'en sortir, soit pour veiller à ce que d'autres chasseurs n'y pénètrent.

Roi de cailles. *Voir* Rales.

Roi de la chasse. On nomme ainsi le chasseur qui tue le plus de pièces. Il tient le haut bout de la table ; ordonne en souverain, reçoit les hommages de tous ; la bredouille lui sert à boire. Lorsque plusieurs chasseurs ont des droits égaux à la royauté, le plus âgé l'emporte.

Roquette. Petite perdrix grise que l'on dit être de passage.

Rouge-vieux. Maladie des chiens, plus fréquente chez les épagneuls que chez les autres. Guérison difficile. *Voir* chap. XXVIII.

Rouler. Un lièvre tué raide est un lièvre roulé. Expression consacrée.

Ruban. Pièce composée moitié d'acier, moitié de fer, forgée en spirale, et soudée à légers coups de marteau, pour devenir canon de fusil.

Ruser. Action du gibier qui, se sentant poursuivi par le chien, va, vient, revient, fait cent détours pour échapper aux inconvénients du tourne-broche.

S.

Sac a plomb. Les plus commodes sont ceux qui, du moment qu'on presse un ressort, laissent tomber la charge dans le canon.

Saccade. Punition que l'on donne au chien qui n'obéit pas, en tirant le cordeau joint au collier de force.

Sarcelle. Oiseau de passage. Superbe coup de fusil. Broche et salmis.

Sentiment. Première odeur apportée par le vent au nez du chien.

Sole. Dessous des pattes du chien.

Sous-garde. Pièce de fer placée sous les platines ; elle sert à garantir les détentes des chocs involontaires.

T.

Taillis. Bois qui repousse après avoir été coupé. Les taillis sont d'excellentes remises pour le gibier. Les meilleurs sont ceux de deux, trois, et quatre ans.

Tenir. On dit que le gibier tient, quand il se laisse approcher, arrêter par le chien. On dit qu'un chien tient l'arrêt, lorsqu'il reste immobile, sans aucun désir de piller.

Terrier. Excavation creusée par les lapins. Un terrier a plusieurs étages, chacun a des corridors, des galeries, et plusieurs gueules d'où sortent les lapins quand on les chasse au furet. Il existe des terriers d'une grande étendue. Pour faire un terrier, les lapins choisissent toujours l'endroit le plus sec.

Tire-bourre. Réunion de deux morceaux de fer roulés en spirale, et formant deux crochets pointus. On met le tire-bourre au bout de la baguette pour décharger le fusil qu'on ne veut pas ou qu'on ne peut pas tirer. Les tire-bourres en forme de vis, d'une seule pièce, ne valent rien.

TIRER. Pour bien tirer, il faut voir le milieu de la pièce de gibier, dans le prolongement d'une ligne passant par la visière et le guidon.

TIREUR. Un bon tireur doit tuer au moins les trois quarts des pièces qu'il tire : il doit tirer toutes celles qui partent à bonne distance.

TONNERRE. C'est l'endroit où se met la charge dans un canon de fusil. Comme c'est là que s'opère l'embrasement de la poudre, il est nécessaire que cette partie de l'arme soit plus renfoncée que les autres.

TOURDRE. *Voyez* GRIVE.

TOURNE. Mot que le chasseur dit au chien pour l'empêcher de percer et pour le faire quêter en zigzag.

TOURNE-VIS. Instrument nécessaire au chasseur pour démonter les platines, les canons de fusil. On doit en avoir deux : un pour les vis, l'autre pour les cheminées.

TOURNER. On tourne un lièvre que l'on voit au gîte, c'est-à-dire qu'on décrit autour de lui plusieurs cercles qu'on rétrécit à mesure qu'on s'en approche. On tourne un chien en arrêt pour l'y maintenir et l'empêcher de piller.

TOUT-BEAU ! Expression consacrée, employée souvent dans l'éducation d'un chien d'arrêt. Il doit la connaitre et s'arrêter dès qu'il l'entend prononcer par son maître.

TRACE. Marque formée par le pied d'une bête.

TRAINE. On dit que les perdreaux sont à la traîne, quand ils suivent leur mère en marchant, sans pouvoir encore se servir de leurs ailes.

TROIS-QUARTS. Levraut de six mois.

TRAQUER. *Voyez* RABATTRE.

V.

VANNEAU. Oiseau de passage. On l'approche difficilement. Gibier Délicat. Broche et salmis.

VARENNE. C'était autrefois une certaine étendue de terre dont la chasse appartenait au roi seul, comme la varenne du Louvre, la varenne de Saint-Maur. Le mot varenne vient de *warhem*, qui signifie en allemand garder, défendre.

VENT. En entrant en chasse, le vent est la première chose qu'il faut considérer. Il faut toujours chasser à bon vent. (*Voyez* chap. v). Un chien chasse le nez au vent, lorsqu'il porte la tête haute. Un bon chien sait prendre le vent, c'est-à-dire qu'il marche de manière à sentir le gibier, sans en être senti.

VEROTER. Se dit des bécasses, pluviers, vanneaux, qui vont le matin ou le soir chercher des vers dans les endroits marécageux.

VIDER. Un chasseur qui se respecte ne doit pas dire qu'un chien fait ses ordures, mais qu'il se vide.

VISIÈRE. Marque placée au-dessus du tonnerre ; la pièce que l'on tire doit se trouver en ligne droite avec la visière et le guidon.

VOIE. Endroit où le gibier a passé sans laisser de traces apparentes. L'homme ne peut la voir, mais un chien la sent.

VOIX (DONNER DE LA). Lorsqu'un chien d'arrèt poursuit un lièvre. il jappe ; on dit alors qu'il donne de la voix. Quelques chiens donnent de la voix en suivant un lapin, mais c'est rare.

VOL. Un chasseur tire bien au vol, lorsque, prompt à mettre en joue, il ne se presse pas pour serrer la détente.

FIN DU VOCABULAIRE.

LOI

SUR LA POLICE DE LA CHASSE.

Au Palais des Tuileries, le 3 mai 1844.
(Promulguée le 4 mai.)

LOUIS-PHILIPPE, ROI DES FRANÇAIS,
A tous présents et à venir, SALUT.

Nous avons proposé, les Chambres ont adopté, NOUS AVONS ORDONNÉ ET ORDONNONS CE QUI SUIT :

SECTION PREMIÈRE.

De l'exercice du droit de chasse.

ARTICLE PREMIER. — Nul ne pourra chasser, sauf les exceptions ci-après, si la chasse n'est pas ouverte, et s'il ne lui a pas été délivré un permis de chasse par l'autorité compétente.

Nul n'aura la faculté de chasser sur la propriété d'autrui sans le consentement du propriétaire ou de ses ayant-droits.

ART. 2. — Le propriétaire ou possesseur peut chasser ou faire chasser en tout temps, sans permis de chasse, dans ses possessions attenant à une habitation et entourées d'une clôture continue faisant obstacle à toute communication avec les héritages voisins.

ART. 3. — Les préfets détermineront, par des arrêtés publiés au moins dix jours à l'avance, l'époque de l'ouverture et celle de la clôture de la chasse, dans chaque département.

ART. 4. — Dans chaque département il est interdit de mettre en vente, de vendre, d'acheter, de transporter et de colporter du gibier pendant le temps où la chasse n'y est pas permise.

En cas d'infraction à cette disposition, le gibier sera saisi, et immédiatement livré à l'établissement de bienfaisance le plus voisin, en vertu soit d'une ordonnance du juge de paix, si la saisie a eu lieu au chef-lieu de canton, soit d'une autorisation du maire, si le juge de paix est absent, ou si la saisie a été faite dans une commune autre que celle du chef-lieu. Cette ordonnance ou cette autorisation sera délivrée sur la requête des agents ou gardes qui auront opéré la saisie, et sur la présentation du procès-verbal régulièrement dressé.

La recherche du gibier ne pourra être faite à domicile que chez les aubergistes, chez les marchands de comestibles et dans les lieux ouverts au public.

Il est interdit de prendre ou de détruire, sur le terrain d'autrui, des œufs et des couvées de faisans, de perdrix et de cailles.

ART. 5. — Les permis de chasse seront délivrés, sur l'avis du maire et du sous-préfet, par le préfet du département dans lequel celui qui en fera la demande aura sa résidence ou son domicile.

La délivrance des permis de chasse donnera lieu au paiement d'un droit de quinze francs (15 fr.) au profit de l'État, et de dix francs (10 fr.) au profit de la commune dont le maire aura donné l'avis énoncé au paragraphe précédent.

Les permis de chasse seront personnels; ils seront valables pour tout le royaume, et pour un an seulement.

ART. 6. — Le préfet pourra refuser le permis de chasse :

1° A tout individu majeur qui ne sera point personnellement inscrit, ou dont le père ou la mère ne serait pas inscrit au rôle des contributions ;

2° A tout individu qui, par une condamnation judiciaire, a été privé de l'un ou de plusieurs des droits énumérés dans l'article 42 du Code pénal, autres que le droit de port-d'armes ;

3° A tout condamné à un emprisonnement de plus de six mois pour rébellion ou violence envers les agents de l'autorité publique ;

4° A tout condamné pour délit d'association illicite, de fabrication, débit, distribution de poudre, armes ou autres munitions de guerre : de menaces écrites ou de menaces verbales avec ordre ou sous condition ; d'entraves à la circulation des grains ; de dévastations d'arbres ou de récoltes sur pied, de plants venus naturellement ou faits de main d'homme ;

5° A ceux qui auront été condamnés pour vagabondage, mendicité, vol, escroquerie ou abus de confiance.

La faculté de refuser le permis de chasse aux condamnés dont il est question dans les paragraphes 3, 4 et 5 cessera cinq ans après l'expiration de la peine.

Art. 7. — Le permis de chasse ne sera pas délivré :

1° Aux mineurs qui n'auront pas seize ans accomplis ;

2° Aux mineurs de seize à vingt et un ans, à moins que le permis ne soit demandé pour eux par leur père, mère, tuteur ou curateur, porté au rôle des contributions ;

3° Aux interdits ;

4° Aux gardes champêtres ou forestiers des communes et établissements publics, ainsi qu'aux gardes forestiers de l'État et aux gardes-pêche.

Art. 8. — Le permis de chasse ne sera pas accordé :

1° A ceux qui, par suite de condamnations, sont privés du droit de port-d'armes;

2° A ceux qui n'auront pas exécuté les condamnations prononcées contre eux pour l'un des délits prévus par la présente loi ;

3° A tout condamné placé sous la surveillance de la haute police.

Art. 9. — Dans le temps où la chasse est ouverte, le permis donne, à celui qui l'a obtenu, le droit de chasser de jour, à tir et à courre, sur ses propres terres, et sur les terres d'autrui avec le consentement de celui à qui le droit de chasse appartient.

Tous autres moyens de chasse, à l'exception des furets et des bourses destinés à prendre le lapin, sont formellement prohibés.

Néanmoins les préfets des départements, sur l'avis des conseils généraux, prendront des arrêts pour déterminer :

1° L'époque de la chasse des oiseaux de passage, autres que la caille, et les modes et procédés de cette chasse ;

2° Le temps pendant lequel il sera permis de chasser le gibier d'eau, dans les marais, sur les étangs, fleuves et rivières ;

3° Les espèces d'animaux malfaisants ou nuisibles que le propriétaire, possesseur ou fermier, pourra en tout temps détruire sur ces terres, et les conditions de l'exercice de ce droit, sans préjudice du droit appartenant au propriétaire ou au fermier de repousser ou de détruire, même avec des armes à feu, les bêtes fauves qui porteraient dommage à ses propriétés.

Ils pourront également prendre des arrêtés :

1° Pour prévenir la destruction des oiseaux ;

2° Pour autoriser l'emploi des chiens lévriers pour la destruction des animaux malfaisants ou nuisibles ;

3° Pour interdire la chasse pendant les temps de neige.

Art. 10. — Des ordonnances royales détermineront la gratification qui sera accordée aux gardes et gendarmes rédacteurs des procès-verbaux ayant pour objet de constater les délits.

SECTION II.

Des peines.

Art. 11. — seront punis d'une amende de seize à cent francs :

1° Ceux qui auront chassé sans permis de chasse ;

2° Ceux qui auront chassé sur le terrain d'autrui sans le consentement du propriétaire.

L'amende pourra être portée au double si le délit a été commis sur des terres non dépouillées de leurs fruits, ou s'il a été commis sur un terrain entouré d'une clôture continue faisant obstacle à toute communication avec les héritages voisins, mais non attenant à une habitation.

Pourra ne pas être considéré comme délit de chasse le fait du passage des chiens courants sur l'héritage d'autrui, lorsque ces chiens seront à la suite d'un gibier lancé sur la propriété de leurs maîtres, sauf l'action civile, s'il y a lieu, en cas de dommage ;

3° Ceux qui auront contrevenu aux arrêts des préfets concernant les oiseaux de passage, le gibier d'eau, la chasse en temps de neige, l'emploi des chiens lévriers, ou aux arrêtés concernant la destruction des oiseaux et celle des animaux nuisibles ou malfaisants ;

4° Ceux qui auront pris ou détruit, sur le terrain d'autrui, des œufs ou couvées de faisans, de perdrix ou de cailles ;

5° Les fermiers de la chasse, soit dans les bois soumis au régime forestier, soit sur les propriétés dont la chasse est louée au profit des communes ou établissements publics, qui auront contrevenu aux clauses et conditions de leurs cahiers de charges relatives à la chasse.

Art. 12. — Seront punis d'une amende de cinquante à deux cents francs, et pourront en outre l'être d'un emprisonnement de six jours à deux mois :

1° Ceux qui auront chassé en temps prohibé ;

2° Ceux qui auront chassé pendant la nuit ou à l'aide d'engins et instruments prohibés, ou par d'autres moyens que ceux qui sont autorisés par l'article 9 ;

3° Ceux qui seront détenteurs ou ceux qui seront trouvés munis ou porteurs, hors de leur domicile, de filets, engins ou autres instruments de chasse prohibés ;

4° Ceux qui, en temps où la chasse est prohibée, auront mis en vente, vendu, acheté, transporté ou colporté du gibier ;

5° Ceux qui auront employé des drogues ou appâts qui sont de nature à enivrer le gibier ou à le détruire ;

6° Ceux qui auront chassé avec appeaux, appelants ou chanterelles.

Les peines déterminées par le présent article pourront être portées au double contre ceux qui auront chassé pendant la nuit sur le terrain d'autrui et par l'un des moyens spécifiés au paragraphe 2, si les chasseurs étaient munis d'une arme apparente ou cachée.

Les peines déterminées par l'article 11 et par le présent article seront toujours portées au maximum, lorsque les délits auront été commis par les gardes champêtres ou forestiers des communes, ainsi que par les gardes forestiers de l'État et des établissements publics.

Art. 13. — Celui qui aura chassé sur le terrain d'autrui sans son consentement, si ce terrain est attenant à une maison habitée ou servant à l'habitation, et s'il est entouré d'une clôture continue faisant obstacle à toute communication avec les héritages voisins, sera puni d'une amende de cinquante à trois cents francs, et pourra l'être d'un emprisonnement de six jours à trois mois.

Si le délit a été commis pendant la nuit, le délinquant sera puni d'une amende de cent francs à mille francs, et pourra l'être d'un emprisonnement de trois mois à deux ans, sans préjudice, dans l'un et l'autre cas, s'il y a lieu, de plus fortes peines prononcées par le Code pénal.

Art. 14.—Les peines déterminées par les trois articles qui précèdent pourront être portées au double si le délinquant était en état de récidive, et s'il était déguisé ou masqué, s'il a prix un faux nom, s'il a usé de violence envers les personnes, ou s'il a fait des menaces, sans préjudice, s'il y a lieu, de plus fortes peines prononcées par la loi.

Lorsqu'il y aura récidive, dans les cas prévus en l'article 11. la peine de l'emprisonnement de six jours à trois mois pourra être appliquée si le délinquant n'a pas satisfait aux condamnations précédentes.

Art. 15. — Il y a récidive lorsque, dans les douze mois qui ont précédé l'infraction, le délinquant a été condamné en vertu de la présente loi.

Art. 16. — Tout jugement de condamnation prononcera la confiscation des filets, engins et autres instruments de chasse. Il ordonnera, en outre, la destruction des instruments de chasse prohibés.

Il prononcera également la confiscation des armes, excepté dans les cas où le délit aura été commis par un individu muni d'un permis de chasse, dans le temps où la chasse est autorisée.

Si les armes, filets, engins ou autres instruments de chasse n'ont pas été saisis, le délinquant sera condamné à les représenter ou à en payer la valeur, suivant la fixation qui en sera faite par le jugement, sans qu'elle puisse être au-dessous de cinquante francs.

Les armes, engins ou autres instruments de chasse, abandonnés par les délinquants restés inconnus, seront saisis et déposés au greffe du tribunal compétent. La confiscation et, s'il y a lieu, la destruction en seront ordonnées sur le vu du procès-verbal.

Dans tous les cas, la quotité des dommages-intérêts est laissée à l'appréciation des tribunaux.

Art. 17. — En cas de conviction de plusieurs délits prévus par la présente loi, par le Code pénal ordinaire ou par

25.

les lois spéciales, la peine la plus forte sera seule prononcée.

Les peines encourues pour des faits postérieurs à la déclaration du procès-verbal de contravention pourront être cumulées, s'il y a lieu, sans préjudice des peines de la récidive.

ART. 18. — En cas de condamnation pour délits prévus par la présente loi, les tribunaux pourront priver le délinquant du droit d'obtenir un permis de chasse pour un temps qui n'excédera pas cinq ans.

ART. 19. — La gratification mentionnée en l'article 10 sera prélevée sur le produit des amendes.

Le surplus desdites amendes sera attribué aux communes sur le territoire desquelles les infractions auront été commises.

ART. 20. — L'article 463 du Code pénal ne sera pas applicable aux délits prévus par la présente loi.

SECTION III.

De la poursuite et du jugement.

ART. 21. — Le délits prévus par la présente loi seront prouvés, soit par procès-verbaux ou rapports, soit par témoins, à défaut de rapports et procès-verbaux, ou à leur appui.

ART. 22. — Les procès-verbaux des maires et adjoints, commissaires de police, officier, maréchal des logis ou brigadier de gendarmerie, gendarmes, gardes forestiers, gardes-pêche, gardes champêtres, ou gardes assermentés des particuliers, feront foi jusqu'à preuve contraire.

ART. 23. — Les procès-verbaux des employés des contributions indirectes et des octrois feront également foi jusqu'à preuve contraire, lorsque, dans la limite de leurs attributions respectives, ces agents rechercheront et constateront les délits prévus par le paragraphe 1er de l'article 4.

ART. 24. — Dans les vingt-quatre heures du délit, les procès-verbaux des gardes seront, à peine de nullité, affirmés par les rédacteurs devant le juge de paix ou l'un de ses suppléants, ou devant le maire ou l'adjoint, soit de la commune de leur résidence, soit de celle où le délit aura été commis.

ART. 25. — Les délinquants ne pourront être saisis ni désarmés ; néanmoins, s'ils sont déguisés ou masqués, s'ils refusent de faire connaître leurs noms, ou s'ils n'ont pas de domicile connu, ils seront conduits immédiatement devant le maire ou le juge de paix, lequel s'assurera de leur individualité.

ART. 26. — Tous les délits prévus par la présente loi seront poursuivis d'office par le ministère public, sans préjudice du droit conféré aux parties lésées par l'article 182 du Code d'instruction criminelle.

Néanmoins, dans le cas de chasse sur le terrain d'autrui sans le consentement du propriétaire, la poursuite d'office ne pourra être exercée par le ministère public, sans une plainte de la partie intéressée, qu'autant que le délit aura été commis dans un terrain clos, suivant les termes de l'article 2, et attenant à une habitation, ou sur des terres non encore dépouillées de leurs fruits.

ART. 27. — Ceux qui auront commis conjointement les délits de chasse seront condamnés solidairement aux amendes, dommages-intérêts et frais.

ART. 28. — Le père, la mère, le tuteur, les maîtres et commettants, sont civilement responsables des délits de chasse commis par leurs enfants mineurs non mariés, pupilles demeurant avec eux, domestiques ou préposés, sauf tout recours de droit.

Cette responsabilité sera réglée conformément à l'article 1384 du Code civil, et ne s'appliquera qu'aux dommages-intérêts et frais, sans pouvoir toutefois donner lieu à la contrainte par corps.

ART. 29. — Toute action relative aux délits prévus par la présente loi sera prescrite par le laps de trois mois, à compter du jour du délit.

SECTION IV.

Dispositions générales.

ART. 30. — Les dispositions de la présente loi relatives à l'exercice du droit de chasse ne sont pas applicables aux propriétés de la Couronne. Ceux qui commettraient des délits de chasse dans ces propriétés seront poursuivis et punis conformément aux sections II et III.

ART. 31. — Le décret du 4 mai 1812 et la loi du 30 avril 1790 sont abrogés.

Sont et demeurent également abrogés les lois, arrêtés, décrets et ordonnances intervenus sur les matières réglées par la présente loi, en tout ce qui est contraire à ses dispositions.

La présente loi, discutée, délibérée et adoptée par la Chambre des pairs et par celle des députés, et sanctionnée par nous cejourd'hui, sera exécutée comme loi de l'État.

DONNONS EN MANDEMENT à nos cours et tribunaux, préfets, corps administratifs, et tous autres, que les présentes ils gardent et maintiennent, fassent garder, observer et maintenir, et, pour les rendre plus notoires à tous, ils les fassent publier et enregistrer partout où besoin sera ; et, afin que ce soit chose ferme et stable à toujours, nous y avons fait mettre notre sceau.

Fait au palais des Tuileries, le 3ᵉ jour du mois de mai l'an 1844.

Signé : LOUIS-PHILIPPE.

Vu et scellé du grand sceau :	Par le Roi :
Le Garde des sceaux de France, Ministre Secrétaire d'Etat au département de la justice et des cultes.	*Le Garde des sceaux de France, Ministre Secrétaire d'Etat au département de la justice et des cultes,*
Signé N. MARTIN (du Nord).	*Signé* N. MARTIN (du Nord.)

CIRCULAIRE

DE M. LE MINISTRE DE LA JUSTICE

CONCERNANT L'EXÉCUTION DE LA LOI DU 3 MAI 1844, SUR LA POLICE DE LA CHASSE.

Monsieur le procureur général, l'opinion publique accusait depuis longtemps notre législation sur la chasse de faiblesse et d'insuffisance. Elle demandait contre le braconnage des moyens de répression plus sévères et plus efficaces. Le vœu qu'elle a exprimé a été entendu par le Gouvernement et les Chambres : la loi sur la police de la chasse a été rendue. Si cette loi est exécutée comme elle doit l'être, avec une sage fermeté, elle fera cesser les abus qui excitaient de si vives et de si justes réclamations. Elle sera un bienfait pour la propriété et l'agriculture, qui regardent avec raison les braconniers comme l'un de leurs plus redoutables fléaux ; elle préservera le gibier de la destruction complète et prochaine dont il était menacé ; elle aura enfin un résultat moral qui doit l'agrandir et en relever l'importance aux yeux de tous les gens de bien : elle empêchera une classe nombreuse et intéressante de la société de se livrer à des habitudes d'oisiveté et de désordres qui conduisaient trop souvent au crime. Les fonctions que vous remplissez vous mettent à même de reconnaître et d'apprécier mieux que personne les avantages incontestables de cette loi. Je viens vous prier d'en surveiller l'exécution, et vous signaler celles de ces dispositions sur lesquelles votre attention me paraît devoir se fixer plus particulièrement.

La loi est divisée en quatre sections, dont la première renferme toutes les prescriptions relatives à l'exercice du droit de chasse. Cette première partie est celle qui contient les innovations les plus nombreuses et les plus importantes.

L'article 1er établit en principe que nul ne pourra chasser, même sur sa propriété, si la chasse n'est pas ouverte, et s'il ne lui a pas été délivré un permis de chasse par l'autorité compétente. Il modifie l'ancienne législation, en ce qu'il exige, pour tous les procédés et moyens de chasse, le permis de l'autorité, qui n'était exigé par le décret du 4 mai 1812 que pour la chasse au fusil; et afin de qualifier ce permis d'une manière qui en indique la portée, il lui donne le nom de permis de chasse au lieu du nom de permis de port d'armes de chasse, sous lequel le décret de 1812 le désignait. Pour être fidèle à la pensée de la loi, il faut entendre le mot chasse dans le sens le plus général, et l'appliquer sans distinction à la recherche, à la poursuite de tout animal sauvage ou de tout oiseau. C'est ainsi, au surplus, que ce mot a été entendu par la cour de cassation, même sous l'empire de la législation de 1790 et de 1812. Il en résulte que, quel que soit l'animal sauvage ou l'oiseau que l'on chasse, et s'il s'agit d'oiseaux de passage, quels que soient le moyen et le procédé de chasse dont on soit autorisé à se servir, un permis de chasse est nécessaire.

L'article 2 admet une exception au principe général posé dans l'article 1er : il autorise le « propriétaire ou possesseur à chasser ou faire chasser en tout temps dans ses possessions, attenant à une habitation et entourées d'une clôture continue faisant obstacle à toute communication avec les héritages voisins. »

L'exception est beaucoup plus restreinte qu'elle ne l'était sous l'empire de la loi du 30 avril 1790. Cette dernière loi permettait au propriétaire ou possesseur de chasser en tout temps dans ses bois et dans celles de ses possessions qui étaient séparées des héritages voisins par des murs ou des haies vives, lors même qu'elles étaient éloignées d'une habitation. Dans certains départements, où presque tous les champs sont clos de haies, l'exception détruisait la règle; d'un autre côté, on a reconnu que la chasse dans les bois à l'époque de la reproduction du gibier était aussi nuisible que la chasse en plaine. On a senti la nécessité de limiter l'exception autant que possible; elle n'est donc accordée que pour les possessions attenant à une habitation, et il faudra encore que ces possessions soient entourées d'une clôture continue, formant obstacle à toute communication avec les héritages voisins.

J'appelle votre attention sur les termes employés par l'article 2 pour désigner la clôture. Les expressions les plus fortes ont été choisies à dessein pour bien faire comprendre qu'il ne s'agit pas ici d'une de ces clôtures incomplètes comme on en rencontre beaucoup dans les campagnes, mais d'une clôture non interrompue, et tellement parfaite qu'il soit impossible de s'introduire par un moyen ordinaire dans la propriété qui en est entourée.

Les modes de clôture ne sont pas les mêmes dans toute la France. Ils sont très-nombreux et varient à l'infini suivant les localités. C'est pour ce motif qu'il a paru nécessaire de ne pas indiquer dans la loi un genre de clôture plutôt qu'un autre, et de se contenter d'une définition qui serve de règle aux tribunaux.

L'article 4 mérite une attention particulière, à cause des innovations graves qu'il introduit dans la législation, et des mesures efficaces qu'il prescrit pour prévenir et réprimer le braconnage.

Sous la législation antérieure, quoique la chasse fût interdite pendant une partie de l'année, le commerce du gibier était permis en tout temps ; les braconniers, trouvant toujours à se défaire du produit de leurs délits, exerçaient leur coupable industrie dans toutes les saisons. Le paragraphe 1er de l'article 4 détruira cette industrie. Il défend la mise en vente, la vente, l'achat, le transport et le colportage du gibier dans chaque département, pendant le temps où la chasse n'y est pas permise. Ses termes sont impératifs, absolus. Ils s'appliquent au gibier vendu, acheté ou transporté, quelle qu'en soit l'origine.

Celui qui usera du droit exceptionnel de chasser en temps prohibé sur son terrain, attenant à une habitation et entouré d'une clôture continue, n'aura pas, plus que tout autre, la faculté de vendre ou de transporter son gibier. On a pensé que lui accorder cette faculté, c'eût été donner à d'autres le moyen d'éluder la loi, c'eût été rendre illusoires toutes les prohibitions contenues dans l'article 4.

Il est inutile de faire observer que le gibier d'eau et les oiseaux de passage pourront être vendus et transportés pendant le temps où la chasse en sera permise par les arrêtés des préfets, lors même que la chasse, et conséquemment la vente et le transport du gibier ordinaire, seraient interdits.

Le paragraphe 2 de l'article 4, qui prescrit de saisir le gibier mis en vente, vendu, acheté, colporté ou transporté en temps prohibé, et de le livrer immédiatement à l'établissement de bienfaisance le plus voisin, a paru le complément nécessaire des dispositions du premier paragraphe de cet article.

La saisie ne présentera ni difficultés ni inconvénients dans son exécution. La mise en vente, la vente, l'achat, le transport, le colportage du gibier pendant le temps où la chasse n'est pas permise, constituent toujours et nécessairement une infraction à la loi. L'excuse, même celle qui serait fondée sur la provenance légitime du gibier, ne sera jamais admissible.

Le paragraphe 3 de l'article 4 a limité les lieux où le gibier pourra être recherché, aux maisons des aubergistes, des marchands de comestibles, et aux lieux ouverts au public.

Le droit de recherche, ainsi limité, a pu être accordé sans danger aux fonctionnaires chargés de constater les infractions à l'article 4. En effet, le gibier qui sera découvert en temps prohibé, dans les auberges, chez les marchands de comestibles, dans les lieux ouverts au public, ne pourra jamais s'y trouver que par suite d'un délit.

Le dernier paragraphe de l'article 4, en défendant de prendre ou de détruire sur le terrain d'autrui des œufs et des couvées de faisans, de perdrix et de cailles, a voulu porter remède à l'un des abus les plus nuisibles à la reproduction du gibier. Il importe que son exécution soit surveillée avec soin.

Les articles 3, 5, 6, 7 et 8 règlent tout ce qui concerne l'ouverture, la clôture de la chasse et la délivrance des permis. Les préfets qui sont chargés spécialement de les exécuter, recevront à ce sujet des instructions particulières de M. le Ministre de l'intérieur.

L'article 9 prohibe d'une manière formelle tous les genres de chasses, à l'exception de la chasse du jour à tir et à courre et de la chasse au lapin à l'aide de furets et de bourses. Sans faire une nomenclature qui aurait été impossible, il embrasse dans sa prohibition générale l'emploi des panneaux et des filets, avec lesquels on détruisait des volées entières de perdreaux, l'usage meurtrier des lacets, des collets, et, en un mot, de tous les instruments de destruction permis par l'ancienne législation, qui ne profitaient qu'aux braconniers. Enfin, il interdit la plus dangereuse de toutes les chasses, la chasse de nuit, qui a été la cause de tant de meurtres et de crimes contre les personnes.

Les dispositions prohibitives contenues dans les deux premiers paragraphe de l'article 9 ont dû recevoir quelques exceptions, sans lesquelles elles auraient été beaucoup trop rigoureuses. Aussi le même article prescrit aux préfets de prendre des arrêtés pour déterminer, 1° l'époque de la chasse des oiseaux de passage, autre que la caille, et les modes et procédés de cette chasse ; 2° le temps pendant lequel il sera permis de chasser le gibier d'eau dans les marais, sur les étangs, fleuves et rivières.

Ainsi, les préfets pourront autoriser la chasse des oiseaux de passage avec les instruments, les procédés usités dans le pays, même avec ceux dont l'usage est prohibé pour la chasse du gibier ordinaire.

La loi de 1790 donnait à tout propriétaire ou possesseur la faculté de chasser, en toute saison, sur ses lacs et étangs. La loi nouvelle ne lui permet cette chasse que pendant le temps qui sera déterminé par les préfets. Cette différence entre les deux législations ne vous aura pas échappé.

L'article 15 de la loi de 1790 accordait aux propriétaires, possesseurs ou fermiers, le droit de repousser, même avec des armes à feu, les bêtes fauves qui se répandraient dans leurs récoltes, et celui de détruire le gibier dans leurs terres chargées de fruits, en se servant de filets et engins. La loi nouvelle n'a pas voulu leur enlever un droit de légitime défense, commandé par l'intérêt de l'agriculture, et qu'il ne faut pas confondre avec l'exercice de la chasse. Mais elle l'a réglé, afin d'empêcher de s'en servir comme d'un prétexte pour chasser dans toutes les saisons. Tel est l'objet de l'un des paragraphes de l'article 9.

Les trois derniers paragraphes de cet article donnent aux préfets la faculté de prendre des arrêtés : 1° pour prévenir la destruction des oiseaux ; 2° pour autoriser l'emploi des chiens lévriers pour la destruction des animaux malfaisants ou nuisibles ; 3° pour interdire la chasse pendant les temps de neige.

Les mesures qui ont pour objet de prévenir la destruction des oiseaux ne seront pas nécessaires dans tous les départements ; mais il en est plusieurs où elles sont réclamées dans l'intérêt de l'agriculture, afin d'arrêter la reproduction toujours croissante des insectes nuisibles aux fruits de la terre.

La loi, en prohibant l'usage des filets, a déjà fait beaucoup pour empêcher la destruction des oiseaux. Mais cette interdiction peut n'être pas toujours suffisante. Les préfets sont autorisés à employer d'autres moyens. Ainsi, par exemple, ils pourront, s'ils le jugent nécessaire, étendre aux œufs et couvées d'oiseaux la défense que le dernier paragraphe de l'article 9 n'a prononcée qu'à l'égard des œufs et couvées de faisans, de perdrix et de cailles.

On aurait pu croire que l'emploi des chiens lévriers n'était pas compris dans les moyens de chasse prohibés. L'avant-dernier paragraphe de l'art. 9 lève toute équivoque à cet égard. Il est bien entendu que l'usage des lévriers est interdit s'il n'existe pas un arrêté du préfet qui l'autorise, et cet arrêté ne peut l'autoriser que pour la destruction des animaux malfaisants.

La chasse, pendant les temps de neige, est tellement destructive, qu'il a paru utile de donner aux préfets le pouvoir de la défendre par des arrêtés.

La seconde section de la loi détermine les peines applicables aux diverses infractions qui y sont énumérées. Ces peines sont : l'amende dans tous les cas, l'emprisonnement facultatif dans des cas spécifiés, la confiscation des instruments du délit et la privation facultative, pendant cinq ans au plus, du droit d'obtenir un permis de chasse. Une disposition formelle défend de modifier les peines par l'application de l'art. 463 du Code pénal.

Tous les délits, à l'exception d'un seul, qui, à raison de son importance, est l'objet d'un article spécial, sont divisés en deux grandes catégories, dont chacune renferme les faits qui, par leur nature, se rapprochent plus les uns des autres, et ont paru susceptibles d'être soumis à la même pénalité.

Les infractions passibles d'une amende de 16 fr. au moins et de 100 fr. au plus sont rangées dans la première catégorie et forment l'article 11. Vous remarquerez que cet article ne prononce pas l'emprisonnement pour les délits qu'il prévoit. Cette peine ne leur deviendra applicable que dans le cas prévu par le dernier paragraphe de l'art. 14. Il faudra que le délinquant soit en récidive et n'ait pas satisfait à une condamnation précédemment encourue.

L'article 12 comprend la seconde catégorie des infractions qui ont paru mériter une peine plus sévère que les délits de la première classe. Ces infractions sont punies d'une amende obligatoire de 50 à 200 fr. et d'un emprisonnement facultatif de six jours à deux mois.

Une seule disposition de cet article exige quelques explications. C'est le paragraphe relatif à ceux qui seront détenteurs et à ceux qui seront trouvés munis ou porteurs, hors de leurs domiciles, de filets, engins ou autres instruments de chasse prohibés.

La loi sur la pêche fluviale ne punit que les individus trouvés munis ou porteurs, hors de leurs domiciles, de filets et engins prohibés. La loi sur la chasse va plus loin. Elle punit ceux qui en sont possesseurs et les détiennent dans leurs domiciles. Il a été reconnu qu'une demi-mesure serait insuffisante; que les braconniers qui font usage de ces immenses filets, à l'aide desquels on détruit des compagnies entières de perdreaux, n'auraient jamais l'imprudence de se montrer porteurs, en plein jour, de ces instruments de délit, et que, pour atteindre sûrement le but que l'on devait se proposer, il était nécessaire de rechercher les filets et les engins prohibés jusque dans leurs domiciles. L'exécution de la disposition dont il s'agit ne peut faire craindre d'abus. Les visites domiciliaires, pour constater la détention des instruments de chasse prohibés, ne devront avoir lieu, comme pour les délits ordinaires, que sur la réquisition du ministère public et en vertu d'une ordonnance du juge d'instruction.

Le délit de chasse commis sur un terrain attenant à une maison habitée et entourée d'une clôture telle qu'elle est définie par l'art. 2, sort de la classe ordinaire des infractions de ce genre. Lorsqu'il est encore aggravé par la circonstance de la nuit, on doit le punir d'autant plus sévèrement qu'il annonce dans ses auteurs une audace qui ne reculera pas devant des actes de violence et même devant un meurtre.

L'art. 13 prononce, à l'égard de ce délit, des peines qui pourront être portées, suivant les circonstances, jusqu'à 1,000 fr. d'amende et à deux ans d'emprisonnement.

L'art. 16 a tracé les règles à suivre pour la confiscation des instruments de chasse, la destruction de ceux de ces instruments qui sont prohibés, et ne peuvent jamais servir que pour commettre des délits, et la représentation des armes, filets et engins qui n'ont pu être saisis. Ses dispositions sont claires et complètes. Je ne ferai, sur cet article, qu'une seule observation. La peine de la confiscation qu'il prononce ne doit pas être une peine illusoire. Pour qu'elle soit efficace, il faut que les armes et les instruments du délit qui seront déposés au greffe, par suite de la confiscation, ne soient pas des fusils hors de service, des instruments qui n'ont pas pu être employés à commettre le délit. Les agents chargés de verbaliser, en matière de chasse, devont être invités à désigner aussi exactement que possible les armes et les autres instruments dont les délinquants auront été trouvés porteurs, et vos substituts devront veiller à ce que les jugements qui auront ordonné la confiscation et le dépôt au greffe des objets décrits soient strictement exécutés.

L'examen des diverses pénalités portées dans la loi vous convaincra qu'elles sont graduées suivant le plus ou moins d'importance des faits auxquels elles s'appliquent. Les minimum ont été généralement fixés très-bas, afin de laisser aux tribunaux une grande latitude, et de leur permettre de n'infliger qu'une peine légère à ceux qui commettront accidentellement des infractions sans gravité, et que les circonstances rendront excusables.

D'après les art. 10 et 19, qui se lient l'un à l'autre, et que, par ce motif, je n'ai pas séparés dans les observations auxquelles ils donnent lieu, les gratifications qui seront accordées aux gardes et gendarmes rédacteurs des procès-verbaux seront déterminées par des ordonnances royales et prélevées sur le produit des amendes. La loi a voulu assurer le paiement de ces gratifications en attribuant aux gardes et gendarmes un prélèvement sur le produit des amendes qui auront été prononcées par suite de leurs procès-verbaux. Des mesures seront prises pour que la loi reçoive sur ce point une prompte exécution. Une ordonnance, préparée par les soins de M. le ministre des finances, règlera la quotité des gratifications et les moyens d'en effectuer le paiement dans le plus bref délai possible.

La troisième section de la loi, relative à la poursuite et au jugement, renferme deux articles que je recommande spécialement à votre attention.

L'article 23 porte que les procès-verbaux des employés des contributions indirectes et des octrois feront foi jusqu'à la preuve contraire lorsque, dans la limite de leurs attributions respectives, ces agents rechercheront et constateront les délits prévus par le paragraphe 1er de l'art. 4, c'est-à-dire la mise en vente, la vente, l'achat, le colportage et 'e transport du gibier en temps prohibé. Les motifs de cette disposition sont évidents. Les infractions dont il s'agit ici ne pourront presque jamais être constatées par les gardes et les gendarmes, appelés, par la nature de leurs fonctions, à rechercher plutôt les délits de chasse proprement dits qui se commettent au milieu des champs; mais les préposés des octrois, placés à l'entrée des villes pour surveiller les objets qu'on veut y introduire, les employés des contributions indirectes, obligés, par état, de visiter les auberges et les lieux ouverts au public, pourront, tout en remplissant leur mission, constater sans peine le transport et la vente illicites du gibier. Leur concours était nécessaire à l'exécution d'une partie importante de la loi. Tel le est la cause du nouveau pouvoir qui leur a été conféré.

Une remarque essentielle à faire sur l'art. 23, c'est que, d'après ses termes, les fonctionnaires qu'il désigne ne pourront verbaliser valablement qu'autant qu'ils agiront dans les limites de leurs attributions ordinaires. Ainsi, les employés des contributions indirectes, ne pouvant faire de visite chez les aubergistes qui se sont rachetés de l'exercice par un abonnement, n'auront pas le droit de s'y transporter pour y rechercher du gibier en temps prohibé.

L'art. 26 contient une dérogation à l'ancienne législation d'après laquelle les faits de chasse sur le terrain d'autrui ne pouvaient pas être poursuivis d'office par le ministère public sans une plainte formelle du propriétaire. A l'avenir, ils pourront l'être dans deux cas, lorsque le délit aura été commis dans un terrain clos, suivant les termes de l'art. 2, et attenant à une maison d'habitation ou sur des terres non encore dépouillées de leurs fruits. Les faits de chasse sur le terrain d'autrui ne constituent un délit qu'autant qu'il ont eu lieu sans le consentement du propriétaire ou de ses ayant-droit. Les procureurs du roi ne devront donc user de la nouvelle faculté qui leur est accordée qu'avec une sage réserve.

La quatrième et dernière section, intitulée *Dispositions générales*, donne lieu à une seule observation.

L'art. 30, en déclarant les dispositions de la loi sur l'exercice du droit de chasse non applicables aux propriétés de la couronne, ordonne que les délits commis sur ces propriétés seront poursuivis et punis conformément aux sections 2 et 3. Avant la loi, il fallait recourir à l'ordonnance de 1669 pour réprimer les délits de chasse commis dans les forêts de la couronne. Ces délits seront désormais soumis aux règles du droit commun. L'ordonnance de 1669 est abrogée.

Je termine ici les observations que j'avais à vous adresser sur quelques-unes des difficultés que l'interprétation de la nouvelle loi pourra présenter. La pratique fera, sans doute, naître beaucoup d'autres questions que je n'ai pas examinées. Je suis certain d'avance que, grâce à vos instructions et à la sagesse des tribunaux, ces questions recevront une solution conforme au vœu du législateur.

L'efficacité de la loi dépend surtout de la manière dont elle sera exécutée par les fonctionnaires chargés de constater les délits. Le nombre de ces fonctionnaires est augmenté. Les gendarmes et les gardes seront secondés par de nouveaux et utiles auxiliaires. Si tous ces agents de l'autorité font leur devoir, le but sera atteint.

Le zèle de vos substituts n'a pas besoin d'être stimulé. Je suis convaincu qu'ils ne négligeront rien pour assurer, en ce qui les concerne, la bonne exécution de la loi, et qu'ils donneront aux fonctionnaires placés sous leurs ordres qui doivent y concourir avec eux, une impulsion ferme et énergique.

Je vous prie de m'accuser réception de la présente circulaire dont je vous envoie des exemplaires en nombre suffisant pour que vous puissiez en adresser un à chacun de ces magistrats.

Recevez, monsieur le procureur général, l'assurance de ma considération très-distinguée.

Le garde des sceaux, ministre secrétaire d'Etat
de la justice et des cultes.

N. MARTIN (du Nord).

CIRCULAIRE

DE M. LE MINISTRE DE L'INTÉRIEUR

CONTENANT DES INSTRUCTIONS POUR L'EXÉCUTION DE LA LOI DU
3 MAI 1844, RELATIVE A LA POLICE DE LA CHASSE.

Paris, 20 mai 1844.

Monsieur le Préfet, la loi du 30 avril 1790 ne suffisait plus à la répression des abus de l'exercice de la chasse, et le braconnage, certain de l'impunité, s'accroissait d'une manière effrayante. Il ne s'agissait plus seulement de défendre contre une destruction totale et prochaine le gibier qui entre dans les moyens d'alimentation d'une partie de la population, et de faire respecter une propriété d'une nature spéciale mais incontestée; l'agriculture elle-même avait à se plaindre d'un tel état de choses; enfin la sécurité des campagnes était souvent compromise : aussi les corps constitués, les conseils généraux des départements, en particulier, demandaient-ils depuis longtemps que des mesures plus fortement répressives fussent prises contre le braconnage, ce délit moins grave peut-être comme attentat à la propriété. que par la démoralisation des individus qui s'y livrent et par les crimes auxquels il conduit fatalement.

La loi du 3 de ce mois a pour but de satisfaire à ce besoin, et je ne doute pas que tous les fonctionnaires, tous les agents appelés à concourir à l'exercice de la *police de la chasse*, appréciant l'importance de la législation nouvelle, n'en exécutent les dispositions avec le zèle et la persistance qui peuvent seuls en assurer le succès. Mon collègue, M. le garde des sceaux, Ministre de la justice et des cultes, a adressé à MM. les procureurs généraux près les cours royales les instructions qu'il avait à leur donner sur les parties de la nouvelle loi qui rentrent

26

dans les attributions des magistrats de l'ordre judiciaire. Je vais, monsieur le Préfet, vous entretenir des dispositions que vous aurez à prendre, soit par vous-même, soit par les directions que vous devez donner à MM. les sous-préfets, maires, officiers de gendarmerie, commissaires de police, gardes champêtres, et à tous autres agents que la loi appelle à verbaliser en matière de délits de chasse.

Délivrance des permis de chasse.

Aux termes de l'art. 1er de la loi du 3 de ce mois, « nul ne pourra chasser... s'il ne lui a pas été délivré un permis de chasse par l'autorité compétente.» L'art. 5 porte que « les permis de chasse seront délivrés, sur l'avis du maire et du sous-préfet, par le préfet du département dans lequel celui qui en fera la demande aura sa résidence ou son domicile. »

Vous aurez remarqué, sans doute, monsieur le Préfet, la différence qui existe entre la législation ancienne et la loi nouvelle, quant à l'intitulé du titre délivré par l'autorité, pour rendre licite l'exercice de la chasse. De l'ancien nom, *permis de port d'armes de chasse,* on pouvait, jusqu'à un certain point, conclure qu'il était loisible de chasser *sans permis*, de toute autre manière qu'avec un fusil. C'est pour éviter toute équivoque que, dans la loi du 3 de ce mois, on a employé les mots *de permis de chasse,* qui, dans leur généralité, embrassent toute espèce de chasse, soit à tire, soit à courre, soit même la chasse des oiseaux de passage que vous aurez à réglementer, en vertu de l'art. 9.

Le permis de chasse doit être délivré *sur l'avis du maire et du sous-préfet,* d'où il faut inférer que c'est au maire que la demande, formulée sur papier timbré, doit être adressée pour qu'elle vous parvienne avec l'avis de ce fonctionnaire, par l'intermédiaire du sous-préfet, pour les arrondissements autres que celui du chef-lieu. Mais, de même que le permis de chasse peut être pris dans le département où l'impétrant *a sa résidence ou son domicile,* de même aussi, la demande peut être formée devant le maire de la commune où l'impétrant est domicilié, ou de celle où il réside temporairement, et le choix ici n'est pas sans importance. En effet, aux termes du deuxième paragraphe de l'art. 5, un droit de 10 fr. par permis est attribué à la commune *dont le maire aura donné l'avis sus-énoncé.* Comme les communes rurales sont celles qui ont le plus besoin de cette nouvelle branche de ressources, et que cet intérêt doit porter les maires à surveiller les citoyens qui se livreraient à l'exercice de la chasse sans *permis*, il est nécessaire de ne délivrer de *permis* qu'à ceux qui justifieront positivement de leur résidence ou de leur domicile.

Il sera nécessaire, d'ailleurs, monsieur le Préfet, que vous fixiez bien l'opinion de MM. les sous-préfets et maires sur la nature de l'avis qu'ils auront à vous donner sur les demandes du permis de chasse qu'ils vous transmettront. Ainsi, cet avis ne devra pas exprimer vaguement qu'il y a ou qu'il n'y a pas lieu de délivrer le permis demandé. Comme la loi ne vous a pas laissé le droit absolu de délivrer ou de refuser des permis de chasse ; comme l'obtention du permis est le droit général, et que la faculté du refus n'est que le droit exceptionnel, il s'ensuit que les avis des maires et des sous-préfets doivent : 1º lorsqu'ils sont favorables, exprimer qu'il n'est pas à la connaissance de ces fonctionnaires que l'impétrant se trouve dans aucune des catégories pour lesquelles le permis ne pourrait être délivré, et 2º, si les avis sont défavorables, exprimer que l'impétrant se trouve, à leur connaissance, dans telle ou telle position qui fait obstacle à la délivrance d'un permis de chasse.

Il sera bien également que vous rappeliez à MM. les sous-préfets et maires qu'ils n'ont pas à s'occuper dans leurs avis, de la question de savoir si l'impétrant est ou n'est pas propriétaire foncier. Aucun des articles de la loi du 3 de ce mois n'a exigé la qualité de propriétaire comme condition de l'exercice de la chasse, et l'autorité ne peut, à cet égard, faire ce que la loi n'a pas fait. Sans doute, le 2ᵉ paragraphe de l'art. 1ᵉʳ porte que *nul n'aura la faculté de chasser sur la propriété d'autrui sans le consentement du propriétaire ou de ses ayant-droit ;* d'où il résulte que chasser sur le terrain d'autrui sans le consentement du propriétaire est un fait illicite. Mais il est à remarquer que ce fait, aux termes de l'art. 26, ne donne lieu à des poursuites, en thèse générale, que sur la plainte du propriétaire. L'administration ne peut donc pas plus intervenir ici d'office que ne le peut l'autorité judiciaire; elle ne peut pas plus exiger, avant de délivrer le permis, la représentation d'une permission de chasser sur le terrain d'autrui qu'elle ne peut exiger de la part de l'impétrant, la preuve qu'il est propriétaire foncier.

Nous allons examiner maintenant quelles sont les circonstances qui vous donnent le droit ou vous imposent le devoir de refuser les permis de chasse qui vous sont demandés.

Refus du permis de chasse.

Aux termes de l'art. 6 de la loi du 3 de ce mois, vous pouvez, monsieur le Préfet, refuser le permis de chasse :

26.

« 1° A tout individu majeur qui ne sera point personnellement inscrit, ou dont le père ou la mère ne serait pas inscrit au rôle des contributions. »

N'être ni imposé ni fils d'imposé est une situation exceptionnelle, puisque la contribution personnelle atteint à peu près tous les citoyens, sauf le cas d'indigence reconnue. La circonstance prévue par ce paragraphe se rencontrera principalement dans le petit nombre de villes où la contribution personnelle est remplacée par un prélèvement sur le produit de l'octroi. Vous aurez à examiner, dans ce cas, si l'absence de l'inscription sur un rôle de contributions vous paraît un motif suffisant pour refuser un permis de chasse. La solution de cette question dépendra, en grande partie, sans doute, des renseignements qui vous auront été donnés sur la moralité de l'impétrant ; je ne puis donc que laisser à votre sagesse une décision que la loi place sous votre responsabilité, certain que vous serez toujours prêts à justifier du bon usage que vous aurez fait de cette prérogative.

Mais s'il vous est loisible de refuser un permis de chasse à tout citoyen majeur, par le seul motif qu'il ne serait ni imposé ni fils d'imposé, et si la qualité d'imposé ou de fils d'imposé est la première condition déterminée par la loi, pour qu'un citoyen majeur ait le droit d'obtenir un permis de chasse, vous reconnaîtrez, sans doute, que ce serait faire de ce principe une application trop rigoureuse et trop étendue, que d'exiger de tout impétrant qu'il vous justifie qu'il est imposé ou fils d'imposé. Comme je le faisais remarquer plus haut, en effet, l'absence de cette condition est une rare exception, et, puisque la presque totalité des citoyens majeurs sont nécessairement imposés ou fils d'imposés, ce ne serait plus exiger qu'une formalité inutile, que d'astreindre *tous les impétrants* à joindre à leur demande un certificat ou extrait de rôle. Il suffira, ce me semble, que vous exigiez cette production de ceux à l'égard desquels vous auriez des doutes sur la question de l'inscription au rôle, et dans le cas où vous croiriez devoir vous appuyer de la non-inscription pour refuser le permis demandé.

L'article 6 de la loi vous permet encore de refuser le permis de chasse :

« 2° A tout individu qui, par une condamnation judiciaire, a été privé de l'un ou de plusieurs des droits énumérés dans l'art. 42 du Code pénal, autres que le droit de port d'armes ;

« 3° A tout condamné à un emprisonnement de plus de six mois, pour rébellion ou violence envers les agents de l'autorité publique ;

« 4° A tout condamné pour délit d'association illicite, de fabrication, débit, distribution de poudre, armes ou autres munitions de
guerre ; de menaces écrites ou de menaces verbales, avec ordre ou
sous condition ; d'entraves à la circulation des grains ; de dévastations
d'arbres ou de récoltes sur pied, de plants venus naturellement ou
faits de main d'homme ;

« 5° A ceux qui auront été condamnés pour vagabondage, mendicité, vol, escroquerie ou abus de confiance, »

Toutefois, le dernier paragraphe du même article restreint la faculté du refus du permis de chasse dans la limite du délai de cinq ans
après l'expiration de la peine.

La situation des individus qui se trouveraient compris dans l'une
des catégories posées par la loi, devra être de votre part, monsieur le
Préfet, l'objet d'un mûr examen. Puisque, en effet, le législateur n'a
pas fait de l'une des circonstances indiquées une condition absolue de
refus du permis de chasse, puisqu'il n'y a vu qu'une considération suffisante pour attribuer à l'administration la *faculté* de refuser ce permis, il s'ensuit que les motifs de votre détermination pour accorder
ou refuser devront être tirés surtout des circonstances de la condamnation subie, et des renseignements particuliers que vous auriez sur
la moralité des individus, et sur les inconvénients qu'il pourrait y
avoir, pour l'ordre public, à leur attribuer légalement le droit de
chasser.

Mais, de ce que la loi vous permet de refuser le permis de chasse
dans les différents cas spécifiés par ces quatre paragraphes de l'art. 6,
vous n'entendrez sans doute pas astreindre ceux qui demandent le
permis à justifier qu'ils ne se trouvent dans aucune de ces positions.
Non-seulement ce serait placer tous les citoyens sous une espèce de
prévention blessante pour eux, mais encore ce serait exiger une justification souvent impossible, puisqu'il ne leur suffirait pas de s'a-
dresser à l'autorité judiciaire de leur résidence pour en obtenir un
certificat de non-condamnation. L'obtention du permis de chasse est,
pour tous les citoyens, de droit commun. Des exceptions sont faites à
ce droit, dans un intérêt public ; c'est donc à l'autorité qui veut appliquer l'exception à prouver le cas exceptionnel. Ce sera, en général,
par l'avis dont MM. les maires et sous-préfets devront accompagner
la demande d'un permis de chasse, que votre attention sera appelée
sur la circonstance que l'impétrant se trouverait dans telle ou telle
position qui vous autoriserait à refuser le permis, et vous vous em-

presseriez alors de vérifier le fait, en vous adressant au ministère public près le tribunal qui aurait prononcé la condamnation sur laquelle serait basée votre refus. Je me concerterai avec mon collègue, M. le ministre de la justice, pour qu'à l'avenir vous receviez les renseignements qui vous seront nécessaires pour l'exécution de cette partie de la loi.

Après avoir énuméré, dans son art. 6, les circonstances qui *permettront* à l'administration de refuser le permis de chasse, la loi indique, dans ses art. 7 et 8, quels sont les individus auxquels le permis de chasse *doit être refusé*.

Ce sont :

« 1° Les mineurs qui n'auront pas seize ans accomplis. »

Vous n'exigerez certainement pas de tous les impétrants la justification qu'ils sont âgés de plus de seize ans; c'est là, pour la très-grande majorité d'entre eux, un fait notoire; mais lorsqu'il sera à votre connaissance, ou qu'il sera seulement présumable qu'un impétrant est âgé de moins de seize ans, il sera non-seulement dans votre droit, mais encore dans votre devoir, d'exiger la production d'un acte de naissance;

« 2° Les mineurs de seize à vingt-et-un ans, à moins que le permis ne soit demandé pour eux par leur père, mère, tuteur ou curateur, porté au rôle des contributions. »

Pour les jeunes gens que vous présumeriez être dans les limites d'âge de seize à vingt-et-un ans, vous devrez également, monsieur le préfet, exiger la production d'un acte de naissance, et, par suite, la demande devra être faite, au nom de ces jeunes gens, par les personnes que désigne la loi.

« 3° Les interdits. »

Les cas d'interdiction sont assez rares, et, par cela même, ils appellent assez l'attention pour que MM. les sous-préfets et maires en aient connaissance. Ils seront donc à portée de vous éclairer à cet égard dans leurs avis.

« 4° Les gardes champêtres ou forestiers des communes et établissements publics, ainsi que les gardes forestiers de l'Etat et les gardes-pêche. »

Il suffira, sans doute, que les différents agents dénommés dans ce paragraphe sachent que le droit de chasse leur est refusé par la loi, pour qu'aucun d'eux ne demande de permis; mais si, par erreur ou autrement, une semblable demande était formulée par un d'eux, l'avis du maire et des sous-préfets, et, au besoin, les listes nominatives que vous pourrez faire dresser, vous mettront à portée d'obtempérer à l'injonction de la loi.

Vous remarquerez, sans doute, monsieur le Préfet, que les gardes des particuliers ne sont pas compris dans l'exclusion prononcée par ce paragraphe. On comprend, en effet, que les propriétaires fonciers veulent quelquefois faire chasser par leurs gardes. Vous ne refuserez donc pas le permis de chasse aux gardes particuliers, mais vous ferez sagement de les inviter à justifier de l'autorisation des propriétaires dont ils sont les agents.

« 5° Ceux qui, par suite de condamnation, sont privés du droit de port d'armes. »

Pour ces individus, je ne puis que répéter ce que je vous ai dit à l'occasion des paragraphes 2 à 5 de l'art. 6 ; c'est que ce sera à l'administration qu'il incombera de faire la preuve de l'existence du jugement.

« 6° Ceux qui n'auront pas exécuté les condamnations prononcées contre eux pour l'un des délits prévus par la présente loi. »

Lorsqu'un impétrant aurait, à votre connaissance, subi une condamnation pour délit de chasse, en vertu de la loi du 3 mai dernier, vous devrez exiger de lui la preuve qu'il a exécuté la condamnation encourue. Il ne vous échappera pas, d'ailleurs, que s'il y avait eu remise de la peine, ce fait équivaudrait à l'exécution de la condamnation.

« 7° Tout condamné placé sous la surveillance de la haute police. »

Vous avez par-devers vous la liste nominative de tous les individus de votre département, placés dans cette catégorie; vous ne pouvez donc éprouver de difficulté pour leur exclusion du droit de chasse.

Je terminerai en vous faisant remarquer, monsieur le Préfet, que le refus du permis peut être opposé, dès à présent, à tous les individus compris dans les cas énumérés aux n°s 2, 3, 4 et 5 de l'art. 6, et 1, 2 et 3 de l'art. 8, bien que les condamnations prononcées contre eux l'aient été antérieurement à la promulgation de la loi du 3 mai dernier, et ce ne sera pas là donner à cette loi un effet rétroactif; cela résulte clairement de la rédaction même des articles précités, qui appliquent le refus de permis de chasse à tout individu *qui a été condamné* ; s'il ne s'agissait pas, en effet, des condamnations déjà prononcées, le législateur aurait évidemment dit, à tout individu *qui sera condamné*. La privation du droit de chasse ne peut, d'ailleurs, être considérée comme une peine ou une aggravation de peine, c'est seulement une mesure de précaution que la loi permet ou prescrit de prendre dans un intérêt de sûreté publique. Aussi, ajouterai-je que si, par l'effet d'une erreur, vous aviez été entraîné à délivrer un permis de chasse à un individu à qui il n'eût pas dû être accordé, vous ne devriez pas hésiter à le retirer, et, dans le cas où cet individu ne se soumettrait pas à cette mesure, à appeler sur lui l'attention des agents préposés à la répression des délits de chasse.

uverture et clôture de la chasse.

L'art. 3 charge les préfets de déterminer l'époque de l'ouverture et celle de la clôture de la chasse. Cette attribution leur avait été dévolue déjà par l'ancienne législation ; mais leurs arrêtés devront, dans l'un et dans l'autre cas, être publiés dix jours au moins avant celui indiqué pour la clôture ou l'ouverture de la chasse. Cette condition doit toujours être observée ; vous en comprendrez toute l'importance, puisque l'exacte exécution de l'obligation qui vous est imposée est intimement liée à la légalité des poursuites pour contravention à vos arrêtés.

Je vous recommande également, monsieur le Préfet, de vous entourer toujours des renseignements les plus propres à vous éclairer sur l'époque qu'il conviendra de choisir pour l'ouverture et la clôture de la chasse. Vous consulterez surtout l'intérêt de l'agriculture et l'état des récoltes, mais vous ne perdrez pas de vue non plus qu'il peut y avoir aussi quelques inconvénients à ouvrir la chasse plus tard qu'il n'est réellement nécessaire. Dans ce cas, en effet, de nombreuses contraventions se commettent, et les poursuites, toutes légales qu'elles soient, ne paraissent plus basées sur les intérêts réels de l'agriculture. Les avis des sous-préfets vous seront très-utiles pour la fixation des jours d'ouverture et de clôture de la chasse.

Vous remarquerez, d'ailleurs, monsieur le Préfet, que, bien que l'article que nous examinons porte que les époques d'ouverture et de clôture de la chasse seront fixées *dans chaque département*, vous n'en conservez pas moins le droit de fixer des époques différentes pour les divers arrondissements de votre département, si les différences de sol et de température l'exigent : c'est une faculté dont il convient, toutefois, de n'user qu'avec réserve et en vue d'une nécessité réelle ; car il a été remarqué que lorsque la chasse n'est pas ouverte simultanément dans toute l'étendue d'un département, les chasseurs se portent quelquefois en grand nombre dans l'arrondissement où l'ouverture de la chasse est la plus précoce, et que, par suite, le gibier y est promptement détruit.

Exercice du droit de chasse.

Le droit conféré par les permis de chasse, monsieur le Préfet, se trouve clairement défini par les deux premiers paragraphes de l'art. 9, et ce n'est pas une des moins importantes améliorations apportées par la législation nouvelle, à un état de choses qui excitait de si vives et si justes réclamations.

Trois modes de chasse seulement sont aujourd'hui déclarés licites : 1° la chasse à tire ; 2° la chasse à courre ; et 3° l'emploi des furets et des bourses destinées à prendre le lapin. *Tous autres moyens de chasse,* ajoute cet article, *sont formellement prohibés,* et, dans cette prohibition générale, se trouve évidemment compris l'emploi des panneaux et filets de toute espèce, des appeaux, appelants et chanterelles, des lacets, collets et engins de toute espèce, au moyen desquels la destruction du gibier s'opérait si facilement, et dont l'ancienne législation n'avait pas défendu l'emploi. La chasse de nuit, de quelque manière que ce soit, et quelle que soit l'espèce de gibier qu'il s'agirait de prendre, se trouve également prohibée par l'effet de cette seule disposition de l'art. 9, portant que le permis de chasse donne le droit de chasser pendant le jour.

Comme les usages qu'il s'agit de détruire aujourd'hui étaient tolérés depuis longtemps, il importe que les restrictions apportées par la loi nouvelle à l'exercice de la chasse, tel qu'il était autrefois entendu, soient parfaitement comprises par les fonctionnaires et agents qui auront à constater les contraventions commises. Je vous engage donc à développer vos instructions sur ce point, de manière à ce qu'aucune incertitude ne puisse exister sur l'application de la législation nouvelle.

Je terminerai ce que j'avais à dire sur l'exercice du droit de chasse, en vous faisant remarquer que l'art. 2 de la loi accorde ce droit, « en tout temps, et sans permis de chasse, au propriétaire ou possesseur, dans ses possessions attenant à une habitation et entourées d'une clôture continue faisant obstacle à toute communication avec les héritages voisins. »

La faculté exceptionnelle accordée par cet article, monsieur le Préfet, existait déjà dans l'ancienne législation , et même d'une manière beaucoup plus étendue. Ainsi, il était loisible au propriétaire de chasser ou de faire chasser, en tout temps, dans ses bois ou dans ses possessions entourées d'une clôture conforme aux usages du pays, alors même que ces propriétés étaient éloignées d'une habitation. Des conditions plus restreintes sont aujourd'hui imposées au propriétaire ou possesseur de terrains clos. Non-seulement il faut que la clôture soit telle qu'elle fasse obstacle à toute communication avec les héritages voisins, mais encore il faut que les terrains sur lesquels le propriétaire chasserait soient *attenants à une habitation.* Vous appellerez , sur la nécessité de la réunion de cette double condition, l'attention des fonctionnaires et agents appelés à verbaliser des délits de chasse : quant à la nature de clôture qui doit être regardée comme suffisante pour établir le droit exceptionnel du propriétaire, je n'ai aucune règle à tracer ; les usages divers seront appréciés par les tribunaux qui auront à statuer sur les procès-verbaux dressés.

Modes exceptionnels de chasse.

Mais si le législateur a , dans les deux premiers paragraphes de l'art. 9 , limité, comme je l'ai dit plus haut, les modes de chasse qu'il considérait comme licites, en temps permis et de jour, par la seule obtention d'un permis de chasse , il n'a pas voulu , cependant, apporter un obstacle absolu à la continuation de certains usages qui n'auraient pu être supprimés sans un préjudice réel pour les localités où ils sont pratiqués, et où ils peuvent être considérés presque comme l'exercice d'une industrie. Il s'agit de la chasse des oiseaux de passage qui, à des époques où quelquefois toutes les autres chasses sont closes, arrivent en nombre tel qu'ils forment, pour les habitants, un moyen précieux d'alimentation et de commerce.

Vous devrez donc, monsieur le Préfet, autoriser la continuation de cette espèce de chasse, et en régler les modes et les procédés, mais vous aurez préalablement à prendre, à cet égard, l'avis du conseil général de votre département ; vous remarquerez, d'ailleurs, qu'aux termes de l'art. 9 que nous examinons, « la caille n'est plus réputée oiseau de passage, » et qu'en conséquence la chasse n'en peut plus avoir lieu que dans les mêmes conditions et sous les mêmes restrictions que pour toute autre espèce de gibier.

Vous devrez également, après avoir pris l'avis du conseil général, « déterminer le temps pendant lequel il sera permis de chasser le gibier d'eau, dans les marais, sur les étangs, fleuves et rivières. »

Il ne vous échappera pas, d'ailleurs, que, même pour la capture des oiseaux de passage, de quelque espèce que ce soit, et du gibier d'eau, un permis de chasse est nécessaire, quel que soit le procédé qu'on emploie. C'est bien là une chasse, en effet, et la prescription générale et absolue de l'article 1er de la loi, c'est que nul ne chasse, s'il ne lui a été délivré un permis de chasse. C'est ce que vous expliquerez dans vos instructions ; et pour qu'elles ne soient pas perdues de vue, sur ce point, vous ferez bien de rappeler l'obligation de l'obtention d'un permis, dans les arrêtés mêmes que vous prendrez pour autoriser la chasse des oiseaux de passage et du gibier d'eau.

Vous aurez, enfin, après avoir pris l'avis du conseil général, à déterminer « les espèces d'animaux malfaisants ou nuisibles que le propriétaire, possesseur ou fermier pourra en tout temps détruire sur ses terres, et les conditions de l'exercice de ce droit. » Vous remarquerez que ce n'est plus ici un fait de chasse que vous aurez à autoriser ; il s'agit d'un acte de légitime défense, qui a pour objet unique de préserver les récoltes des dégâts qu'y occasionneraient certaines espèces d'animaux. Il n'est donc pas nécessaire, pour l'exercice de ce droit, que les propriétaires soient munis d'un permis de chasse, mais ils commettraient une contravention, et il y aurait lieu de verbaliser contre eux, si, à l'occasion de la défense de leurs récoltes, ils se livraient à l'exercice de la chasse.

Après avoir, dans les trois paragraphes que nous venons d'examiner, pourvu à l'exercice d'usages, qui ne pourraient pas être abolis, mais que vous devez seulement réglementer, le même article de la loi vous *autorise* à prendre des arrêtés :

« 1° Pour prévenir la destruction des oiseaux. » Il est un assez grand nombre de départements où l'accroissement excessif des insectes est devenu pour l'agriculture un véritable fléau, et c'est à la destruction des oiseaux que ce fait est généralement attribué. Ainsi, beaucoup de conseils généraux avaient-ils demandé que les préfets fussent investis du droit, que ne leur donnait pas l'ancienne législation, de prévenir la destruction des petits oiseaux ;

« 2° Pour autoriser l'emploi des chiens lévriers pour la destruction des animaux malfaisants, etc. »

Quelques explications sont nécessaires, monsieur le Préfet, pour vous faire apprécier la portée de cette disposition.

Vous savez que l'emploi des chiens lévriers, comme moyen de chasse, est véritablement destructif, et de nombreuses réclamations se sont élevées, dans presque tous les départements, contre l'usage abusif que certaines personnes faisaient de ces animaux. Plusieurs fois, des préfets ont voulu porter remède à ces abus, en défendant, par des arrêtés, l'emploi des lévriers comme moyen de chasse, mais, en présence de l'état de la législation, les tribunaux n'ont pas pu donner une sanction pénale à ces arrêtés, et leurs jugements ont été confirmés par la cour de cassation.

Désormais, l'emploi des chiens lévriers à la chasse proprement dite, se trouve compris dans la prohibition générale formulée par l'art. 1er de la nouvelle loi, contre tout autre mode de chasse que la chasse à tire et à courre. La chasse au moyen de chiens lévriers ne rentre, en effet, ni dans l'un ni dans l'autre de ces deux modes. Si quelque incertitude à cet égard avait d'ailleurs pu subsister, elle serait levée par la disposition que nous examinons, puisque aux termes de cette disposition l'emploi des chiens lévriers ne peut plus avoir lieu qu'en vertu d'un arrêté spécial du préfet, et que l'arrêté ne peut même autoriser cet emploi que « pour la destruction des animaux malfaisants et nuisibles. » Vous vous montrerez sans doute très-réservé dans l'autorisation que vous aurez à donner, afin que les anciens abus ne puissent être continués.

« 3° Pour interdire la chasse pendant les temps de neige. »

Il s'agit ici, monsieur le Préfet, d'une mesure toute dans l'intérêt de la conservation du gibier. Déjà, elle était prise dans certains départements ; dans d'autres, la légalité en avait été contestée. Cette mesure peut aujourd'hui être adoptée généralement, et vous aurez à examiner si, en raison des circonstances locales, elle vous paraît nécessaire. Vous comprenez, d'ailleurs, que les arrêtés que vous prendriez, à cet effet, ne sont pas soumis, comme ceux relatifs à la clôture et à l'ouverture annuelles de la chasse, au délai de dix jours de publication, pour devenir exécutoires. Il ne serait même pas possible, que vous prissiez en temps utile, des arrêtés spéciaux pour défendre l'exercice de la chasse chaque fois qu'il sera tombé de la neige. Il suffira, pour atteindre ce but, qu'à l'entrée de l'hiver vous preniez et fassiez publier un arrêté portant défense de chasser lorsqu'il y aura de la neige sur la terre.

Vous remarquerez, monsieur le Préfet, que, par les arrêtés que vous aurez à prendre en vertu des trois derniers paragraphes de l'article 9 de la loi, il n'est plus exprimé, comme pour les trois premiers paragraphes, que vous devrez prendre l'avis du conseil général. Je vous engage cependant à recourir également à cet avis ; car il s'agit ici de mesures du même ordre , et sur lesquelles les lumières et les connaissances locales des membres du conseil général ne peuvent que vous être utiles. C'est d'ailleurs *sur l'avis* du conseil que vous aurez à agir, c'est-à-dire que vous n'êtes pas tenu de statuer *conformément* à cet avis, dont vous avez le droit de vous écarter lorsque l'intérêt public vous paraîtra le commander.

L'article 9 de la loi n'a pas soumis à mon approbation les arrêtés que vous avez à prendre dans les différents cas qu'il prévoit ; ces arrêtés sont donc exécutoires de plein droit, et sans autres approbations. Toutefois, vous savez que tous les actes de l'administration préfectorale ne s'exercent que sous l'autorité et le contrôle des ministres responsables; ce principe est toujours réservé, sans qu'il soit nécessaire de l'exprimer dans chaque loi spéciale. Vous devrez donc, monsieur le Préfet, m'adresser exactement une ampliation de tous les arrêtés que vous prendrez dans les différents cas prévus par l'article dont il s'agit, afin que je puisse examiner si ces actes sont conformes à l'ensemble de la législation, et vous adresser, au besoin, telles observations qu'il appartiendrait.

Prohibition de la vente du gibier en temps prohibé.

La défense de chasser pendant certains temps de l'année restait souvent inefficace , et les braconniers n'hésitaient pas à l'enfreindre, encouragés qu'ils étaient par les bénéfices que leur procurait la vente du produit de leur coupable industrie.

L'art. 4 de la loi met un terme à cet abus, en défendant d'une manière absolue « de mettre en vente , de vendre, d'acheter, de transporter et de colporter du gibier pendant le temps où la chasse n'est pas permise. Ces prohibitions , monsieur le Préfet, s'appliquent à toute espèce de gibier, quelle que soit son origine, et alors même qu'il aurait été tué dans le cas exceptionnel prévu par l'article 2 de la loi. Si on avait, en effet, dans ce cas, laissé au propriétaire la faculté de vendre ou transporter son gibier, on eût rendu illusoires les dispositions prohibitives de la nouvelle législation. Les propriétaires que cette mesure pourra gêner sentiront mieux que personne que ce sacrifice d'une partie de leurs droits était indispensable pour assurer la répression du braconnage, qui, sans cela, aurait continué à l'abri de prétextes difficiles à détruire.

Vous comprendrez toutefois que les prohibitions portées dans le premier paragraphe de l'art. 4 ne s'appliquent pas au gibier tué dans les circonstances prévues par les nᵒˢ 1 et 2 de l'article 9, alors que ces chasses exceptionnelles auront été autorisées par vos arrêtés. Ces actes. en effet, rendant la chasse de ces espèces de gibier licites le transport et la vente en sont nécessairement licites aussi.

Il a paru utile que le gibier ne fût pas détruit, et le deuxième paragraphe de l'article 4 en prescrit la remise à l'établissement de bienfaisance le plus voisin, sur une ordonnance, soit du juge de paix, soit du maire, en cas d'absence du juge de paix ou de saisie dans une commune autre que la commune chef-lieu de canton. Vous devrez, monsieur le Préfet, donner à MM. les maires, des instructions nécessaires pour que le vœu de la loi soit toujours accompli. Vous ferez d'ailleurs remarquer aux maires et autres fonctionnaires et agents dans quelles limites le troisième paragraphe de l'article 4 restreint le droit de recherche ; il importe que ces limites ne soient jamais dépassées. Il suffit que la chasse soit interdite dans le département; on ne pourrait se prévaloir de ce qu'elle ne le serait pas dans un département voisin. Enfin, le quatrième paragraphe du même article donne à la conservation du gibier une nouvelle protection par la défense de prendre ou de détruire, sur le terrain d'autrui, des œufs et des couvées de faisans, de perdrix et de cailles. Vous devrez recommander la rigoureuse exécution de cette prohibition dont la nécessité était si bien sentie.

Attributions aux communes.

L'art. 5 de la loi attribue aux communes une ressource nouvelle qui devra désormais figurer dans leurs budgets et dans leurs comptes. Ce produit prendra rang parmi les recettes ordinaires, et fera, dans le budget, un article de recette spécial, sous le titre de : *Portion afférente à la commune dans le produit de la délivrance des permis de chasse.* M. le Ministre des finances déterminera le mode et l'époque du versement de ce produit dans la caisse municipale.

L'art. 19 attribue également aux communes sur le territoire desquelles auront été commis des délits de chasse le montant des amendes prononcées contre les délinquants, déduction faite des gratifications accordées aux gardes et gendarmes, en vertu de l'art. 10.

Jusqu'ici ce produit était compris parmi les amendes de police correctionnelle, et se confondait dans le fonds commun, dont le tiers appartient aux hospices pour le service des enfants trouvés, et les deux tiers sont distribués en secours aux communes pauvres. Désormais il devra être réuni aux recettes énoncées dans le n° 12 de l'art. 31 de la loi du 18 juillet 1837, et qui se rapportent à « la portion que les lois accordent aux communes dans le produit des amendes prononcées par les tribunaux de simple police, par ceux de police correctionnelle, et par les conseils de discipline de la garde nationale. »

Malgré la confusion de ces diverses amendes en un seul article du budget, il vous sera facile de reconnaître celles qui proviennent des délits de chasse, au moyen du compte détaillé que les receveurs de l'enregistrement et des domaines sont tenus de fournir, dans le cours de janvier de chaque année, des sommes qu'ils ont recouvrées au profit des communes pendant l'année précédente. Je désire que vous m'adressiez annuellement un état faisant connaître, par arrondissement, le chiffre exact des amendes de chasse, afin qu'on puisse se rendre compte d'une manière précise des effets résultant de l'exécution de la loi nouvelle et des ressources qu'elle procurera aux communes. Cet état contiendra aussi le relevé, par arrondissement, des sommes revenant aux communes sur le produit de la délivrance des permis de chasse.

Je n'ai rien à prescrire pour assurer le recouvrement des sommes provenant des amendes dont il s'agit, puisque les dispositions des articles 2 et 3 de l'ordonnance du 30 décembre 1823, qui fournissent à MM. les préfets les moyens de contrôler et de vérifier le travail des receveurs de l'enregistrement, sont applicables à l'espèce. Je vous engage à vous reporter pour les détails de ce service aux articles 795, 796 et 798 de l'instruction générale des finances du 17 juin 1840.

Les communes emploieront à l'ensemble de leurs besoins les nouvelles ressources dont elles viennent d'être dotées, et auxquelles la loi n'assigne aucune affectation spéciale. Il n'est pas à craindre que ces ressources soient jamais dissimulées, et donnent lieu à des comptabilités occultes. Vous serez toujours à même d'en constater l'encaissement par les receveurs municipaux, et d'en surveiller l'emploi, puisque c'est à vous qu'il appartient de délivrer les permis de chasse, et que, d'une autre part, la distribution des sommes entre les communes qui peuvent y avoir des droits, ne saurait se faire que sur des états soumis à votre contrôle et à votre approbation.

Gratifications aux gardes et gendarmes.

L'art. 10 assure aux gardes et gendarmes, rédacteurs de procès-verbaux ayant pour objet de constater les délits de chasse, une gratification qui sera prélevée sur le produit des amendes. Le taux de cette gratification sera fixé par ordonnance royale, et des instructions seront données par M. le Ministre des finances pour en assurer le paiement.

Je saisis cette occasion pour vous engager à prémunir de nouveau MM. les maires sur les inconvénients, les dangers mêmes de certaines transactions qu'ils autorisent quelquefois entre les gardes, rédacteurs de procès-verbaux, et les particuliers atteints par ces procès-verbaux. Des maires croient pouvoir arrêter les poursuites en exigeant des délinquants, soit une gratification en faveur du garde, soit même le versement d'une somme quelconque en faveur des pauvres de la commune. Sans méconnaître les intentions de ces fonctionnaires, on ne peut se dissimuler qu'ils excèdent leurs pouvoirs, qu'ils contreviennent soit à nos lois pénales, soit à nos lois financières, et qu'ils s'exposeraient à être poursuivis, comme concussionnaires, en vertu de la disposition finale des lois annuelles de finances. Vous devrez donc rappeler à MM. les maires, avec force, le danger auquel ils s'exposent.

Quant aux gardes, faites-leur savoir que vous n'hésiterez pas à prononcer la révocation de tous ceux qui auraient consenti à se prêter à de semblables transactions, sans préjudice des poursuites en prévarication qui pourraient être exercées contre eux.

Je n'ai pas à vous entretenir, monsieur le Préfet, des dispositions de la loi comprises dans les art. 11 et suivants: elles sont dans les attributions de l'autorité judiciaire, et M. le garde des sceaux a adressé à MM. les procureurs généraux les instructions que pouvait exiger cette partie de la législation nouvelle.

Vous apprécierez, je n'en doute pas, monsieur le Préfet, toute l'importance de la loi du 3 mai 1844; je ne puis donc que vous recommander d'engager tous les fonctionnaires et agents qui ressortissent à votre administration à concourir avec zèle à la répression d'abus qui excitaient depuis longtemps de vives et justes réclamations.

Recevez, M. le Préfet, l'assurance de ma considération distinguée.

Le ministre secrétaire d'Etat au département de l'intérieur,
T. DUCHATEL.

ORDONNANCE DU ROI

CONCERNANT LA GRATIFICATION ACCORDÉE AUX GENDARMES ET
GARDES QUI CONSTATERONT DES INFRACTIONS A LA LOI DU
3 MAI 1844, SUR LA POLICE DE LA CHASSE.

Au Palais des Tuileries, le 5 mai 1845.

LOUIS-PHILIPPE, ROI DES FRANÇAIS, à tous présents et
à venir, SALUT.

Sur le rapport de notre ministre secrétaire d'État au département de l'intérieur ;

Vu les art. 10, 11, 12, 13, 14, 17 et 19 de la loi du 3 mai
1844, sur la police de la chasse ;

Notre conseil d'État entendu,

NOUS AVONS ORDONNÉ ET ORDONNONS ce qui suit :

ART. 1er. — La gratification accordée aux gendarmes, gardes forestiers, gardes champêtres, gardes-pêche, et gardes
assermentés des particuliers, qui constateront des infractions à la loi du 3 mai 1844, sur la police de la chasse, est
fixée ainsi qu'il suit :

Huit francs pour les délits prévus par l'article 11 ;

Quinze francs pour les délits prévus par l'article 12 et l'article 13, paragraphe 1er ;

Vingt-cinq francs pour les délits prévus par l'article 13,
paragraphe 2.

ART. 2. — La gratification est due pour chaque amende
prononcée ; elle sera acquittée par les receveurs de l'enregistrement, suivant le mode actuel et les règles de la comp-
tabilité ordinaire.

ART. 3. — Il sera tenu un compte spécial, par commune,
du recouvrement des amendes ; ce compte sera réglé cha-

que année. Après prélèvement des gratifications et de cinq pour cent pour frais de régie, le produit restant des amendes recouvrées sera compté à la commune sur le territoire de laquelle l'infraction aura été commise.

En cas d'insuffisance de l'amende pour le paiement de la gratification, il ne sera, pour cet excédant, exercé aucun recours contre la comm ne.

Les frais de poursuites tombés en non-valeurs seront remboursés conformément à l'art. 6 de l'ordonnance du 30 décembre 1823.

ART. 4. — Il ne pourra être alloué qu'une seule gratification, lors même que plusieurs agents auraient concouru à la rédaction du procès-verbal constatant le délit.

ART. 5. — La présente ordonnance est applicable aux amendes qui auront été déjà prononcées en vertu de la loi du 3 mai 1844.

ART. 6. — Nos ministres secrétaires d'État aux départements de l'intérieur, des finances et de la justice, sont chargés, chacun en ce qui le concerne, de l'exécution de la présente ordonnance.

Signé LOUIS-PHILIPPE.

Par le Roi : *le ministre secrétaire d'État au département de l'intérieur,*

Signé T. DUCHATEL.

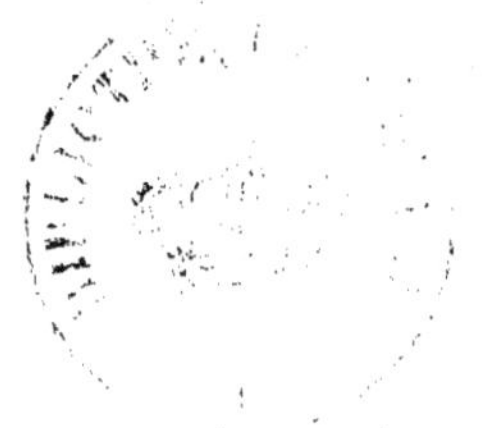

TABLE DES MATIÈRES

CONTENUES DANS CE VOLUME.

FIN DE LA TABLE DES MATIÈRES.

IMPRIMÉ CHEZ PAUL RENOUARD,
Rue Garancière, n. 5.